한국산업인력공단 새 출제기준에 따른!!

용접
산업기사

필기

필 기 시 험
7년간 기출문제

 대한민국 대표브랜드 국가자격 시험문제 전문출판 에듀크라운 국가자격시험문제 전문출판 www.educrown.co.kr  최고의 적중률!! 최고의 합격률!! 크라운출판사 국가자격시험문제 전문출판 http://www.crownbook.com

용접기술은 조선, 기계, 자동차, 전기, 전자 및 건설 등의 산업에서 제품이나 설비의 제조, 조립, 설치, 보수 등에 이르기까지 광범위하게 사용되고 있고, 산업기술의 척도라 할 만큼 중요한 위치를 차지하고 있습니다. 따라서 산업현장에 필요한 용접기술인력 양성에 대한 필요성은 지속적으로 요구되고 있습니다.

자동용접이 개발되면서 일부 분야에서는 필요인원이 줄어들겠지만, 수작업으로 이루어지는 섬세한 작업은 물론, 용접 기술에 대한 지속적인 개발이 이루어지고 있기 때문에 현장에서 실무를 할 수 있는 인력은 늘 필요합니다. 기본적인 용접이론과 실무경험을 갖춘 자격취득자의 전망은 밝다고 할 수 있겠습니다.

이 책의 특징….

1. 2013~2019년까지 기출문제를 모두 수록하여, 최신기출문제의 경향을 파악할 수 있게 하였습니다.
2. 상세한 해설을 수록하여 수험생들의 학습에 도움이 되도록 하였습니다.
3. 핵심이론을 통하여 기본실력을 점검하고 기출문제를 풀면서 실전감각을 익힐 수 있도록 하였습니다.
4. 용접 이론 및 기출문제의 이미지를 통하여 보다 더 효과적인 학습을 도왔습니다.

이 책으로 공부하신 모든 분들에게 합격의 기쁨과 성취가 깃들길 바라며, 편집과 출판에 도움을 주신 크라운 출판사 임직원 분들에게 감사드립니다. 오늘보다 한 뼘 더 나은 내일을 맞이하시길 바라겠습니다.

저자 드림

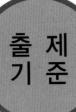

출제기준(필기)

직무 분야	재료	중직무 분야	금속재료	자격 종목	용접산업기사

o 직무내용 : 제품제작 과정에서 필요한 하나의 제품 또는 구조물을 완성하기 위한 용접작업 수행 및 관리, 용접에 관한 설계와 제도, 이에 따르는 비용계산, 재료준비 등의 직무 수행

필기검정방법	객관식	문제수	60	시험 시간	1시간 30분

필기과목명	문제수	주요항목	세부항목	세세항목
용접야금 및 용접설비 제도	20	1. 용접부의 야금학적 특징	1. 용접야금기초	1. 금속결정구조 2. 화합물의 반응 3. 평형상태도 4. 금속조직의 종류
			2. 용접부의 야금학적 특징	1. 가스의 용해 2. 탈산, 탈황 및 탈인반응 3. 고온균열의 발생원인과 방지 4. 용접부 조직과 특징 5. 저온균열의 발생원인과 방지 6. 철강 및 비철재료의 열처리 7. 용접부의 열영향 및 기계적 성질
		2. 용접재료 선택 및 전후처리	1. 용접재료 선택	1. 용접재료의 분류와 표시 2. 용가제의 성분과 기능 3. 슬래그의 생성반응 4. 용접재료의 관리
			2. 용접 전후처리	1. 예열 2. 후열처리 3. 응력풀림처리
		3. 용접 설비제도	1. 제도 통칙	1. 육수생태계의 구조 2. 육수생태계의 특성 및 유형
			2. 제도의 기본	1. 평면도법 2. 투상법 3. 도형의 표시 및 치수 기입 방법 4. 기계재료의 표시법 및 스케치 5. CAD기초
			3. 용접제도	1. 용접기호 기재 방법 2. 용접기호 판독 방법 3. 용접부의 시험 기호 4. 용접 구조물의 도면해독 5. 판금, 제관의 용접도면해독

필기과목명	문제수	주요항목	세부항목	세세항목
용접구조 설계	20	1. 용접설계 및 시공	1. 용접설계	1. 용접 이음부의 종류 2. 용접 이음부의 강도계산 3. 용접 구조물의 설계
			2. 용접시공 및 결함	1. 용접시공, 경비 및 용착량 계산 2. 용접준비 3. 본 용접 및 후처리 4. 용접온도분포, 잔류 응력, 변형, 결함 및 그 방지 대책
		2. 용접성 시험	1. 용접성 시험	1. 비파괴 시험 및 검사 2. 파괴 시험 및 검사
용접일반 및 안전관리	20	1. 용접, 피복 아크용접 및 가스용접의 개요 및 원리	1. 용접의 개요 및 원리	1. 용접의 개요 및 원리 2. 용접의 분류 및 용도
			2. 피복아크 용접 및 가스용접	1. 피복아크용접 설비 및 기구 2. 피복아크용접법 3. 가스용접 설비 및 기구 4. 가스용접법 5. 절단 및 가공
		2. 기타 용접, 용접의 자동화	1. 기타 용접 및 용접의 자동화	1. 기타용접 2. 압접 3. 납땜 4. 용접의 자동화 및 로봇용접
		3. 안전관리	1. 용접안전관리	1. 아크, 가스 및 기타 용접의 안전장치 2. 화재, 폭발, 전기, 전격사고의 원인 및 그 방지 대책 3. 용접에 의한 장해 원인과 그 방지 대책

차 례

제1편 핵심요점정리

제1장. 용접일반 및 안전관리 ····················· **8**
1. 용접 ···8
2. 피복아크용접 ···9
3. 특수아크용접 ·· 16
4. 가스용접 및 절단작업 ································· 23
5. 전기저항용접 ·· 27
6. 안전관리 ·· 29

제2장. 용접야금 및 설비제도 ···················· **31**
1. 용접야금 ·· 31
2. 용접설비제도 ·· 47

제3장. 용접구조설계 ····························· **49**
1. 용접의 설계 ·· 49
2. 용접이음설계 ·· 49
3. 용접준비 ·· 53
4. 용접작업 ·· 54
5. 용접 후 처리 ·· 55
6. 용접검사 ·· 57

제2편 최근 7개년 기출문제 풀이

2013년 1회 − 2019년 3회 ························· **61**

제1편
핵심요점정리

제1장   용접일반 및 안전관리
제2장   용접야금 및 설비제도
제3장   용접구조설계

1 ▶ 용접

(1) 용접의 원리

1) 용접은 접합코자 하는 2개 이상의 물체나 재료의 접합 부분을 용융 또는 반용융 상태로 하여 직접 접합시키거나 또는 접합코자 하는 두 물체 사이에 용가재(용접봉)를 첨가하여 접합하는 작업이다. 또한 접합 부분을 적당한 온도로 가열하거나 냉간 상태에서 압력을 주어 접합시키는 작업을 말한다.

2) 금속과 금속이 충분히 접근할 때 그들 사이에 원자간의 인력이 작용하여 두 금속은 결합하게 된다. 이와 같은 결합을 용접이라 한다(보통 10^{-8}cm 정도 접근시켰을 때 인력으로 인해 원자가 결합한다).

(2) 용접자세

용접자세는 네 가지 기본자세가 있으며, 작업요소에 따라 적당한 자세를 선택하여야 한다. 용접작업 시 가장 편안하고 올바른 자세를 취하여야 한다.

1) **아래보기자세(flat position : F)** : 용접하려는 재료를 수평으로 놓고 용접봉을 아래로 향하여 용접하는 자세

2) **수직자세(vertical position : V)** : 모재가 수평면과 $90°$ 또는 $45°$ 이상의 경사를 가지며, 용접 방향은 수직 또는 수직면에 대하여 $45°$ 이하의 경사를 가지고 상하로 용접하는 자세

3) **수평자세(horizontal position : H)** : 모재가 수평면과 $90°$ 또는 $45°$ 이상의 경사를 가지며, 용접선이 수평이 되게 하는 용접자세

4) **위보기자세(over head position : OH)** : 모재가 눈 위로 들려 있는 수평면의 아래쪽에서 용접봉을 위로 향하여 용접하는 자세

5) **전자세(all position : AP)** : 위 자세의 2가지 이상을 조합하여 용접하거나 4가지 전부를 응용하는 자세

(3) 용접의 특징

1) **용접의 장점**
   ① 자재가 절약된다.
   ② 공수가 감소된다.
   ③ 제품의 성능과 수명이 향상된다.

④ 이음효율이 향상된다.

⑤ 기밀 · 수밀 · 유밀성이 우수하다.

⑥ 용접준비 및 작업이 비교적 간단하며, 작업의 자동화가 용이하다.

2) 용접의 단점

① 품질검사가 곤란하다.

② 용접부가 변질되어 취성을 가진다.

③ 급열 · 급냉에 의한 수축, 변형 및 잔류응력이 발생한다.

④ 용접공의 기술에 의해서 이음부의 강도가 좌우된다.

⑤ 응력의 집중이 쉽다.

2 ▶ 피복아크용접

(1) 용접아크의 성질

1) 아크

용접봉과 모재 사이에 70~80V의 전압을 걸고 용접봉 끝을 모재에 살짝 접촉시켰다가 떼면, 청백색의 강한 빛과 열을 내는 부채꼴 모양의 아크가 발생한다. 이 아크를 통하여 10~500A의 큰 전류가 흐르며, 이 전류는 금속 증기와 그 주위의 각종 기체분자가 해리하며, 양전기를 띤 양이온과 음전기를 띤 전자로 전리(ionization)한다. 이들 양이온은 음극으로, 전자는 양극으로 고속으로 끌려가기 때문에 전류가 흐르게 된다.

2) 직류아크 중의 전압분포

그림과 같이 탄소 또는 2개의 텅스텐 전극을 수평으로 서로 마주보게 한다. 여기에 전기저항을 지나서 적당한 직류전원을 접속하고 전극을 한번 살짝 접촉시켰다가 떼면 전극 사이에 아크가 발생한다. 이 때 전원의 양(+)에 접속된 쪽을 양극, 음(−)에 접속된 쪽을 음극이라 하며, 음극과 양극 간을 아크기둥(arc column) 또는 아크플라스마(arc plasma)라고 한다.

양극과 음극 부근에서는 급격한 전압강하가 일어나며, 아크기둥부근에서는 아크 길이에 거의 비례하여 강하한다.

음극 근처의 전압강하를 음극전압강하(catgode voltage drop, V_K), 양극 근처의 전압강하를 양극전압강하(anode voltage drop, V_A), 아크기둥부분의 전압강하를 아크기둥 전압강하(arc column voltage drop, V_P)라 하며, 이 전체의 전압을 아크전압(V_a)이라 한다. 이를 다음과 같은 식으로 나타낼 수 있다.

$$V_a = V_K + V_P + V_A$$

3) 직류정극성과 역극성

① 직류정극성(DCSP, direct current straight polarity) : 직류용접에서 모재를 기준으로 하여 모재가 (+)로 연결되고 용접봉에는 (−)로 연결된 극성을 말한다.

② 직류역극성(DCRP, direct current reverse polarity) : 정극성의 반대로 모재는 (−)로 연결되고 용접봉에는 (+)로 연결된 극성을 말한다.

직류정극성과 직류역극성의 비교

극 성	상 태	특 징
직류정극성 (DCSP)	열분해 −30% +70%	① 모재의 용입이 깊다. ② 용접봉의 용융이 느리다. ③ 비드폭이 좁다. ④ 일반적으로 많이 쓰인다. ⑤ 후판용접에 적합하다
직류역극성 (DCRP)	열분해 +70% −30%	① 용입이 얕다. ② 용접봉의 용융이 빠르다. ③ 비드폭이 넓다. ④ 박판, 주철, 고탄소강, 합금강, 비철 금속의 용접에 쓰인다.

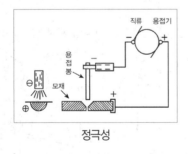

정극성

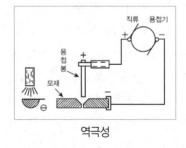

역극성

③ 아크쏠림(arc blow) : 모재와 용접봉 사이에 흐르는 전류에 따라 자기장이 형성되며, 이 자기장이 용접봉에 대하여 비대칭이 되면 아크가 한 쪽으로 쏠리는 현상을 말한다.

④ 아크쏠림의 방지법

- 교류용접기 사용
- 짧은 아크 사용 및 후퇴법으로 용접
- 보조판(엔드탭)을 사용한다.
- 가능하면 접지점을 용접부에서 멀리한다.
- 용접봉을 아크쏠림 반대방향으로 기울인다.

(2) 용접기의 사용률

용접기의 사용률을 규정하는 것은 높은 전류로 계속 사용함으로써 용접기가 소손되는 것을 방지하기 위함이다. 피복아크용접기는 일반적으로 사용률이 낮은데, 용접봉을 갈아 끼우거나 슬래그제거 등 실제아크시간보다 휴식시간이 많기 때문에 사용률을 100%로 할 필요가 없다. 사용률 40%란 정격전류로써 용접했을 때 10분 중 4분만 용접하고 6분을 쉰다는 의미이다.

$$사용률(\%) = \frac{아크시간}{아크시간 + 휴식시간} \times 100$$

그러나 실제용접에서는 정격전류보다 낮은 전류로 용접하는 경우가 많은데, 이때의 사용률을 허용사용률이라 한다.

$$허용사용률(\%) = \frac{(정격2차전류)^2}{(실제용접전류)^2} \times 100$$

(3) 교류용접기의 역률과 효율

$$전원입력(피입상입력)(kWA) = 2차무부하전압 \times 아크전류$$
$$아크입력(KW) = 아크전압 \times 아크전류$$

일 때 역률을 q라 하면

$$q = \frac{아크입력 + 내부손실}{전원입력} \times 100$$

효율을 η이라 하면

$$\eta = \frac{아크입력}{아크입력 + 내부손실} \times 100$$

교류아크용접기는 전원이 수하 특성이므로 역률이 낮고 효율도 나쁘다. 역률이 낮다는 것은 전원 입력차원에서 보면 좋지 않은 부하이므로 이를 개선하려면 무부하전압을 낮춘다. 그러나 이 경우 용접봉 피복제의 제한을 받으므로 용접기의 1차 측에 병렬로 콘덴서를 접속하는 것이 좋다. 아울러 효율이 나쁘다는 것은 내부손실이 크므로 전력낭비가 많다는 의미이다.

(4) 용접입열

용접입열은 외부에서 용접부에 주어지는 열량을 말한다.

$$용접입열 공식 : H = \frac{60 \cdot E \cdot I}{V} \ (J/cm)$$

H : 단위 길이 1cm당 발생하는 전기적 에너지(열량)
E : 아크전압(V)
I : 아크전류(A)
V : 용접속도(cm/min)

(5) 교류아크용접기의 무부하전압

일반적으로 교류용접기의 무부하전압은 70~85V 전압이다. 무부하전압이 높을수록 전격의 위험이 크다. 직류아크용접기의 무부하전압은 30~40V 전압이다. 무부하전압을 낮춰주는 것이 전격방지기이다.

(6) 교류용접기의 종류

1) **가동철심형** : 1차코일과 2차코일 사이의 철심에 의한 자속의 변화를 전류로 조정하는 방식이다. 낮은 전류에서 높은 전류까지 조정이 가능하다. 가동철심형은 구조가 간단하고, 보수와 점검이 양호하며 가격도 저렴하다. 미세한 전류를 조정할 수 있다는 장점도 있다.

2) **가동코일형** : 1차코일과 2차코일의 간격을 조정하여 전류를 조작하는 방식이다.

3) **가포화리액터형** : 가변저항에 의한 조절로 전류를 조정하는 방식이다. 정류기와 가포화리액터 사이에 걸리는 가변저항을 이용하여 원격제어가 가능하다.

4) **탭전환형** : 2차 측의 탭을 사용하여 코일의 감긴 수를 변화시켜 전류를 조정하는 용접기이다.

(7) 교류아크용접기의 규격

아크용접기의 규격은 KS S 9602에 규정되어 있다. 용접기의 규격에서 AW300, AW400등의 표시는 용접기의 용량을 표시하는 것으로 AW300이란 정격2차전류가 300A가 흐른다는 뜻이다.

(8) 아크용접기 주요 구성품

1) 전격방지기

교류아크용접기의 경우 아크발생을 안정적으로 하기 위해서는 무부하(부하)전압이 높아야 한다. 그러나 무부하전압이 높으면 감전의 위험이 있으므로 이를 방지하기 위하여 전격방지기를 용접기에 부착한다.

2) 핫스타트장치

아크발생초기에 아크불안정을 막을 수 있고, 아크발생 순간 강한 전류를 흘려보내 아크발생을 쉽게 한다.

3) 홀더

용접봉의 끝을 잡고 전류를 용접봉에 전달하는 기구이다.

(9) 필터렌즈(fiter lens)

아크용접 시에 발생하는 유해한 광선을 차단하기 위하여 사용되는 유리로서 핸드실드나 헬멧에 끼워서 사용하며, 차광도는 번호로 되어 있다.

필터렌즈규격

용접 종류	용접전류(A)	용접봉 지름(mm)	차광도 번호
금속 아크	30 이하	0.8~1.2	6
금속 아크	30~45	1.0~1.6	7
금속 아크	45~75	1.2~2.0	8
헤리 아크(TIG)	75~130	1.6~2.6	9
금속 아크	100~200	2.6~3.2	10
금속 아크	150~250	3.2~4.0	11
금속 아크	200~400	4.8~6.4	12
금속 아크	300~400	4.4~9.0	13
탄소 아크	400 이상	9.0~9.6	14

(10) 피복제의 작용 및 역할

1) 아크를 안정하게 하며, 스패터링을 적게 한다.
2) 중성 또는 환원성 분위기를 만들어 대기 중에 산소나 질소의 침입을 막아서 용융금속을 보호한다.
3) 용융점이 낮고 비중이 가벼우며, 적당한 점성의 슬래그를 만든다.

4) 용착금속의 탈산 및 정련작용을 한다.

5) 용착금속에 필요한 적당한 합금원소를 첨가한다.

6) 용착금속의 흐름을 좋게 한다.

7) 용적을 미세화하고 용착효율을 높인다.

8) 용착금속의 응고와 냉각속도를 느리게 한다.

9) 슬래그를 제거하기 쉽게 하고, 비드파형을 곱게 한다.

10) 모재에 표면의 산화물을 제거하고, 용접을 완전하게 한다.

(11) 용접봉 표시 기호

예 E43XY

1) E : 피복제의 종류 표시(극성에 영향)

2) 43 : 전용착금속(all weld metal)의 인장강도의 최저값(kgf/mm^2)

3) X : 용접자세(0과 1은 전자세, 2는 아래보기와 수평필릿, 3은 아래보기, 4는 전자세 또는 특정자세)

4) Y : 피복제의 종류 표시

(12) 용접봉 특징

1) E4301(일미나이트계) : 무기물인 일미나이트를 약 30% 이상 포함한 용접봉으로 가장 널리 사용된다. 전자세 용접이 가능하고 기계적 성질도 양호하므로 연강재, 구조물, 압력용기용접에 많이 사용된다.

2) E4311(고셀룰로오스계) : 피복제에 셀룰로오스를 20~30% 정도 함유한 가스발생식 용접봉으로 배관용접에 사용한다. 스프레이형이고 용입이 좋으나, 스패터가 많고 수직과 위보기자세에 적합하다.

3) E4313(고산화티탄계) : 산화티탄을 약 35% 정도 포함한 용접봉이다. 아크가 안정되고, 스패터가 적으며, 용입이 얕아 박판용접에 좋다.

4) E4316(저수소계) : 석회석($CuCo_{33}$)이나 형석(CaF_{22})을 주성분으로 한 용접봉이다. 내균열성이 대단히 양호하며 강력한 탈산작용을 하며, 인성이 양호하다. 사용 전에 300~350℃로 2시간 건조하여 사용한다. 구조물, 압력용기, 고탄소강 및 균열이 심한 부분에 사용하며 기계적 성질이 우수하다.

5) E4303(라임티탄계) : 산화티탄을 30% 이상 포함한 슬래그 생성제이다. 슬래그의 유동성이 좋고 비드 외관이 깨끗하고 언더컷이 적다. 슬래그 제거가 쉽고 용입이 얕으며, 피복제는 두껍다. 일반 강재의 박판용접에 적합하다.

6) E4324(철분산화티탄계) : 고산화티탄계에 철분을 첨가시킨 용접봉이며, 성능이 E4313과 비슷하다. 우수한 작업성과 고능률성을 갖추었으며, 스패터가 적고 용입이 얕다.

7) **E4326(철분저수소계)** : E4316용접봉의 피복제에 30~50% 철분을 포함하며 작업능률이 좋고 아크는 조용하며 스패터 발생이 적다. 기계적 성질 및 내균열성이 우수하고 후판용접에 사용된다.

8) **E4327(철분산화철계)** : 고산화철계 피복제 중 철분 성분이 많이 포함되어 있으며 용접능률이 대단히 크다. 아크발생은 스프레이형이고 스패터는 비교적 적다. 용입도 깊고 비드 외관도 곱다.

9) **E4340(특수계)** : 전자세용접이 가능하며 박판용접에 적합하고 가격이 비싸다.

(13) 기타

1) **용접봉의 용융 속도** : 단위 시간당 소비되는 용접봉의 길이 또는 중량으로 표시한다.
2) **용입깊이** : DCSP(정극성) 〉 AC(교류) 〉 DCRP(역극성)
3) **피복아크용접 시 위빙폭** : 심선지름의 2~3배로 한다.
4) **용접봉심선의 재질은 저탄소림드강이다.**

(14) 용접봉 보관

1) **습기에 주의** : 용접봉에 습기가 있으면 기공이나 균열의 원인이 된다.
2) **건조방법**
   ① 보통 용접봉 : 70~100℃에서 30분에서 1시간 정도 건조한다.
   ② 저수소계 용접봉 : 300~350℃에서 1~2시간 정도 건조한다.
   ③ 편심률 : 3℃ 이하

(15) 용접결함

결함의 종류	결함발생원인	결함방지대책
용입 불량	① 홈 각도가 좁을 때 ② 용접속도가 너무 빠를 때 ③ 용접전류가 낮을 때	① 홈 각도를 크게 하거나 루트 간격을 넓힌다. ② 용접속도를 빠르지 않게 한다. ③ 슬래그의 피포성을 해치지 않을 정도로 전류를 높인다.
언더컷	① 전류가 너무 높을 때 ② 아크 길이가 너무 길 때 ③ 용접속도가 너무 빠를 때 ④ 부적당한 용접봉 사용 시	① 전류를 낮춘다. ② 짧은 아크 길이로 유지 ③ 용접속도를 늦추고 운봉 시 유의할 것 ④ 목적에 맞는 용접봉 선정
비드 외관 불량	① 전류 부적당 ② 운봉속도 및 운봉불량 ③ 용접부의 과열	① 적정전류로 조절한다. ② 운봉속도를 알맞게 한다. ③ 용접부과열이 없도록 한다.
오버랩	① 전류가 너무 낮을 때 ② 용접속도가 너무 느릴 때 ③ 운봉방법(용접봉 취급)이 나쁠 때	① 적정전류 선택 ② 용접속도를 높인다. ③ 운봉방법을 확실히 한다.

균열	① 이음의 강성이 너무 클 경우 ② 황이 많은 용접봉 사용 시 ③ 고탄소강용접 시 ④ 이음각도가 너무 좁을 경우 ⑤ 용접속도가 너무 빠를 경우 ⑥ 냉각속도가 너무 빠를 경우 ⑦ 아크 분위기에 수소가 많은 경우	① 예열, 피닝, 비드 배치법 등의 변경 ② 저수소계 용접봉을 사용한다. ③ 용접속도를 내리고 용입을 얕게 한다. ④ 개선홈 각도를 작게 한다. ⑤ 속도를 낮춘다. ⑥ 예열, 후열을 한다.
기공 및 피트	① 아크분위기 속에 수소, 산소, 일산화탄소가 너무 많을 경우 ② 용접봉 또는 용접부에 습기가 많은 경우 ③ 용접부가 급냉할 경우 ④ 아크 길이 및 운봉법이 부적당할 경우 ⑤ 과대전류 사용 시	① 저수소계 용접봉을 사용한다. ② 잘 건조된 용접봉을 사용하며, 용접부를 예열한다. ③ 위빙 또는 후열로 냉각속도를 느리게 한다. ④ 이음부 청소를 잘 한다. ⑤ 아크 길이를 적당히 하고 운봉법을 적당히 한다. ⑥ 과대전류를 사용하지 않는다.
슬래그 섞임	① 슬래그제거 불완전 ② 전류 과소, 운봉조작 불완전 ③ 봉의 각도 부적당 시 ④ 슬래그가 용융지보다 앞설 때 ⑤ 운봉속도가 너무 느릴 때	① 슬래그 및 불순물 제거를 깨끗이 한다. ② 잘 건조된 용접봉을 사용하며, 용접부를 예열한다. ③ 봉의 유지각도 조절 ④ 아크 힘에 의해 뒤로 밀리게 하거나 진행방향 쪽이 낮아서 슬래그가 앞서는 경우 모재의 각도조절 ⑤ 운봉속도를 높인다.
선상조직	① 모재의 재질 불량 ② 용착금속을 냉각시키는 속도가 빠를 때	① 모재 재질은 좋은 것을 사용한다. ② 급냉을 피한다.

3 특수아크용접

(1) TIG용접

1) 특징
① 텅스텐 전극봉을 사용하는 비용극식 용접법이다.
② 직류역극성 시 청정효과가 있으며, AL, Mg 등의 용접 시 우수하다.
③ 청정효과는 아르곤(Ar)가스 사용 시에 있다.
④ 직류정극성 사용 시 용입이 깊고 폭이 좁은 용접부를 얻을 수 있으나 청정효과가 없다.
⑤ 교류사용 시는 직류역극성의 중간정도의 용입 깊이를 유지하며 청정효과도 있다.

⑥ 교류사용 시 전극의 정류작용으로, 아크가 불안정해져 고주파전류를 사용해야 한다.

⑦ 고주파전류 사용 시 아크발생이 쉽고 전극소모를 적게 한다.

⑧ TIG용접토치는 200A 이하는 공냉식, 200A 이상은 수냉식을 사용한다.

⑨ 텅스텐 전극봉은 순수한 것보다 1~2%의 토륨을 포함한 것이 전자방사능력이 크다.

⑩ 주로 3mm 이하의 얇은 판용접에 이용한다.

(2) MIG용접

1) 특징

① 주로 전자동 또는 반자동이며, 전극은 용접모재와 동일한 금속을 사용하는 용극식이다.

② MIG용접은 주로 직류를 사용하며, 이 때 역극성을 이용하여 청정작용을 한다.

③ 전류밀도가 피복아크용접의 6~8배, TIG용접에 비해 약 2배가량 크다.

④ 주용접이행은 스프레이형이다.

⑤ MIG용접은 자기제어특성이 있다.

⑥ MIG용접기는 정전압특성 또는 상승특성의 직류용접기이다.

(3) 테르밋용접법

1) 원리

미세한 알루미늄분말(Al)과 산화철분말(Fe_3O_4)을 약 1 : 3~4의 중량비로 혼합한 테르밋제에 과산화바륨과 마그네슘(또는 알루미늄)의 혼합분말로 테르밋반응이라 부르는 화학반응에 의한 발열을 이용하는 용접법이다.

2) 분류

① 용융 테르밋용접법

② 가압 테르밋용접법

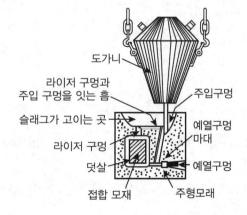

3) 특징

① 용접작용이 단순하고 용접결과의 재현성이 높다.

② 용접용기구가 간단하며 설비비도 싸다.

③ 전기를 필요로 하지 않는다.

④ 용접가격이 싸다.

⑤ 용접 후 변형이 적다.

⑥ 용접시간이 짧다.

(4) CO_2용접

1) 용접장치

이산화탄소아크용접용 전원은 직류정전압특성이어야 한다. 용접장치는 아래 그림에서와 같이 와이어를 송급하는 장치와 와이어릴, 제어장치, 그 밖에 사용목적에 따른 여러 가지 부속품 등이 있다. 용접토치에는 수냉식과 공냉식이 있으며, 300~500A의 전류용에는 수냉식토치가 사용되고 있다. 와이어의 송급은 아크의 안정성에 영향을 크게 미친다. 와이어송급장치에는 사용목적에 따라 푸시식, 풀식, 푸시풀식 등이 있다.

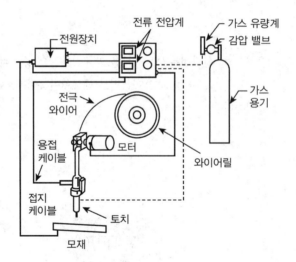

(5) 서브머지드 아크용접

1) 장점

① 용접속도가 피복아크용접에 비해, 판두께 12mm에서는 2~3배, 25mm일 때 5~6배, 50mm에서 8~12배나 되므로 능률이 높다.

② 와이어에 대전류를 흘려줄 수가 있고, 용제의 단열작용으로 용입이 대단히 깊다.

③ 용입이 깊으므로 용접홈의 크기가 작아도 상관없으며, 용접재료의 소비가 적고 용접변형이나 잔류응력이 작다.

④ 용접이음의 신뢰도가 높다.

2) 단점

① 아크가 보이지 않으므로 용접의 적부를 확인해서 용접할 수가 없다.

② 설비비가 많이 든다.

③ 용입이 크므로 모재의 재질을 신중히 검사해야 한다.

④ 용입이 크기 때문에 요구된 이음가공의 정도가 엄격하다.

⑤ 용접선이 짧고 복잡한 형상의 경우에는 비효율적이다.

⑥ 특수한 장치를 사용하지 않는 한 용접자세가 아래보기 또는 수평필릿용접에 한정된다.

⑦ 소결형 용제는 흡습이 쉽기 때문에 건조나 취급을 잘해야 한다.

⑧ 용접시공조건을 잘못 잡으면 제품의 불량률이 커진다.

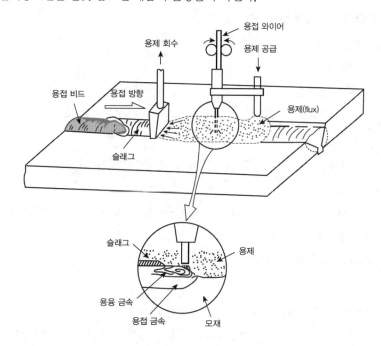

(6) 일렉트로슬래그용접

1) 개요

① 용융된 슬래그와 용융금속이 용접부에서 흘러나오지 않도록 수냉동판으로 둘러싸고 용융된 슬래그풀에 전극와이어를 연속적으로 공급하여 용융된 슬래그의 저항열에 의하여 와이어와 모재를 용융접합시키는 방법이다.

② 주로 아주 두꺼운 판을 용접하기 위한 용접에 쓰인다.

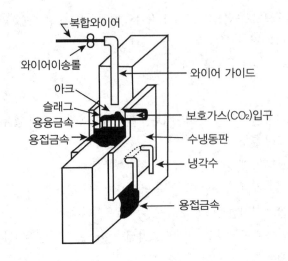

복합와이어
와이어이송롤
아크
슬래그
용융금속
용접금속
와이어 가이드
보호가스(CO_2)입구
수냉동판
냉각수
용접금속

2) 특징
① 모재판두께에 제한이 없다.
② 연속수조하는 방식에 의한 1층용접법이다.
③ 특별한 홈가공이 필요 없다.
④ 작업의 능률이 좋다.
⑤ 변형이 적다.

3) 용접장치
① 용접전원 : 정전압형 교류
② 와이어 : 지름은 보통 2.5~3.2mm 정도로 1~3개까지 사용 가능하다.
③ 용제
  • CiO_2, MnO, Al_2O_3를 주성분으로 하는 용제는 될 수 있는 대로 많은 양의 슬래그를 발생하여 수냉동판과 용접금속 사이에 슬래그의 얇은 막을 만드는 것이 좋다.
  • 용접금속 1kg당 용제 약 50g 정도가 사용된다.

4) 용도
  • 다른 용접에 비해 두꺼운 판이나 물건의 용접에 대단히 좋다.
  • 주로 수력발전소의 터빈축, 두꺼운 판의 보일러, 드럼, 대형프레스, 대형고압탱크, 조선, 차량 등에 사용한다.

(7) 일렉트로가스용접
일렉트로슬래그용접의 용제 대신 CO_2(실드가스)가스를 보호가스로 용접하는 수직자동용접의 일종이다.

1) 일렉트로가스용접의 특징

① 일렉트로슬래그용접보다 중후판물(40~50mm)의 모재에 적용된다.

② 용접속도가 빠르다.

③ 용접 후 수축변형 등의 결함이 적다.

④ 용접강의 인성이 약간 저하하는 결점이 있다.

2) 용도

조선, 고압탱크, 원유탱크 등에 널리 사용된다.

(8) 원자수소아크용접

2개의 텅스텐전극 사이에 아크를 발생시키고 수소가스투입 시 열해리를 일으켜 발생되는 발생열(3,000~4,000℃)로 용접하는 방법이다.

(9) 플라스마아크용접

가스원자가 전기적 에너지에 의하여 양(+)과 음(−)의 이온으로 유리되어 전류를 통할 수 있는 상태를 플라스마상태라고 한다. 이온도는 10,000~30,000℃ 정도 발생한다.

1) 열적핀치효과

아르곤, 헬륨 등의 가스로 아크기둥이 냉각되어 단면이 수축되고 전류밀도를 증가시킴으로써 전압상승이 이루어지고 고온플라스마를 얻는다.

2) 자기적핀치효과

아크기둥에 흐르는 방전전류에 의하여 발생한 자장과 진류의 작용으로 아크단면을 수축시켜 전류밀도를 증대시킨다.

3) 용접장치 및 용도

① 전원 : 직류 및 고주파전원을 사용한다.

② 사용가스

- 아르곤(Ar) : 아크발생을 쉽게 하고 텅스텐전극을 보호한다.
- 수소(H_2) : 열적핀치효과를 촉진하여 가스의 분출속도를 증가시킨다.
- 모재에 따라 질소 또는 공기를 사용한다.

③ 용도 : 탄소강, 니켈합금, 구리, 스테인리스강, 티탄 등에 적합하다.

4) 용접의 장점과 단점

① 장점

- 용접 홈은 I형이고 1층 용접으로 완성된다.
- 용입은 깊고 비드의 폭이 좁고 용접속도는 빠르다.

- 기계적성질이 우수하다.
- 박판용접, 덧붙임용접, 납땜에도 사용된다.
② 단점
- 설비비가 비싸다.
- 용접속도가 빨라 가스의 보호가 불충분하다.
- 용접부표면의 불순물은 품질저하의 원인이 된다.

(10) 초음파용접

1) 원리

용접물을 겹쳐서 용접팁과 하부앤빌 사이에 끼워 놓고 압력을 가한다. 18kHz이상의 초음파 횡진동에너지로 인해 접합재료에 원자가 서로 확산되고 압접하여 접합하는 방법이다.

2) 특징

① 주어지는 압력이 적으므로 변형이 적다.
② 모재의 표면처리가 간단하고 압연한 그대로의 재료도 용접이 가능하다.
③ 박판용접이 가능하다.
④ 이종금속의 용접이 가능하다.
⑤ 판두께에 따라 강도가 현저히 변화한다.

(11) 전자빔용접

1) 원리

전자빔을 모아서 에너지를 이용하는 용접법으로 $10^{-4} \sim 10^{-6}$mmHg 정도의 높은 진공 속에서 음극필라멘트를 가열해 방출된 전자를 양극전압으로 가속한다. 이를 전자코일에 의해 수속하여 용접물에 충돌시켜 에너지변환으로 용접물을 용융용접하는 방법이다.

2) 진공도에 의한 분류

① 저진공형(10^{-4}mmHg 이하)
② 고진공형(10^{-4}mmHg 이상)
③ 대기압형($10^{-1} \sim 10^{-2}$mmHg)

3) 특징

① 용접부의 기계적 성질이 우수하다.
② 정밀용접 및 용접변형이 적다.
③ 시설비가 많이 든다.
④ 박판 및 후판까지 용접이 가능하다.
⑤ 대기압형의 용접기를 사용할 때에는 X선 방호에도 유의하여야 한다.

⑥ 진공 중의 용접이므로 오염이 적다.

⑦ 높은 순도의 용접이 되면 활성금속의 용접이 가능하다.

4) 용접장치

① 저전압 대전류형(20~40KV)

- 빔의 전류가 커서 빔이 넓어지기 쉽고, X선 위험이 적다.
- 전자총과 가공물과의 거리를 크게 할 수 없다.

② 고전압 소전류형(70~150KV)

전자빔을 가늘게 조절할 수 있고 폭이 좁고 깊은 용입을 얻을 수 있어 정밀용접 및 구멍뚫기
등에 적합하다.

(12) 아크스터드용접

1) 원리

아크스터드용접은 볼트나 환봉, 핀 등을 강판이나 형강에 직접 대고 용접하는 방법으로, 볼트나
환봉을 피스톤형의 홀더(페룰)에 끼우고 모재와 볼트 사이에 아크를 발생시켜 용접하는 방법이다.

2) 특징

① 급열·급냉을 받기 때문에 저탄소강 용접에도 적용이 쉽다.

② 용제를 채워 탈산 및 아크안정을 돕는다.

③ 스터드 주변에 페룰을 사용한다.

④ 철골, 건축, 자동차볼트용접에 사용된다.

3) 스터드 용접의 과정

스터드의 고정→아크 발생→스터드의 용착 → 용접완료

4) 용접 토치

스터드를 끼울 수 있는 척과 내부에 스터드를 누를 수 있는 스프링 및 전자식 통전용 스위치 등
으로 구성되어 있다.

4 ▶ 가스용접 및 절단작업

(1) 아세틸렌

1) 아세틸렌가스의 폭발성

① 온도 : 아세틸렌가스는 매우 타기 쉬운 기체로서 온도가 406~408℃에 달하면 자연발화하

고 505~515℃가 되면 폭발한다. 또 산소가 없더라도 780℃ 이상이 되면 자연폭발한다.

② 압력 : 아세틸렌가스는 15℃에서 2기압 이상의 압력을 가하면 폭발할 위험이 있으며, 위험 압력은 1.5기압이다. 작업 시에는 1.2~1.3기압(kgf/cm^2) 이하에서 사용해야 한다.

③ 혼합가스 : 아세틸렌가스는 공기, 산소 등과 혼합될 때에는 더욱 폭발성이 심해진다. 아세틸렌 15%, 산소 85% 부근이 가장 폭발위험이 크다. 또한 아세틸렌가스가 인화수소를 함유하고 있을 때에는 인화수소가 자연폭발을 일으킬 위험이 있는데 인화수소함량이 0.02% 이상이면 폭발성을 갖게 되며, 0.06% 이상인 경우에는 대체로 자연발화되어 폭발한다.

④ 외력 : 압력이 가하여져 있는 아세틸렌가스에 마찰, 진동, 충격 등의 외력이 작용하면 폭발할 위험이 있다.

(2) 산소용기와 연결관

1) 산소용기 : 양질의 강재를 써서 이음매 없이 만들어진 원통의 고압용기

① 산소는 원형용기 속에 35℃에서 150kgf/cm^2 기압으로 압축하여 충전된다.

② 용기는 본체, 밸브, 캡 3부분으로 나뉘어 있다.

③ 밸브의 구성

• 패킹 : 산소밸브를 완전히 열었을 때 고압밸브시트 주위에서 산소가 새는 것을 방지한다.

• 안전밸브 : 산소용기가 파열되기 전에 먼저 파손되어 산소용기의 파열을 방지해 주는 역할을 한다.

• 산소용기의 크기 : 산소용기 내용적 33.7L, 산소용적 호칭 5000L의 것이 사용된다.

L = P × V

L = 용기의 산소량(L), P = 용기 속의 압력(kg/mm^2), V = 용기의 내부용적(L)

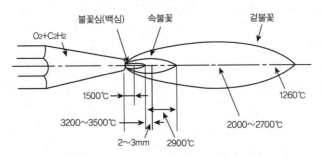

(3) 아세틸렌가스 발생기

카바이드에 물을 작용시켜 아세틸렌가스를 발생시키고 동시에 아세틸렌가스를 저장하는 장치를 말한다. 화학반응을 할 때 카바이드 1kg에 대하여 약 500kcal나 되는 열을 발생한다.

1) 압력에 의한 발생기의 분류

① 저압식발생기 : 0.07kgf/cm^2 미만(수주 1,500mm까지)

② 중압식발생기 : 0.07~1.3kgf/cm² (수주 2,000mm까지)

③ 고압식발생기 : 1.3kgf/cm² 이상(수주 3,000mm까지)

(4) 용해아세틸렌

아세틸렌용기 속에 아세톤을 흡수시킨 다음 목탄 또는 규조토와 같은 다공성물질을 용기 속에 균등히 넣고 여기에 아세틸렌을 용해시킨다.

1) 15℃, 1기압에서 1L의 아세톤은 25L의 아세틸렌가스를 용해한다(15℃, 15기압에서 357L 의 아세틸렌가스가 용해된다).

2) 안전밸브 : 용기의 내압이 상승하면 폭발할 위험이 있어 이를 방출하도록 설치한다(안전밸 브는 얇은 판으로 105±5℃에서 용융하는 가용합금안전판이 있다).

3) 용기의 용량 15L, 30L, 50L 등이 있으며 보통 30L의 것이 많이 사용된다.

　① 용해아세틸렌의 양 : 용해아세틸렌 1kg이 기화했을 때 15℃, 1기압 하에서 아세틸렌의 용적 이 905L이므로 아세틸렌의 양을 다음 식으로 구한다.

　　• C = 905(A−B)L

　　　A : 용기 전체의 무게(kg)

　　　B : 빈병의 무게(kg)

4) **병속의 가스량** = 용적×고압게이지 압력

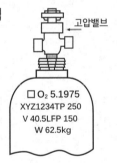

고압밸브

□ O₂ 5.1975
XYZ1234TP 250
V 40.5LFP 150
W 62.5kg

　• □O₂ → 산소

　• XYZ → 제조업자의 기호 및 제조번호

　• V → 내용적

　• W → 용기중량

　• TP → 내압시험압력(250기압)

　• FP → 최고충전압력(150기압)

5) 사용 시 주의사항

　① 용기는 반드시 세워서 사용해야 한다.

　② 사용 후 잔압을(0.1kgf/cm² 정도) 남겨둔다.

　③ 용기는 직사광선을 피하고 충격이나 타격을 주어서는 안 된다.

　④ 용기밸브를 열 때는 1/2~1/4 회전만 시켜놓고 핸들을 끼워 놓아야 한다.

　⑤ 아세틸렌의 누설검사는 비눗물을 사용한다.

　⑥ 저장할 때에는 화기나 기름과 분리해서 보관한다.

　⑦ 안전밸브는 약 70℃에 녹으므로 주의해야 한다.

　⑧ 밸브가 얼었을 때에는 따뜻한 물로 녹여야 한다.

(5) 용접토치

1) 팁의 능력(저압식토치)

① A형(불변압식, 독일식) : 팁으로 용접할 수 있는 재료의 두께를 번호로 표시한다. 팁번호 1은 판두께 1~1.5mm의 연강판을 용접하는데 적합하다.

② B형(가변압식, 프랑스식) : 팁번호는 1시간당 아세틸렌소모량(L)으로 표시한다. 팁번호 100은 아세틸렌소비량이 100L이다.

2) 팁의 재료 : 팁은 구리의 함유량 62.8% 이하의 합금이나 10%의 아연을 함유한 황동이다.

(6) 호스의 색깔

1) 산소용 : 흑색 또는 녹색

2) 아세틸렌용 : 적색 또는 황색

(7) 산소-아세틸렌 용접 작업

산소-아세틸렌 용접은 용가재로 용접봉을 사용하고 적당한 용제를 첨가하여 토치의 가스불꽃으로 모재를 용융시키면서 용접을 진행하는 비용극식 아크용접법과 유사하다.

1) 전진법

보통 토치를 오른손에, 용접봉은 왼손에 잡고 토치의 팁을 우에서 좌로 이동하는 방법으로 5mm 이하의 얇은 판이나 변두리용접에 사용되며, 토치이동각도는 전진반대로 45~50°, 용가재 첨가는 30~40°로 이동한다.

2) 후진법

좌에서 우로 토치를 이동하는 방법으로 가열시간이 짧아 과열되지 않으며, 용접변형이 적고 속도가 빠르다. 두꺼운 판 및 다층용접에 사용된다.

(8) 전진법과 후진법의 비교

구분 / 용접특성	전진법(좌진법)	후진법(우진법)
열 이용률	나쁘다.	좋다.
용접속도	느리다.	빠르다.
비드모양	매끈하다.	매끈하지 못하다.
소요 홈의 각도	크다(80°).	작다(60°).
용접변형	크다.	작다.
용접가능 판두께	얇다(5mm 까지).	두껍다.
용착금속의 냉각도	급냉	서냉
산화의 정도	심하다.	약하다.
용착금속의 조직	거칠다.	미세하다.

(9) 가스절단 조건

1) 금속산화물의 융점이 모재의 융점보다 낮을 것
2) 절단부분이 쉽게 연소개시온도에 도달할 것
3) 산화물의 유동성이 좋고 모재에서 쉽게 떨어질 것
4) 모재의 성분에 연소를 방해하는 성분이 적을 것

(10) 스카핑

강재표면의 탈탄층 또는 홈을 제거하기 위해 사용되며, 가우징과 다른 것은 될 수 있는 대로 표면을 넓게 깎는 것이다. 토치는 가우징토치에 비해 능력이 크고 팁은 슬로다이버전트이다. 스테인리스강과 같은 고합금강은 스카핑면에 고용융점의 산화물이 많이 생겨 연속적인 작업을 또는 플럭스작용에 의해 연속적인 작업이 가능하다.

(11) 아크에어가우징

탄소아크절단장치에 압축공기를 사용하는 방법과 같으며 용접부의 가우징, 용접결함부 제거, 절단 및 구멍뚫기 등에 적합하다.

5 ▷ 전기저항용접

(1) 저항용접의 원리

저항용접은 용접할 모재에 전류를 통하여 접촉부에 발생되는 전기저항열로서 모재를 용융상태로 만들고 압력을 가하여 접합하는 용접방법이다. 이 때 발생하는 저항열을 줄의 법칙에 의하여 계산한다.

$$Q = 0.24 I^2 RT$$
- Q = 저항열 · I = 전류(A) · R = 저항(Ω) · T = 통전시간

전기저항용접은 아크용접에 비하여 많은 전류를 단시간에 흐르게 하는 것이 필요하다. 또한 정밀한 제어장치가 요구되나, 용접온도는 아크온도보다 저온이고 작업속도가 빠르며 용접부분의 안전성이 크다.
전기저항용접에서 열전달율이 좋은 모재는 열이 전달되기 쉽고 또한 접촉부가 냉각되어 많은 전류를 짧은 시간에 흐르게 하여야 한다. 재질이 다른 이종금속 사이의 용접도 금속의 고유저항, 열전달율, 용융온도 등을 고려하여 접합할 접촉면의 형상 및 전극 사이의 거리 등을 결정한

다. 일반적으로 고유전기저항이 크고, 열전달율이 작으며, 용용점은 낮고 또한 소성구역온도범위가 넓은 금속일수록 저항용접이 쉽다.

(2) 점용접법(spot welding)

1) 원리

겹침저항용접법 중에서 점용접법은 잇고자 하는 판을 2개의 전극 사이에 끼워놓고 전류가 통하면 접촉면의 전기저항이 크므로 발열한다.

접촉면의 저항은 곧 소멸하나 이 발열에 의하여 재료의 온도가 상승하여 모재 자체의 저항이 커져서 온도는 더욱 상승한다. 적당한 온도에 도달하였을 때에 위아래의 전극으로 압력을 가하면 용접이 이루어진다. 이 때 전류를 통하는 통전시간은 재료에 따라 1/1000초로부터 몇 초 동안으로 되어 있다. 점용접에서는 특히 전류의 세기, 통전시간, 압력 등이 3대주요요소로 되어 있다.

(3) 심용접법(seam welding)

1) 원리

심용접법은 원판형 전극 사이에 용접물을 끼워 전극에 압력을 주면서 전극을 회전시켜 모재를 이동하면서 점용접점을 반복하는 방법이다. 그러므로 회전롤러 전극부를 없애면 점용접기의 원리와 구조가 같으며, 주로 기밀·유밀을 필요로 하는 이음부에 이용된다.

(4) 프로젝션용접법

1) 원리

프로젝션용접법은 점용접과 같은 것으로 모재의 한쪽 또는 양쪽에 작은 돌기를 만들어 이 부분에 대전류와 압력을 가해 압접하는 방법이다.

(5) 플래시용접

접합하고자 하는 2개의 모재의 단면을 가볍게 접촉시켜 전류를 통하면 국부적으로 발열하여 잠시 동안 용융되어 불꽃이 비산한다. 이를 반복하여 적당한 온도에 달하였을 때 강한 압력을 주어 압접하는 방법이다.

1) 플래시용접의 특징

① 신뢰도가 높고 이음강도가 크다.
② 이음면이 정밀을 요하지 않는다.
③ 용접속도가 빠르고 열 영향부가 좁고 전력소비가 적다.
④ 이종재료용접이 가능하다.

(6) 업셋용접

재료를 맞대어 놓고 가압하면서 대전류를 통하면 두 모재가 접합되는 방법이다.

1) 업셋용접의 장점

① 불꽃의 비산이 없다.

② 업셋이 균등하고 매끈하다.

③ 용접기가 간단하고 가격이 싸다.

2) 가압력

① 연강 $0.5 \sim 2kg/mm^2$

② 구리 $0.4 \sim 0.5kg/mm^2$

③ Al합금 $0.05 \sim 0.2kg/mm^2$

(7) 퍼커션용접(충격용접)

1) 피용접물을 두 전극 사이에 끼우고 축적된 직류전류를 통전하면 빠른 속도로 피용접물에 충돌한다.

2) 콘덴서는 변압기를 거치지 않고 직접 피용접물을 단락시키게 되어 있으며 피용접물이 상호 충돌되는 상태에서 용접이 된다.

6 안전관리

(1) 안전표식

1) **적색** : 방화금지, 방향표시

2) **오렌지색** : 위험표시

3) **황색** : 주의표시

4) **녹색** : 안전지도, 위생표시

5) **청색** : 주의수리 중, 송전 중 표시

6) **진한 보라색** : 방사능위험표시

7) **백색** : 주의표시

8) **흑색** : 방향표시

(2) 소화기 종류와 용도

용도 소화기 종류	보통화재	기름화재	전기화재
포말소화기	적합	적합	부적합
분말소화기	양호	적합	양호
CO_2소화기	양호	양호	적합

(3) 일반 용기

가스의 종류	도색구분	가스종류	도색구분
산소	녹색	아세틸렌	황색
수소	주황색	액화암모니아	백색
액화탄산가스	청색	액화염소	갈색
액화석유가스	회색	기타의 가스	회색

제2장 용접야금 및 설비제도

1 용접야금

(1) 금속의 기초

1) 금속의 특징

① 모든 금속은 상온에서 고체이다. 단, 수은(Hg)은 제외한다.

② 전기 및 열의 양도체이다.

③ 빛을 반사하며, 금속특유의 광택을 지니고 있다.

④ 고체 상태에서 결정구조를 갖고 있으며, 외부적 힘에 의해 결정구조가 바뀔 수 있다.

⑤ 연성과 전성이 풍부하다.

⑥ 소성변형이 크며, 대체로 비중이 크다.

⑦ 전기적 성질 및 열적 성질을 잘 전달하는 양도체이다.

2) 경금속 및 중금속

① 경금속 : 비중 4.5 이하의 금속을 말하며 Mg, Al, Cu, Be 등이 있다.

② 중금속 : 비중 4.5 이상의 금속을 말하며, Fe, Cu, Bi, Ce, Co, W, Pb, Zn, Ni, Cd, Mo 등이 있다. 중금속을 용접할 때에는 방독마스크를 착용하고 환기설치가 되어 있는 곳에서 작업한다.

(2) 금속의 성질

1) 물리적 성질 : 전도율, 비중, 비열, 융해잠열, 자성, 융점 등

① 비중 : 표준기압 4℃에서 어떤 물질의 무게와의 비를 말한다. 4.5를 기준으로 그 이하를 경금속, 그 이상을 중금속이라 한다. 비중이 가장 낮은 금속은 리튬(Li : 0.53)이며, 가장 큰 금속은 이리듐(Ir : 22.5)이다.

- 경금속(비중) : Li(0.53), K(0.86), Ca(1.55), Mg(1.74), Si(2.33), Al(2.7), Ti(4.5) 등
- 중금속(비중) : Cr(7.09), Zn(7.13), Mn(7.4), Fe(7.87), Ni(8.85), Co(8.9), Cu(8.96), Mo(10.2), Pb(11.34), Ir(22.5) 등

② 팽창계수 : 온도가 1℃ 증가하는데 따른 각 금속의 팽창률

- 금속의 팽창계수가 큰 순서 : Zn, Pb, Mg
- 금속의 팽창계수가 작은 순서 : Ir, W, Mo

③ 비열 : 물질 1g의 온도를 1℃ 높이는데 필요한 열량

- 비열이 큰 순서 : Mg 〉 Al 〉 Mn 〉 Cr 〉 Fe 〉 Ni 〉 Cu 〉 Zn 〉 Ag 〉 Sn 〉 Sb 〉 W

④ 용융점 : 금속을 가열하여 고체에서 액체로 상이 변경되는 온도
  - 융점이 가장 낮은 금속 : 수은(Hg ; $-38.87℃$), 상온에서 액체로 존재
  - 융점이 가장 높은 금속 : 텅스텐(W ; 약 $3,410℃$)
  - 순철의 용융점 : $1,530℃$
⑤ 열(전기)전도율 : 금속이 열이나 전기를 전달하는 비율
  - 불순물이 적고 순도가 높을수록 전도율이 높다.
  - 일반적으로 전기전도율은 Ag의 전도율을 100으로 했을 경우, 다른 금속과의 비율로 나타낸다.
  - 전기전도율의 순서 : Ag 〉 Cu 〉 Au 〉 Al 〉 Mg 〉 Zn 〉 Ni 〉 Fe 〉 Pb 〉 Sb
⑥ 자성
  - 강자성체 : 자석에 강하게 끌리고 자석에서 떨어진 후에도 금속 자체에 자성을 가지고 있는 물질
  - 상자성체 : 자석을 접근하면 먼 쪽에 같은 극, 가까운 쪽에는 다른 극(붙는 것 같기도 하고 붙지 않는 것 같기도 한 것들)
  - 반자성체 : 외부에서 자기장이 가해지는 동안에만 형성되는 매우 약한 형태의 자성

2) 기계적 성질 : 경도, 강도, 충격, 피로, 연신율 등

① 강도 : 금속재료의 외력에 대해 저항하는 힘이다. 강도의 종류에는 인장강도 · 압축강도 · 전단강도가 있다.
② 경도 : 금속표면의 딱딱한 정도를 말하며, 일반적으로 경도의 세기는 인장강도에 비례한다.
③ 전성 : 금속에 힘을 가하였을 때 퍼지는 성질을 말하며, 전성이 큰 순서는 다음과 같다.

Au 〉 Ag 〉 Pt 〉 Al 〉 Fe 〉 Ni 〉 Cu 〉 Zn

④ 연성 : 금속을 잡아당겼을 때 늘어나는 성질을 말하며, 연성이 큰 순서는 다음과 같다.

Au 〉 Ag 〉 Al 〉 Cu 〉 Pt 〉 Pb 〉 Zn 〉 Ni

⑤ 인성 : 재료를 잡아 당겨서 파괴할 때 측정되는 에너지의 수치이다.
  - 일반적으로 전 · 연성이 큰 것이 잘 견딘다.
  - 주철과 같이 강도가 적고 경도가 큰 것은 인성이 적다.

3) 화학적 성질 : 내식성, 내열성 등

① 내식성 : 부식되지 않는 성질
② 내열성 : 재료가 열에 잘 견디는 성질

(3) 금속의 결정구조

1) 체심입방격자 구조(Body Centered Cubic lattice : BCC)
입방체의 각 모서리에 8개와 그 중심에 1개의 원자가 배열되어 있는 결정구조

2) 면심입방격자 구조(Face Centered Cubic lattice : FCC)
입방체의 각 모서리에 8개와 6개 면의 중심에 1개씩의 원자가 배열되어 있는 결정구조

3) 조밀육방격자 구조(Close – Packed Hexagonal lattice : HCP)
육각기둥의 모양으로 되어 있으며 6각주 상하면의 모서리와 그 중심에 1개씩의 원자가 있고 6각주를 구성하는 6개의 3각주 중 1개씩 띄워서 3각주의 중심에 1개씩의 원자가 배열되어 있는 결정구조

(4) 금속의 응고
금속을 용융시킨 후 냉각하게 되면 일정한 온도에서 금속이 냉각되어 응고하게 되면서 미세한 결정핵을 생성하고 핵이 성장하면 결정경계가 형성된다.

1) 응고과정
용융금속→결정핵 생성→결정핵 성장→결정립계 형성→결정입자구성의 순으로 응고된다.

2) 응고조직
① 과냉 : 용융점 이하로 냉각하여도 액체 또는 고용체로 계속되는 현상(Sb, Sn)

② 수지상결정 : 용융된 금속이 응고하면서 생성되는 결정핵이 하나의 결정핵을 중심으로 나뭇가지 모양의 성장을 하는 것을 말한다.

③ 주상결정 : 용융된 금속을 주형에 넣으면 주형에서 접촉된 부분부터 중심을 향하여 가늘고 긴 결정이 성장하여 중심부로 방사하면 금속조직에 치명적인 영향을 주는데, 라운딩 처리하거나 냉각속도를 느리게 함으로써 예방할 수 있다.

④ 편석 : 주상정의 경계에 모여 메지고 취약하게 하는 불순물의 총칭을 일컫는다.

⑤ 라운딩 : 주형의 모서리 부분을 둥글게 함으로써 편석을 예방한다.

3) 주철의 분류
① 아공정주철 : 탄소(C)함유량이 2.11~4.3% 이하

② 공정주철 : 탄소(C)함유량이 4.3%

③ 과공정주철 : 탄소(C)함유량이 4.3%~6.67% 이하

4) 제철법
용광로의 철광석에 코크스와 용제인 석회석을 교대로 투입시켜 가열하여 얻은 것을 선철이라 한다. 용광로의 용량은 1일 생산량으로 나타낸다.

5) 제강법의 종류

① 전로제강법 : 원료용선 중에 공기를 불어넣어 함유된 불순물을 신속하게 제거하는 방법이다. 전로의 용량은 1회 용해할 수 있는 용량으로 표시한다.

② 평로제강법 : 축열식 반사로를 사용하여 선철을 용해하는 방법이다.

③ 전기로제강법
- 일반연료 대신 전기적에너지를 열원으로 하는 제강법이다.
- 전기적에너지를 열원으로 하는 방식은 저항식, 유도식, 아크식으로 분류한다.

④ 강괴의 종류
- 킬드강 : 완전탈산시킨 강을 말하며 사용되는 탈산제로는 Fe-Si, Fe-Nm, Al 분말 등을 사용한다. 편석이 적고 재질이 균일하고 기계적 성질도 좋아 주로 압연재료로 널리 사용된다.
- 세미킬드강 : 킬드강과 림드강의 중간 정도의 강이다. 약한 탈산강으로 킬드강보다 탈산제를 적게 함유한 강이다. 일반구조용강·강판으로 사용된다.
- 림드강 : 탈산 및 가스처리가 불충분한 상태의 것으로 강괴 전부를 사용할 수 있는 장점이 있으나 기계적 성질은 킬드강에 비해 못하다. 주로 용접봉심선재료로 사용된다.

(5) 금속의 변태

어떠한 온도점을 중심으로 하여 기체, 액체, 고체로 변하는 것과 같이 금속합금은 용융점에서 고체의 상태로 변하고 응고 후에도 온도에 따라 변하는 경우가 발생한다. 이때의 변화를 변태 또는 변태점이라고 한다.

1) 동소변태

① 고체상태에서 결정격자 모양에 변화가 생기는 것

② 일정한 온도에서 불연속적인 변화가 발생한다.

③ 고체상태에서 서로 다른 공간격자구조를 갖는다. 순철의 경우 912℃에서 체심입방격자→면심입방격자, 1,400℃에서 면심입방격자→체심입방격자로 변태한다.

④ 동소변태를 하는 금속 : Fe(912℃, 1,400℃), Co(477℃), Ti(830℃), Sn(18℃) 등

2) 자기변태

① 넓은 온도 부분에서 연속적으로 변화가 일어난다.

② 결정격자의 변화는 생기지 않고 원자내부에서 자성적변화만을 가져온다.

③ 순철의 경우, 자기변태는 768℃에서 강자성에서 상자성으로 변태한다.

④ 자기변태금속(Fe(768℃), Ni(358℃), Co(1,660℃))은 강자성체 금속이다.

(6) 철강재료

철강은 탄소함유량에 따라 순철, 강, 주철로 분류할 수 있다.

1) 강과 주철의 분류

탄소함유량 2.11%를 기준으로 그 이하를 강이라 하고, 그 이상을 주철이라 한다.

2) 강의 분류

① 아공석강 : 탄소(C)함유량이 0.77% 이하로 페라이트와 펄라이트조직으로 이루어짐

② 공석강 : 탄소(C)함유량이 0.77%로 펄라이트조직으로 이루어짐

③ 과공석강 : 탄소(C)함유량이 0.77%이상, 2.11% 이하로 펄라이트와 시멘타이트로 이루어짐
   - 탄소강에 5원소가 포함되어 있다(탄소, 규소, 망간, 인, 황). 이 중 강의 성질에 가장 큰 영향을 미치는 원소는 탄소이다.
   - 탄소강은 900℃ 정도 높은 온도에서 서냉시킬 경우 탄소량은 증가된다.

3) 페라이트(Ferrite : α)

① 일명 지철(순철)이라고도 한다.

② 상온에서 강자성체인 체심입방격자 조직이다.

4) 펄라이트(Pearlite : $\alpha + Fe_3C$)

① 726℃에서 오스테나이트가 페라이트와 시멘타이트의 층상의 공석강으로 변태한 것으로 탄소(C) 함유량이 0.85%이다.

② 경도와 강도는 페라이트보다 크다.

5) 시멘타이트(Cementite : Fe_3C)

① 고온의 강 중에서 생성하는 탄화철을 말한다.

② 경도가 높고 취성이 많으며 상온에서 강자성체이다.

6) 오스테나이트(Austenite)

① α철에 탄소를 고용한 것으로 탄소함유량이 최대 2.11%이다.

② 723℃에서 안정된 조직이며, 비자성체이다.

7) 레데뷰라이트(Ledeburite)

2.1% C의 r-고용체와 6.67% C의 Fe_3C와의 조직으로 주철에 나타난 공정조직이다.

(7) 탄소강 중의 원소의 영향

1) C(탄소)의 영향

① 탄소량이 증가하면 강도와 경도가 증가한다. 그러므로 인성 및 충격값, 연신율 등이 감소한다.

② 인장강도와 경도는 공석강(0.80%)에서 최대가 되고 인장강도는 감소한다.

2) Si(규소)의 영향

① 유동성이 좋고 주조가 쉬우며, 응고 후 수축이 적어진다.

② 흑연 생성의 촉진제 역할을 한다.

3) Mn(망간)의 영향

① 탄소강에 Mn의 함유량이 0.2~0.6% 포함되어 있으면 강도 · 경도 · 인성 · 점성을 증가시킨다.

② 유황(S)의 해를 제거시킨다(적열취성 방지).

4) P(인)의 영향

① 유동성의 방해원소로 주조작업이 힘들다.

② 흑연생성의 방해 및 청열취성의 원인이 된다.

③ 적은 양의 황을 사용하여 절삭성을 향상시킨다.

5) S(황)의 영향

① 절삭성을 증가시킨다.

② 적열취성의 주된 원인인 Fe와 화합하여 저융점화합물인 FeS를 형성한다.

③ 가공 시 균열을 일으켜 고온가공성을 해친다. 강도, 연신율, 충격값도 감소한다.

④ 최대 0.05% 이하로 함유하는 것이 좋다.

(8) 탄소강의 종류

1) 저탄소강

① 탄소(C)량이 0.2% 이하의 강

② 가공성이 우수하고, 단접은 양호하지만 열처리가 불량하다.

③ 극연강, 연강, 반영강이 있다.

2) 고탄소강

① 탄소(C)량이 0.5% 이상의 강

② 경도가 우수하다.

③ 열처리가 양호하다.

④ 반경강, 경강, 최경강이 있다.

3) 기계구조용 탄소강재

저탄소강(0.08~0.23%) 구조물로 쓰인다.

4) 탄소공구강

① 탄소(C) 함유량 : 0.6~1.5%

② 내마모성이 우수하다.

③ 내충격성이 우수하다.

④ 열처리성이 양호하다.

⑤ 가격이 저렴하다.

⑥ 상온 및 고온경도가 크다.

5) 쾌삭강

① 피절삭성이 양호하다.

② 일반탄소강보다 P(인), S(황)의 함유량을 많게 하거나 Zr, Pb, Ce 등을 첨가하여 제조한다.

6) 침탄강

금속표면에 C(탄소)를 침투시켜 강인성과 내마멸성을 증가시킨 강이다.

7) 주강

① 수축률이 주철에 비해 2배이다.

② 융점이 높고 강도가 크다.

③ 유동성이 나쁘다.

(9) 합금강

특수강이라고도 부르며, 보통 탄소강에 특수한 성질을 가지게 하기 위해 1개 또는 여러개의 원소를 첨가하여 만든 강을 말한다. 특수원소로는 Ni, Cr, W, Mo, Al, V, Ti 등이 있다.

1) 구조용 특수강

① 강인강 : 강인강은 다듬질성이 나쁘므로 다듬질 및 강인성을 좋게 하기 위해서 특수원소를 첨가한다.

  • Ni강

   – 니켈을 1.5~5% 첨가한다. 표준상태에서 펄라이트조직이다.

   – 강도가 크고 내마멸성 및 내식성이 우수하다.

  • Cr강

   – 크롬을 1~2% 첨가한다. 상온에서는 펄라이트조직이다.

   – 내마멸성이 좋다.

   – 담금질 온도는 830~880℃이다.

   – 뜨임온도는 550~680℃이다.

- Cr-Mo강
  - Cr강에 Mo을 0.15~0.35% 첨가한 펄라이트조직의 강이다.
  - 담금질성 및 용접성이 좋다.
  - 고온가공이 쉽다.
  - 주로 기어, 강력, 볼트, 암 등에 사용된다.
- Ni-Cr-Mo강
  - No-Cr강에 Mo을 1% 정도 첨가한 강이다.
  - 구조용 강 중 가장 우수한 강이다.
  - 내열성 및 담금질성이 좋다.
- 저Mn강
  - 듀콜강이라고도 한다.
  - Mn은 1~2%이며, C는 0.2~1% 범위이다.
  - 인장강도는 45~88kgf/mm²이다.
  - 건축, 토목 등의 일반구조용으로 사용된다.
- 고Mn강
  - Mn을 10~14% 함유한 강이다.
  - 오스테나이트조직이며, 헤드필드강이라고도 한다.
  - 내마멸성이 우수하다.
  - 경도가 높아서 관선기계, 레일, 교차 등에 쓰인다.

② 표면경화강 : 재료의 내부는 강도가 크고 표면은 큰 것을 필요로 하는 곳에 사용된다.
- 침투강 : 0.25% 이하의 탄소강 및 저합금이 여기에 쓰이며, 탄소를 침투시켜 내부가 강해지게 되고 표면은 경도를 갖게 된다.
- 질화강 : 강재의 표면에 질화에 의한 표면경화를 얻기 위한 것으로 Cr, Mo, Al, Ti 등을 함유한 합금강에 좋다.

(10) 공구용 강

1) 공구용 강의 구비조건
① 강도 및 경도가 클 것
② 내마멸성, 강인성이 우수할 것
③ 취급 및 열처리가 용이할 것
④ 가격이 저렴할 것

2) 고속도강
① 절삭공구강의 일종으로 하이스라고도 한다.

② 고속도강의 표준조성 : 텅스텐 18%, 크로뮴 4%, 바나듐 1%(18-4-1 고속도강이라 한다)

③ 열처리는 1,250℃에서 담금질하고, 550~600℃에서 뜨임처리를 한다.

(11) 특수용도강

1) 스테인리스강의 종류

① 페라이트계 스테인리스강
- 크롬 함유량이 12~17% 이하의 페라이트조직이다(보통 13%).
- 공기나 물에서 잘 부식되지 않는다.
- 염산, 황산 등에 침식된다.
- 오스테나이트계에 비해 내산성이 적다.

② 오스테나이트계 스테인리스강
- Cr 18%, Ni 8%의 18-8 스테인리스강이다.
- 담금질이 잘 되지 않으며, 전연성이 크고 비자성체이다.
- 13Cr 스테인리스강보다 내식성 및 내열성이 우수하다.
- 기계가공성 및 용접성이 우수하다.

③ 마르텐사이트 스테인리스강
- Cr 12~18%, C 0.15~0.3%가 포함된 페라이트계를 열처리한 스테인리스강이다.

2) 내열강(SEH)

① 고온에서 O_2, H_2, N_2, SO_2 등에 침식되지 않을 것

② 기계적 · 화학적 성질이 안정할 것

③ 온도의 변화에도 내구성을 유지할 것

3) 불변강

① 인바(invar)
- Ni 36%, C 0.1~0.3%, Mn 0.4%와 Fe의 합금이다.
- 내식성이 우수하다.
- 줄자, 정밀기계, 시계, 계측기 등의 부품에 사용된다.

② 초인바(super invar)
- Ni 29~40%, Co 5% 이하 함유
- 인바강보다 열팽창계수가 작다.

③ 엘린바(elinvar)
- Fe 52%, Ni 36%, Cr 12% 함유
- 고급시계, 정밀계측기, 저울, 스프링 등에 사용된다.

④ 코엘린바(coelinvar)

- Cr 10~11%, CO 26~58%, Ni 10~16%와 철의 합금이다.
- 온도의 변화에 대한 탄성률의 변화가 적다.
- 공기 중이나 수중에서 잘 부식되지 않는다.

⑤ 플래티나이트(platinite)
- Ni 40~50%, Co 18%의 Fe-Ni-Co 합금이다.
- 전구, 진공관 도입선으로 사용된다.

(12) 주철

1) 주철의 조직 : 2.11~6.67%의 탄소함유량
① 아공정주철 : 2.11~4.3%
② 공정주철 : 4.3%
③ 과공정주철 : 4.3~6.67%

2) 주철의 장단점
① 장점
- 용융점이 낮다.
- 마찰 저항이 좋다.
- 가격이 싸다.
- 유동성이 좋아 주조하기가 쉽다.
- 절삭성이 우수하다.

② 단점
- 인장강도가 적다.
- 열처리가 어렵다.
- 충격값이 작다.
- 용접 도중에 크랙이 발생된다.

3) 주철의 종류
① 보통주철
- 인장강도 : 10~20kgf/mm^2
- 주조성이 쉽고 값이 싸다.
- 일반기계, 수도관 등에 사용된다.
- 성분
  - 탄소 : 3.2~3.8%
  - 망간 : 0.4~1%
  - 인 : 0.3~1.5%
  - 규소 : 1.4~2.5%
  - 황 : 0.06~1.3%

② 고급주철
- 인장강도 : 25kgf/mm^2
- 강도 및 내마멸성을 얻기 위해서 탄소와 규소를 적게 포함해야 한다.
- 종류 : 미하나이트주철, 에멜주철, 란쯔주철

③ 구상흑연주철
- 용융상태에서 Mg, Ce, Mg-Cu 등을 첨가하여 편상흑연을 석출시킨 주철이다.
- 기계적 성질이 우수하다.
④ 칠드주철
- 용융상태에서 금형에 주입하여 접촉면을 백주철로 만든 것
- 경도 및 내마멸성이 크다.
- 기차바퀴, 롤러 등에 사용된다.

(13) 비철금속

1) 구리
① 비중은 8.96, 용융점은 1,083℃이며 변태점이 없다.
② 결정격자 : FCC
③ 전기전도도가 Ag 다음으로 좋다.
④ 비자성체이다.
⑤ 전기 및 열의 전도성이 우수하다.
⑥ 전연성이 좋아 가공이 쉽다.
⑦ 화학적 저항력이 커서 부식이 되지 않는다.
⑧ 아름다운 광택을 가지며 귀금속적 성질이 우수하다.
⑨ Sn, Ag, Zn 등과 용이하게 합금을 만들 수 있다.

2) 황동
① 황동의 성질
- Cu + Zn이 주성분이다.
- 가공성, 주조성, 내식성, 기계적 성질이 좋다.
- 아연의 함유량이 3%에서 연신율이 최대이다.
- 아연의 함유량이 40%에서는 인장강도가 최대이다.
- 고온가공에 적합하다.
② 황동의 종류
- 톰백 : 일명 8-2 황동이라고 한다. 금색에 가깝고 연성이 좋으며, 금 대용 또는 장식용으로 사용된다.
- 양은 : 7:3 황동에 Ni 15~20%를 함유한다. 장식, 식기, 악기에 사용된다.
- 주석황동 : 황동에 1% 정도의 주석을 넣어 만든 합금으로 녹이 잘 슬지 않는다. 내식성 및 내해수성이 우수하다.
- 애드미럴티황동 : 7:3 황동에 주석이 1% 함유된다. 연신율 및 인장강도가 크며, 주로

선·관 등에 사용된다.

- 네이벌황동 : 6:4 황동에 주석이 1% 함유된다. 상온에서 전성과 연성이 낮으며 강도가 크다. 판, 선박용 기계에 사용된다.
- 철황동 : 6:4 황동에 철이 1% 함유된다. 강도가 높으며, 광산기계에 사용된다.
- 강력황동 : 6:4 황동에 Mn, Al, Fe, Ni, Sn이 함유된다.
- 연황동 6:4 황동에 Pb 1~1.5%가 함유된다. 쾌삭황동이라고도 한다.

3) 청동

① 청동의 성질
- Cu + Sn의 주성분이다.
- 주조성, 강도, 내마멸성이 우수하다.
- 주석함유량이 15% 이상에서 강도와 경도가 크다.
- 주석함유량이 4%에서 연신율이 최대가 된다.

② 청동의 종류
- 인청동
  - 탈산제인 인을 첨가한 합금으로 내마멸성이 우수하다.
  - 주로 고탄성을 요구하는 스프링가공재나 내식성 및 내마멸성이 요구되는 부품에 사용된다.
- 연청동 : 청동에 납을 3~26% 첨가한 합금으로 베어링 등에 주로 쓰인다.
- 켈밋 : 30~40% Pb을 첨가한 합금으로 열전도도가 좋다.
- 알루미늄청동
  - 알루미늄 8~12% 첨가한 합금이다.
  - 기계적 성질, 내식성, 내열성이 우수하다.
  - 주조성이 나쁘다.
  - 주로 화학공업용품, 항공기, 자동차부품 등에 사용된다.
- 콜슨청동 : C합금이라고 하며 Cu-Ni-Si합금이다. 전기전도도가 좋으며 주로 전화선 등에 사용된다.

4) 알루미늄합금

① 성질
- 비중 2.7, 용융점 660℃
- 전기전도도는 구리에 비해 약 60% 정도이다.
- 전연성이 우수하다.
- 용융점이 낮아 용해가 쉽다.

② 주조용알루미늄합금

- Al-Cu-Ni-Mg : 실루민이라 하며, 개질처리한 대표적인 주조용알루미늄합금이다.
- Al-Cu-Si : 라우탈이라 불린다. Si 원소첨가로 주조성이 우수하며, Cu 원소첨가로 절삭성이 향상된다.

③ 가공용알루미늄합금
- Al-Cu-Ni-Mg : Y합금으로 불리며 대표적인 내열합금에 해당된다. 주로 내연기관, 피스톤, 실린더 등에 사용된다.
- 내식용 Al 합금
  - Al + Mn계(알먼)
  - Al + Mg + Si(날드래이)
  - Al + Mg(하이드로날륨)
- 고강도Al합금 : Al-Cu-Mg-Mn의 두랄루민이다. 주로 항공기·자동차에 사용된다.

5) 마그네슘합금

① 마그네슘합금의 성질
- 비중 1.74, 용융점 650℃이다.
- 피절삭성이 좋으나 해수에 약하다.
- 비강도성이 알루미늄보다 좋아 항공기·자동차부품·선반 등에 사용된다.

② 마그네슘합금의 종류
- 도우메탈 : Mg-Al합금으로 Al이 10% 내외이다. 기계적 성질이 우수하고 내식성은 적다.
- 일렉트론 : Mg-Al-Zn합금이다. 내식성 및 내연성이 좋으며, 내연기관재료에 사용된다.

(14) 열처리 및 표면경화

1) 열처리의 목적

열처리란 금속이 목적하는 성질 및 상태를 만들기 위해 가열 후 냉각 등의 조작을 적당한 속도로 하여 그 재료의 특성을 개량하는 조작을 말한다.

2) 일반 열처리

① 담금질(Quenching : 퀜칭)
- 경도를 증가시키는 데 목적이 있다.
- 강을 A_3 변태 이상 30~50℃로 가열 후 물 또는 기름 등으로 급냉시킨다.

② 뜨임(Tempering : 템퍼링)
- 담금질한 강에 강인성을 부여하기 위해서 한다.
- 담금질된 강을 A_1 변태점 이하로 가열 후 서냉시킨다.

③ 불림(Normalizing : 노멀라이징)

- 조직을 균일화 및 표준화하고, 잔류응력을 제거할 목적으로 한다.
- 공기 중 공냉하여 미세한 Sorbite 조직을 얻는다.

④ 풀림(Annealing : 어닐링)
- 주목적 : 가공경화된 재료의 연화
- 노에서 서냉하여 내부응력을 제거한다.

3) 열처리 조직

① 마르텐사이트(Martensite)
- 강도는 높으나 취성이 있다.
- 강을 수냉한 침상조직이다.
- 잔류 오스테나이트 중 마르텐사이트가 침상으로 나타나고 있다.

② 트루스타이트(Troosite)
- 강을 유랭한 조직이다.
- $\alpha-Fe$과 $Fe_3 C$의 혼합조직이다.
- 열처리는 850℃ 수냉, 350℃ 탬퍼링

③ 솔바이트(Sorbite)
- 강도와 탄성을 동시에 요구하는 재료에 사용된다.
- 공냉 또는 유랭조직으로 $\alpha-Fe$과 $Fe_3 C$의 혼합조직이다.
- 인장강도 : $110 \sim 130 kgf/mm^2$
- 열처리 : 850℃ 수냉, 580℃ 탬퍼링

④ 오스테나이트(Austenite)
- 연성이 크고, 상온가공과 절삭성이 우수하다.
- $\beta-Fe$과 $Fe_3 C$의 침상조직이다.

⑤ 베이나이트(Bainite)
- 마르텐사이트와 트루스타이트의 중간조직이다.
- 강도 및 인성이 크다.
- 다른 조직에 비해 시약에 잘 부식된다.
- 열처리온도는 880~890℃이다.

4) 강의 표면경화

내부에는 인성을, 표면에는 경도를 높여 내마모성을 부여하는 것이다.

① 화염표면경화법
- 산소와 아세틸렌불꽃을 사용한다.
- 강의 표면을 급히 가열한 후 물을 분사시켜 급냉시킨다.
- 가열온도의 조절이 어렵다.

② 고주파경화법
  • 화염경화법과 마찬가지로 고주파전류를 사용하여 가열한다.
  • 급열 · 급냉의 작업시간이 짧은 부분가열이므로 다른 부분에 대한 열영향이 적다.
  • 직접가열로 열효율이 좋고 내마모성이 향상된다.
③ 침탄법 : 0.2% 탄소 이하의 저탄소강의 표면에 탄소를 침투시켜 고탄소강으로 만든 후 담금 질하여 표면을 경화하는 방법이다.
  • 고체침탄법
    – 침탄제(목탄, 코크스, 골탄)를 사용하며, 침탄촉진제를 6:4 정도로 배합하여 침탄상 자 속에 침탄시킬 부품을 같이 넣고 900~950℃에서 3~4시간 정도 가열하면 재료 의 표면에 0.5~2mm의 침탄층이 생긴다.
    – 침탄촉진제로 탄산바륨과 탄산나트륨 등이 사용된다.
  • 액체침탄법
    – 청화법이라고도 하며, 침탄제로 시안화칼륨, 시안화나트륨 등을 사용한다.
    – 침탄촉진제로는 염화나트륨, 염화칼륨, 탄산나트륨 등을 사용한다.
  • 기체침탄법
    – 질소(N)를 촉매로 침탄하는 방법이다.
    – 침탄제로 메탄, 에탄, 프로판 등을 사용한다.
④ 질화법
  • 가스침탄법보다 새로운 방법이며, 암모니아가스를 이용한 표면경화법이다.
  • 가열로 속에서 520℃에서 50~100시간 가열하면 Al, Cr, Mo 등이 질화되며 내마멸성 이 높아진다.

(15) 액상 및 응고야금

1) 아크용접 용융과정에서의 화학반응
① 아크열원에 의해 용가재의 금속 및 모재의 일부가 융착된다. 이때 용융금속을 대기로부터 보 호하여 양호한 용접금속을 만들기 위해 용제 또는 불활성가스 등이 사용되고 있다.
② 용접과정에서는 용제 등으로부터 생성된 용융슬래그와 용융금속 간에 여러가지의 화학반응 이 일어난다.
③ 화학반응은 용접금속의 기계적 성질이나 균열성이 중대한 영향을 미친다.

2) 아크용접에서의 슬래그 금속반응
① FeO의 슬래그 금속 간의 평형
  • 반응식 : (Feo)[Fe] + [O]

• 평형상수 $[KO] = [O] / [FeO]$

K : 슬래그의 성질에 의존

② 융용슬래그의 염기도

• 융용슬래그의 산 · 염기로서의 세기는 용접 시의 화학반응에 중요하다.

• 염기도(P)

$$\therefore P = \frac{\Sigma 염기성성분}{\Sigma 산성성분}$$

• 철강제련에서 사용되는 염기도 BL

$$\therefore BL = \Sigma\ biNi$$

bi : 성분의 고유정수

Ni : 성분의 몰분율

• 슬래그의 시험에 의한 염기도 표시

$$P = \frac{Cao\% + Mgo\% + Mno\% + Feo\%}{Sio_2(\%) + Al_2O_3\% + Tio_2\%}$$

3) 용접금속가스성분

가스성분인 산소 · 질소 · 수소가스 등의 강재에 비해서 상당히 높다. 용접금속에서의 가스의 영향은 매우 크므로, 가스의 거동과 용접금속의 성질 및 결합에 미치는 영향을 아는 것은 매우 중요하다.

① 일산화탄소가스 분압과 탄소농도로 결정되며 탄소농도가 증가한다. 반대로 O_2는 감소한다.

② 피복아크용접에서 금속 중의 O_2양은 용접봉피복제에 따라 다르다. 우리가 사용하고 있는 용접봉 중에서 E4316용접봉이 가장 낮다.

③ 용접금속과 질소(N_2)

• 아크용접 시 질소의 대부분은 공기 중에서 침입된 것이다.

• 용접봉피복제 이외의 아크길이와 용접전류 등에 따라 변한다.

• 과대 N_2는 침상의 질화물로 석출되지만 여기에 급냉하면 마르텐사이트조직을 만든다. 이때 용접금속의 성질에 나쁜 영향을 미치게 된다.

④ 용접금속과 수소(H_2)

• 수소는 산소나 질소와는 달리 원자가 작기 때문에 격자 내에서 자유로이 확산하는 특성을 가지고 있다.

• 과포화수소가 많을 경우 용접 후 시간이 지나면 외부로 방출된다. 이때 가열하여 온도를 올리면 확산이 점점 높아진다.

• 저수소계(E4316) 용접봉은 수소의 함유량이 가장 적다.

• 용접금속에 함유된 수소가스는 기공 · 균열의 원인이 되므로 극소화시켜야 한다.

2 용접설비제도

(1) 제도

1) 선

① 모양에 의하여 분류한 선의 종류는 원칙으로 다음의 4종류로 한다.

- 실선 _____ 연속된 선
- 파선 ·············· 짧은 선을 약간의 간격으로 섞어서 나열한 선
- 1점쇄선 __ ._ __ ._ 선과 1개의 점을 서로 섞어서 나열한 선
- 2점쇄선 __ .. __ .. __ 선과 2개의 점은 서로 섞어서 나열한 선

② 실선은 외형부분의 모양을 표시하는 선(외형선·파단선 등)에 사용하며, 치수선·치수보조선·해칭선에는 가는 선을 사용한다.

종 류	명 칭	용 도
실 선	굵은 실선	외형선
	가는 실선	치수선, 해칭선
	자유 실선	부분생략 또는 부분단면의 경계
파 선	파선	보이지 않는 외형선
쇄 선	가는 일점쇄선	중심선, 물체 또는 도형의 대칭선
	가는 이점쇄선	가상외형선 인접한 외형선 가동물체의 회전위치선
	절단부쇄선(양끝이 굵은 선에 중간은 가는 쇄선)	회전단면외형선 절단평면위치
	굵은 일점쇄선	표면처리부분

(2) 투시도법

눈으로 본 그대로의 형태로서 원근감을 갖도록 표시한 도법으로 투상선이 한 점에 집중하도록 그린 투상

(3) 국부투상도

물체의 한 국부의 형체만을 도시하는 것으로 충분한 경우에는 그 필요부분을 국부투상도로서 표시한다.

(4) 보조투상도

물체의 경사면의 실형을 도시할 필요가 있을 경우에는 그 경사면과 맞서는 위치에 필요부분만을 보조투상도로서 표시한다.

(5) 단면도법

물체 내부의 형상 또는 구조가 복잡한 경우 이것을 일반투상법으로 표시하면 수많은 선이 사용되어 그림이 명백하지 않아 보기 어렵다. 이러한 경우에 물체의 내부를 자세히 나타낼 필요가 있는 부분을 절단하였다고 생각하여 도시하는 도면을 단면도라 한다.

(6) 원호의 치수기입

현의 길이를 표시하는 치수선은 현에 평행인 직선으로 표시하고 호의 길이를 표시하는 치수선은 그 호의 등심의 원호로 표시한다.

(7) 제관(철구조물) 및 판금도면

1) 전개

판금이나 제관에서 전개하는 방식

① 평행전개법 : 직각기둥이나 직원기둥을 직평면 위에 전개하는 방법으로 모서리와 직선 면소에 직각방향으로 전개된다.

② 방사전개법 : 각뿔이나 뿔면을 꼭지점을 중심으로 해서 방사상으로 전개하는 방식

③ 삼각전개법 : 방사전개법으로 전개하기 곤란한 원뿔, 즉 꼭지점의 위치가 멀거나 전개지가 작을 경우에 사용하는 방법으로 서로 이웃하는 부분을 사각형으로 생각하여 대각선으로 2등분하여 두 개의 삼각형으로 나누어 작도한다.

제3장 용접구조설계

1 용접의 설계

(1) 용접설계의 정의

용접설계란 기계, 구조물, 설비 등을 용접하는 경우 그 제품이 사용하려는 목적에 적합한 기능을 충분히 발휘할 수 있고 열가공이 될 수 있도록 재료의 모양, 크기 등 그 밖의 모든 사항을 결정하는 것을 말한다.

1) 용접구조물설계 시 주의사항
① 용접길이는 가능하면 짧게 하고, 용착량도 될 수 있는 한 적게 되도록 한다.
② 구조상의 불연속부 및 노치부를 피하도록 한다.
③ 용접이음이 좁은 범위에 집중되지 않도록 한다.
④ 용접금속은 가능하면 다듬질부분에 포함되지 않도록 한다.
⑤ 가능하면 용접이음이 집중 · 접근 · 교차되지 않도록 한다.
⑥ 용접작업은 될 수 있는 한 아래보기자세를 하도록 한다.

2) 용접설계자가 갖추어야 할 조건
① 용접재료의 물리적 성질(융접, 비중, 열전도도, 팽창계수 등)을 확인할 것
② 용접재료의 기계적 성질(연신율, 항복점, 탄성률, 경도, 강도 등)을 확인할 것
③ 용접설계 시 용접구조물의 변형에 대비할 것
④ 용접구조물을 제작할 때 받는 하중의 종류에 따라 적당한 설계를 할 것
⑤ 용착금속부의 접사법에 주의할 것
⑥ 정확한 물량을 산출할 것

2 용접이음설계

(1) 용접이음의 기본형식
1) 맞대기이음
2) 모서리이음
3) 변두리이음

4) T이음

5) 겹치기이음

6) 한면덮개판이음

7) 양면덮개판이음

(2) 이음방법에 따른 용접의 종류

1) 맞대기용접 : 완전한 용입을 얻기 위한 용접이다.

2) 필릿용접 : 목두께의 방향이 어떠한 모재표면에 대해서도 직각이 아닌 용접으로, 연속필릿 용접과 단속필릿용접이 있다.

3) 플러그용접 : 겹친 두 개의 판재에서 어느 한 편의 모재에 구멍을 만들어 용접봉으로 용착금 속을 채우면서 용접하는 방법이다.

(3) 용접 홈의 형상

1) 맞대기용접

① I형맞대기이음 : 홈의 가공이 필요 없으며, 주로 6mm 이하의 박판용접에 사용된다.

② V형맞대기이음

• 한쪽 부분만 완전한 용입을 얻으려고 할 때 사용된다.

• 잘못 용접할 때 변형을 가져올 수 있다.

• 주로 6~20mm 정도의 판두께에 사용된다.

③ U형맞대기이음

• 두꺼운 판을 용접할 때 한쪽 부분만 충분한 용입을 얻고자 할 때 사용된다.

• V형홈보다 비드폭이 좁고 용착금속의 양도 적다.

④ X형맞대기이음 : 양쪽 면을 가공하여 완전한 용입을 얻는데 사용된다. 두꺼운 판의 용접에 적합하다.

⑤ H형맞대기이음 : 판의 두께가 V형, X형, U형보다 두꺼운 판을 용접할 때 적합하다.

⑥ K형맞대기이음

⑦ J형맞대기이음

⑧ 양면J형맞대기이음

(4) 홈의 용착부 명칭

용접이음에 있어서 홈의 명칭, 용착부의 명칭 및 치수의 표현방법에 대하여 알아두어야 한다.

① θ : 홈각도 → 접합하는 두 모재의 각도

② ∅ : 베벨각 → 모재의 가공된 홈면과 모재표면의 수직면이 이루는 각

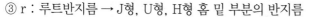
③ r : 루트반지름 → J형, U형, H형 홈 밑 부분의 반지름

④ g : 루트간격 → 모재와 모재 사이의 거리

⑤ t : 두께 → 모재의 두께

⑥ s : 홈깊이 → 모재에서 루트면을 제외한 길이

⑦ f : 루트면의 길이 → 홈 밑 부분의 일어선 면

⑧ h : 다리의 길이 → 필릿용접에서 이음루트에서 토까지의 길이

⑨ 토 : 모재의 면과 비드가 만나는 점

⑩ t : 목두께 → 용착금속의 두께로 이론상의 목두께와 실제상의 목두께가 있다.
  • 목두께 t −다리길이의 1.4배(볼록비드), 다리길이의 0.7배(오목비드)

(5) 용접이음의 강도

1) 이음효율

연강용 피복아크용접봉은 용착금속의 기계적 성질이 모재의 강도보다 높게 되어 있으므로 완전한 용입이음의 경우 덧붙이를 하지 않고 인장하여도 모재 부분에서 파단하게 된다. 용접의 이음효율은 100%를 기준으로 한다.

$$이음효율(\%) = \frac{용접이음의\ 강도}{부재의\ 강도}$$

2) 응력

물체에 외력을 가하게 되면 변형이 일어나는 동시에 저항하는 힘이 생기게 되며 외력과 균형을 이루게 된다. 이때의 저항력을 내력이라고 하고 단위면적당 내력의 크기를 응력이라고 한다.

① 인장응력

$$a_t = \frac{P_t}{A}\ [N/m^2 kgf/cm^2]$$

② 압축응력

$$a_c = \frac{P_c}{A}\ [N/m^2 kgf/cm^2]$$

3) 인장강도계산식

① 맞대기이음 용착금속의 인장강도계산

$$a_n = \frac{p}{ht - l} = \frac{p}{t - l}$$

② 필릿용접이음의 목두께계산

$$a_n = \frac{p}{ht} \cdot l = \frac{p}{t} \cdot l$$

4) 전면필릿이음

목두께는 이론목두께와 실제목두께로 분류할 수 있는데, 이론목두께를 ht, 실제목두께를 h라고 하면 다음과 같은 식으로 나타낼 수 있다.

$$ht = hCos45° = 0.707h$$

5) 측면필릿이음

측면필릿이음을 파단할 때의 전단강도 I의 실용계산식은 다음과 같다.

$$a_n = \frac{p}{ht} \cdot l = \frac{p}{t} \cdot l$$

(6) 허용응력과 안전율

기계의 운전이나 구조물의 작용이 실제적으로 안전한 범위 내에서 작용하고 있는 응력을 사용응력(a_v)이라고 하며, 재료를 사용함에 있어 허용할 수 있는 최대응력을 허용응력(a_a)이라고 한다.

$$안전율 S = \frac{극강한도(a_v)}{허용능력(a_a)} \cdot a_a = \frac{a_v}{S}$$

$$사용력의 안전율 S_u = \frac{극강한도(a_a)}{사용능력(a_u)}$$

3 ▶ 용접준비

(1) 일반적인 준비

1) 용접모재의 재질을 확인한다.
2) 용접기기와 용접봉을 선택한다.
3) 용접사를 선임한다.
4) 지그를 결정한다.

(2) 이음준비

1) 홈의 가공

홈 가공 및 가접정도는 용접능률과 이음부분의 성능에 큰 영향을 미친다. 일반피복아크용접의 홈 각도는 54~70°이며, 서브머지드 아크용접은 루트간격을 0.8mm 이하, 루트면을 7~16mm 로 한다.

2) 조립

조립순서는 용접순서 및 용접작업의 특성을 고려하여 계획하고, 변형 및 잔류응력이 제품에 남 지 않도록 미리 검사하여 조립순서를 정하도록 한다.

① 일반적으로 수축이 큰 맞대기이음을 먼저 하고 나중에 필릿용접을 한다.
② 큰 구조물용접 시에는 구조물의 중앙에서 끝을 향하여 용접한다.
③ 항상 대칭으로 용접을 진행시킨다.

3) 가접

① 가접은 본용접을 실시하기 전에 좌우의 홈 부분을 고정하기 위한 짧은 용접이다.
② 가접 시 균열, 기공, 슬래그섞임 등의 결함이 발생하기 쉬우므로 원칙적으로 본용접을 하기 전에 홈 안에 가접을 하는 것은 바람직하지 않다. 만일 홈 안에 가접을 할 경우에는 본용접을 하기 전에 갈아낸 다음 용접하는 것이 좋다.
③ 가접용접사도 본용접의 용접사와 동일한 기량을 가져야 한다.

4) 루트간격확인

① 피복아크용접(맞대기이음)
  • 간격이 6mm 이하인 경우 한쪽 또는 양쪽을 덧살올림용접을 한다.
  • 간격 6~16mm인 경우 두께 6mm 정도의 뒷판을 대서 용접한다.
  • 간격 16mm 이상인 경우 판의 전부 또는 일부(약 300mm)를 대체한다.

② 필릿용접
- 간격 1.5mm 이하인 경우 규정대로 각 장으로 용접한다.
- 간격 1.5~4.5mm인 경우 그대로 용접하거나 넓혀진 만큼 각 장을 증가시킨다.
- 간격 4.5mm 이상인 경우 라이너를 넣든지 부족한 판을 300mm 이상 잘라내어 대체한다.

5) 이음부의 청정

이음부의 수분, 녹, 스케일, 페인트, 기름, 그리스, 먼지, 슬래그 등은 기공이나 균열의 원인이 된다. 이 이음부분을 와이어브러시, 그라인더, 쇼트블라스트 등을 사용해 제거한 후 용접하도록 한다.

4 ▶ 용접작업

(1) 용착법

1) 전진법
① 가장 간단한 방법이며 이음의 한쪽 끝에서 다른 쪽으로 진행하는 방법이다.
② 용접길이가 짧거나 변형, 잔류응력이 문제가 되지 않을 때 사용한다.

2) 후진법
① 용접진행방향의 반대쪽에서 용접하는 방법이다.
② 두꺼운 판에 사용되며 잔류응력을 최소로 할 때 사용한다.

3) 대칭법
용접길이 전체 중에서 중심부에서 양쪽으로 병행 실시하는 방법이다.

4) 비석법(스킵법)
짧은 용접길이로 나누어 간격을 두고 용접한 후 빈 자리를 차례로 용접하여 가는 방법이다.

5) 빌드업법
용접 전 길이에 대해서 각 층을 연속하여 용접하는 방법이다.

6) 전진블록법
① 짧은 용접길이로 표면까지 용착하는 방법이다.
② 첫 층에 균열발생의 우려가 있는 곳에 사용한다.

(2) 예열

1) 예열의 목적
① 용접작업성의 개선, 용접금속 및 열영향부에 있어서의 연성 또는 노치인성이 개선된다.
② 수소의 방출이 용이하므로 저온균열방지에 효과적이다.

2) 금속의 예열온도
① 연강 : 40~70℃
② 주철 : 500~550℃
③ 알루미늄 및 동합금 : 200~400℃

5 ▶ 용접 후 처리

(1) 용접에 의한 변형과 잔류응력

용접은 열에 의하여 모재를 가열하게 되는데 금속은 가열하면 팽창하고, 냉각하면 수축하는 성질을 가지고 있다. 열팽창에 의한 수축은 본래의 팽창량보다 수축량이 많게 되므로 용접 결과 변형이 생기게 된다. 이때 변형을 방지하기 위하여 모재를 구속하면 모재가 변형하려고 하는 힘, 즉 잔류응력이 남게 된다.

(2) 변형방지법

1) 억제법
모재를 가접하거나 지그를 사용하여 변형의 발생을 억제하는 방법으로 잔류응력이 발생할 우려가 있다.

2) 역변형법
모재를 용접하기 전에 변형의 방향과 크기를 미리 예측하며 반대방향으로 굽혀 놓고 용접하는 방법으로 시험편이나 박판에 많이 쓰인다.

3) 도열법
동판이나 물에 적신 석면을 모재 주위에 받쳐서 열을 흡수하는 방법이다.

4) 대칭법
비드를 좌우대칭으로 변형함으로써 변형을 방지하는 방법이다.

5) 후퇴법(Back Step)

용접선의 전 길이를 적당하게 나누어 각 구간의 용접방향을 전체용접방향에 대하여 후진하는 방법이다.

6) 비석법(Skip)

용접선이 길 때 적합한 방법이다.

7) 스킵법(교호법)

모재의 가열되지 않은 부분을 골라 좌우 교대로 용접해 나가는 방법이다.

(3) 잔류응력제거법

1) 응력제거열처리

용접물 전체를 노 중에서 또는 국부적으로 600~650℃로 가열하여 일정시간 유지한 다음 200~300℃까지 서서히 냉각시키는 방법이다.

2) 저온응력완화법

용접선의 양측 150mm의 폭을 150~200℃ 저온으로 가열하고 바로 수중급냉시킴으로써 용접선 방향의 응력을 경감시키는 방법이다.

3) 피닝법

용접부를 특수한 피닝해머로 가볍게 연속적으로 타격을 주어 용착금속부의 표면에 소성변형을 주어 수축 힘을 완화시키는 방법이다.

4) 기계적응력완화법

잔류응력이 있는 제품의 경우, 제품에 하중을 주어 용접부에 약간의 소성변형을 일으킨 다음 하중을 제거하는 방법이다.

(4) 변형교정법

용접구조물을 용접할 때 발생하는 변형을 교정하는 데는 많은 시간과 경비를 필요로 하므로 용접하기 전에 그 발생을 최대로 경감시킬 수 있도록 한다. 변형교정방법은 제품의 종류와 변형 형식과 양에 따라 여러 가지 방법이 있다.

1) 박판의 점수축법 : 박판에 변형이 생기는 경우의 변형교정법

    ① 가열온도 : 500~600℃

    ② 가열시간 : 약 30초

    ③ 가열점 지름 : 20~30mm

    ④ 가열거리 : 60~70mm

2) 형재의 직선수축법
가열 후 수축하는 방법

3) 가열 후 해머작업법
변형 부분을 가열한 다음 망치로 두들겨 변형을 잡는 방법

4) 후판을 가열한 후 압력을 가하고 수냉하는 법

5) 롤러가공법

6) 피닝법
용접 후 피닝해머로 비드를 두드려 변형을 방지(교정)하는 방법

7) 절단하여 정형 후 재용접하는 방법

6 ▶ 용접검사

(1) 용접작업검사와 완성검사

1) 용접 전의 작업검사
① 용접설비는 용접기기, 부속기구, 보호기구, 지그 및 고정구의 적합성을 조사한다.
② 용접봉은 겉모양과 치수, 용착금속의 성분과 성질, 모재와 조합한 이음부의 성질, 작업성과 균열 등을 조사한다.
③ 모재는 화학성분, 기계적 성질, 물리적 성질, 화학적 성질 그리고 여러 가지 결함의 유무와 표면상태를 조사한다.

(2) 여러 가지 검사방법

용접부의 시험	파괴시험	기계적시험	정적 : 인장, 굽힘, 경도, 크리프시험
			동적 : 충격, 피로시험
		물리적시험	물성 : 비중, 점성, 표면장력, 탄성 등
			열특성 : 팽창, 비열, 열전도 등
			전기·자기특성 : 저항, 기전력, 투자율 등
		화학적시험	화학분석, 부식, 수소시험
		금속화학적시험	파면, 육안조직, 현미경조직시험
		용접성시험	노치취성, 용접경화, 용접연성, 용접균열시험
		낙하시험	낙하시험(쇼어경도시험)
		압력시험	내압시험
	비파괴시험	외관시험(VT)	육안검사
		누설시험(LT)	누설시험
		침투시험(PT)	형광침투, 염료침투시험
		초음파시험(UT)	초음파탐상시험
		와전류시험(ET)	와류탐상검사
		방사선투과시험(RT)	X선투과, Γ선투과시험
		자분탐상시험(MT)	형광자분
		음향시험(AET)	어쿠스틱에미션

(3) 경도시험

경도시험의 세 가지 방법

1) 압입하는 방법 : 압입하여 나타나는 압흔을 통하여 경도를 측정한다.

  ① 브리넬 경도

   • 강철볼로 압입한 시편부분의 표면적으로 하중을 나누어 경도를 측정한다.

   • 하중시간은 15~30초이다.

   • 얇은 재료나 침탄강, 질화강 등의 표면을 측정하기에는 부적당하다.

   • 경도값을 구하는 공식

$$H_B = \frac{2P}{\pi D(D - \sqrt{D^2 - d^2})} = \frac{P}{A}$$

P : 하중, A : 압입자국의 표면적, D : 강구지름, d : 압입된 지름

② 로크웰 경도
  - 압입된 시편 부분의 깊이 정도로 경도를 측정한다.
  - B 스케일의 경우 : 특수강구(1.588mm : 1.16 in)
  - C 스케일의 경우 : 꼭지각 120℃인 다이아몬드 원뿔의 압입자를 사용한다.
  Hrc = 100−500h
③ 비커즈 경도
  - 압입된 시편 부분의 표면적으로 경도를 측정한다.
  - 136℃인 사각뿔 다이아몬드의 압입자를 사용한다.
  - 연한 재료, 얇은 재료, 침탄, 질화층 같은 엷은 부분의 경도를 정확히 측정한다.
  - 경도값을 구하는 공식
  Hv= 1.854P/d²
  d : 다이아몬드 압입자국의 대각선 길이

2) 반발을 통한 방법 : 물체를 낙하시켜 튀어오르는 높이를 통해 경도측정
① 쇼어경도
  - 일정높이에서 자유낙하시켜 낙하체가 시험편에 부딪쳐 튀어오르는 높이에 의해 경도를 측정한다.
  - 시험편에 자국이 생기지 않으므로 완성된 기어나 압연 · 롤 등에 사용한다.
  - 경도값을 구하는 공식

  $$H_s = \frac{10,000h}{65ho}$$

  h : 낙하물체의 튀어오른 높이
  ho : 낙하물체의 높이(25cm)

MEMO

제2편
최근 7개년
기출문제
풀이

- 2013년 1회 · 2013년 2회 · 2013년 3회

- 2014년 1회 · 2014년 2회 · 2014년 3회

- 2015년 1회 · 2015년 2회 · 2015년 3회

- 2016년 1회 · 2016년 2회 · 2016년 3회

- 2017년 1회 · 2017년 2회 · 2017년 3회

- 2018년 1회 · 2018년 2회 · 2018년 3회

- 2019년 1회 · 2019년 2회 · 2019년 3회

1과목 용접야금 및 용접설비제도

01 적열취성이 원인이 되는 것은?

① 탄소   ② 수소

③ 질소   ④ 황

해설 황은 적열취성의 원인이 되며, 인은 청열취성의 원인이 된다.

02 용접 중 용융된 강의 탈산, 탈황, 탈인에 관한 설명으로 적합한 것은?

① 용융슬래그는 염기도가 높을수록 탈인율이 크다.

② 탈황반응 시 용융슬래그는 환원성, 산성과 관계없다.

③ Si, Mn 함유량이 같을 경우 저수소계 용접봉은 티탄계용접봉보다 산소함유량이 적어진다.

④ 관구이론은 피복아크용접봉의 플럭스(flux)를 사용한 탈산에 관한 이론이다.

해설 저수소계 용접봉은 수소함유량이 다른 용접봉의 1/10 이하이다.

03 서브머지드용접에서 소결형용제의 사용 전 건조온도와 시간은?

① 150~300℃에서의 1시간 정도

② 150~300℃에서의 3시간 정도

③ 400~600℃에서의 1시간 정도

④ 400~600℃에서의 3시간 정도

해설 서브머지드용접의 소결형용제는 사용 전 150~300℃에서 1시간 정도 건조한다.

04 철강의 용접부조직 중 수지상 결정조직으로 되어 있는 부분은?

① 모재   ② 열영향부

③ 용착금속부   ④ 융합부

해설 수지상 조직은 나뭇가지 모양으로 용착금속부 조직이다.

05 금속재료의 일반적인 특징이 아닌 것은?

① 금속결합인 결정체로 되어 있어 소성가공이 유리하다.

② 열과 전기의 양도체이다.

③ 이온화하면 음(−)이온이 된다.

④ 비중이 크고 금속적광택을 갖는다.

해설 이온화하면 양이온이 된다.

06 일반적으로 주철의 탄소함량은?

① 0.03% 이하   ② 2.11~6.67%

③ 1.0~1.3%   ④ 0.03~0.08%

해설 주철은 탄소함유량 2.11~6.67%이다.

07 용접 후 강재를 연화시키기 위하여 기계적, 물리적 특성을 변화시켜 함유가스를 방출시키는 것으로 일정시간가열 후 노내에서 서냉하는 금속의 열처리방법은?

① 불림   ② 뜨임

③ 풀림   ④ 재결정

해설 풀림은 노내에서 서냉하여 함유가스와 응력을 제거하는 열처리방법이다.

정답 01 ④ 02 ③ 03 ① 04 ③ 05 ③ 06 ② 07 ③

08 큰 재료일수록 내·외부 열처리효과의 차이가 생기는 현상으로 강의 담금질성에 의하여 영향을 받는 현상은?

① 시효경화　　　② 노치효과
③ 담금질효과　　④ 질량효과

해설 큰 재료에서 내·외부의 열처리효과가 차이 나는 것을 질량효과라 한다.

09 오스테나이트계 스테인리스강 용접부의 입계부식 균열저항성을 증가시키는 원소가 아닌 것은?

① Nb　　　　　② C
③ Ti　　　　　④ Ta

해설 탄소는 균열저항성을 증가시키지 않는다.

10 철의 동소변태에 대한 설명으로 틀린 것은?

① α-철 : 910℃ 이하에서 체심입방격자이다.
② γ-철 : 910~1400℃에서 면심입방격자이다.
③ β-철 : 1400~1500℃에서 조밀육방격자이다.
④ δ-철 : 1400~1538℃에서 체심입방격자이다.

해설 β-철 : 1400~1500℃에서 면심입방격자이다.

11 선의 용도 중 가는 실선을 사용하지 않는 것은?

① 숨은선　　　　② 지시선
③ 치수선　　　　④ 회전단면선

해설 숨은선은 파선(점선)이다.

12 전개도를 그리는 기본적인 방법 3가지에 해당하지 않은 것은?

① 평행선전개법　② 삼각형전개법
③ 방사선전개법　④ 원통형전개법

해설 전개도의 기본방법 3가지는 평행선법, 삼각형법, 방사선법이다.

13 도면에서 2종류 이상의 선이 같은 장소에서 중복될 경우 우선되는 선의 순서는?

① 외형선 – 숨은선 – 중심선 – 절단선
② 외형선 – 중심선 – 절단선 – 숨은선
③ 외형선 – 중심선 – 숨은선 – 절단선
④ 외형선 – 숨은선 – 절단선 – 중심선

14 도면의 분류 중 표현형식에 따른 설명으로 틀린 것은?

① 선도 : 투시투상법에 의해서 입체적으로 표현한 그림의 총칭이다.
② 전개도 : 대상물을 구성하는 면을 평면으로 전개한 그림이다.
③ 외관도 : 대상물의 외형 및 최소한의 필요한 치수를 나타낸 도면이다.
④ 곡면선도 : 선체, 자동차차체 등의 복잡한 곡면을 여러 개의 선으로 나타낸 도면이다.

해설 선도는 제품의 형상을 표현한 도면이다.

15 부품의 면이 평면으로 가공되어 있고, 복잡한 윤곽을 갖는 부품인 경우에 그 면에 광명단을 발라 스케치용지에 찍어 그 면의 실험을 얻는 스케치방법은?

① 프리핸드법　　② 프린트법
③ 본뜨기법　　　④ 사진촬영법

정답 08 ④　09 ②　10 ③　11 ①　12 ④　13 ④　14 ①　15 ②

16 재료기호 중 "SM400C"의 재료명칭은?

① 일반구조용 압연강재

② 용접구조용 압연강재

③ 기계구조용 탄소강재

④ 탄소공구강재

해설 SM400C는 인장강도 400 이상의 용접구조용 압연강재이다.

17 KS용접기호 중 보기와 같은 보조기호의 설명으로 옳은 것은?

보기

① 끝단부를 2번 오목하게 한 필릿용접

② K형 맞대기용접끝단부를 2번 오목하게 함

③ K형 맞대기용접끝단부를 매끄럽게 함

④ 매끄럽게 처리한 필릿용접

해설 표면을 매끄럽게 처리한 필릿용접

18 KS규격에 의한 치수기입의 원칙 설명 중 틀린 것은?

① 치수는 되도록 주투상도에 집중한다.

② 각 형체의 치수는 하나의 도면에서 한 번만 기입한다.

③ 기능치수는 대응하는 도면에 직접 기입해야 한다.

④ 치수는 되도록 계산으로 구할 수 있도록 기입한다.

19 투상도의 배열에 사용된 제1각법과 제3각법의 대표기호로 옳은 것은?

① 제1각법 : ◁▷ ⊕

　제3각법 : ⊕ ▷◁

② 제1각법 : ⊕ ▷◁

　제3각법 : ⊕ ▷◁

③ 제1각법 : ◁▷ ⊕

　제3각법 : ⊕ ▷◁

④ 제1각법 : ⊕ ▷◁

　제3각법 : ◁▷ ⊕

20 다음 그림과 같은 형상을 한 용접기호에 대한 설명으로 옳은 것은?

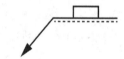

① 플러그용접기호로 화살표반대쪽 용접이다.

② 플러그용접기호로 화살표쪽 용접이다.

③ 스폿용접기호로 화살표반대쪽 용접이다.

④ 스폿용접기호로 화살표쪽 용접이다.

해설 화살표쪽에 플러그용접을 하는 기호이다.

2과목 용접구조설계

21 용접부에서 발생하는 저온균열과 직접적인 관계가 없는 것은?

① 열영향부의 경화현상

② 용접잔류응력의 존재

③ 용착금속에 함유된 수소

④ 합금의 응고 시에 발생하는 편석

해설 합금의 응고 시 발생하는 편석은 원재료의 품질과 연관이 있다.

22 용접입열량에 대한 설명으로 옳지 않은 것은?

① 모재에 흡수되는 열량은 보통 용접입열량의 약 98% 정도이다.

② 용접전압과 전류의 곱에 비례한다.

③ 용접속도에 반비례한다.

④ 용접부에 외부로부터 가해지는 열량을 말한다.

해설 용접 시 모재에 흡수되는 입열량은 보통 75~85% 정도이다.

23 필릿용접에서 목길이가 10mm일 때 이론 목두께는 몇 mm인가?

① 약 5.0 ② 약 6.1

③ 약 7.1 ④ 약 8.0

해설 0.707×10=약 7.1mm

24 용접작용 중 예열에 대한 일반적인 설명으로 틀린 것은?

① 수소의 방출을 용이하게 하여 저온균열을 방지한다.

② 열영향부와 용착금속의 경화를 방지하고 연성을 증가시킨다.

③ 물건이 작거나 변형이 많은 경우에는 국부예열을 한다.

④ 국부예열의 가열범위는 용접선 양쪽에 50~100mm 정도로 한다.

해설 물건이 작거나 변형이 많을 경우 제품 전체를 예열한다.

25 용접수축에 의한 굽힘변형방지법으로 틀린 것은?

① 개선각도는 용접에 지장이 없는 범위에서 작게 한다.

② 판두께가 얇은 경우 첫 패스 측의 개선 깊이를 작게 한다.

③ 후퇴법, 대칭법, 비석법 등을 채택하여 용접한다.

④ 역변형을 주거나 구속지그로 구속한 후 용접한다.

해설 변형을 방지하기 위하여 개선각도는 작게 하고 후퇴법, 대칭법, 비석법 등을 활용하여 역변형을 주거나 지그를 이용하여 구속한 후 용접한다.

26 용접 후 잔류응력을 완화하는 방법으로 가장 적합한 것은?

① 피닝(peening)

② 치핑(chipping)

③ 담금질(quenching)

④ 노멀라이징(normalizing)

해설 피닝은 피닝해머나 작은 쇠구슬을 이용하여 공작물을 두드려 잔류응력을 제거한다.

27 중판 이상 두꺼운 판의 용접을 위한 홈 설계 시 고려사항으로 틀린 것은?

① 적당한 루트간격과 루트면을 만들어 준다.
② 홈의 단면적은 가능한 한 작게 한다.
③ 루트반지름은 가능한 한 작게 한다.
④ 최소 10° 정도 전후좌우로 용접봉을 움직일 수 있는 홈 각도를 만든다.

해설 루트반지름이 너무 작으면 용입이 충분히 발생하지 않는다.

28 응력제거풀림의 효과가 아닌 것은?

① 충격저항의 감소
② 용착금속 중 수소제거의 의한 연성의 증대
③ 응력부식에 대한 저항력 증대
④ 크리프강도의 향상

해설 풀림은 조직의 응력이 감소되어 내충격성이 증가한다.

29 강판의 맞대기용접이음에서 가장 두꺼운 판에 사용할 수 있으며 양면용접에 의해 충분한 용입을 얻으려고 할 때 사용하는 홈의 종류는?

① V형   ② U형
③ I형   ④ H형

해설 가장 두꺼운 판의 용접은 H형 홈이음이다.

30 용접이음에서 피로강도에 영향을 미치는 인자가 아닌 것은?

① 용접기 종류   ② 이음형상
③ 용접결함   ④ 하중상태

해설 용접기의 종류는 피로강도와 상관이 없다.

31 용접부에 하중을 걸어 소성변형을 시킨 후 하중을 제거하면 잔류응력이 감소되는 현상을 이용한 응력제거방법은?

① 기계적응력완화법
② 저온응력완화법
③ 응력제거풀림법
④ 국부응력제거법

해설 용접부에 하중을 걸었다가 제거하여 잔류응력을 완화시키는 응력제거방법은 기계적 응력완화법이다.

32 용접에 사용되고 있는 여러 가지 이음 중에서 다음 그림과 같은 용접이음은?

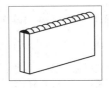

① 변두리이음   ② 모서리이음
③ 겹치기이음   ④ 맞대기이음

해설 그림과 같이 두 장의 판을 겹치고 용접하는 것은 변두리이음이다.

33 용접구조설계상 주의사항으로 틀린 것은?

① 용접부위는 단면형상의 급격한 변화 및 노치가 있는 부위로 한다.
② 용접치수는 강도상 필요한 치수 이상으로 크게 하지 않는다.
③ 용접에 의한 변형 및 잔류응력을 경감시킬 수 있도록 한다.
④ 용접이음을 감소시키기 위하여 압연형재, 주단조품, 파이프 등을 적절히 이용한다.

해설 용접부위는 단면형상의 급격한 변화를 피하고 노치가 발생되지 않도록 유의한다.

정답 27 ③ 28 ① 29 ④ 30 ① 31 ① 32 ① 33 ①

34 판두께가 같은 구조물을 용접할 경우 수축 변형에 영향을 미치는 용접시공조건으로 틀린 것은?

① 루트간격이 클수록 수축이 크다.
② 피닝을 할수록 수축이 크다.
③ 위빙을 하는 것이 수축이 작다.
④ 구속력이 크면 수축이 작다.

해설 피닝은 잔류응력을 제거하는 방법이다.

35 맞대기용접부에 3960N의 힘이 작용할 때 이음부에 발생하는 인장응력은 약 몇 N/mm²인가?(단, 판두께는 6mm, 용접선의 길이는 220mm로 한다)

① 2   ② 3
③ 4   ④ 5

해설 인장응력 = 3960/(6×220) = 3

36 엔드탭(end tab)에 대한 설명으로 틀린 것은?

① 모재를 구속시키는 역할도 한다.
② 모재와 다른 재질을 사용해야 한다.
③ 용접이 불량하게 되는 것을 방지한다.
④ 피복아크용접 시 엔드탭의 길이는 약 30mm 정도로 한다.

해설 엔드탭도 모재와 동일한 재질을 사용한다.

37 용접부의 잔류응력의 경감과 변형방지를 동시에 충족시키는데 가장 적합한 용착법은?

① 도열법   ② 비석법
③ 전진법   ④ 구속법

해설 비석법(스킵법)은 잔류응력경감과 변형방지에 유리한 용착법이다.

38 약 2.5g의 강구를 25cm 높이에서 낙하시켰을 때 20cm 튀어올랐다면 쇼어경도(HS) 값은 약 얼마인가?(단, 계측통은 목측형(C형)이다)

① 112.4   ② 123.1
③ 192.3   ④ 154.1

해설 쇼어경도 계산공식
• HS = 10000/65×h/ho
• h : 낙하시킨 강구의 반발된 높이
• ho : 강구의 낙하높이

39 다음 그림과 같은 다층용접법은?

① 전진블록법   ② 케스케이드법
③ 덧살올림법   ④ 교호법

해설 한 층이 끝나면 다른 층을 쌓아올리는 것은 전진블록법이다.

40 다음 그림과 같은 홈용접은?

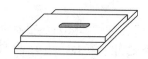

① 플러그용접   ② 슬롯용접
③ 플레어용접   ④ 필릿용접

해설 슬롯용접 : 겹쳐진 판에 긴 홈을 파고 용접하는 방법

41 일반적으로 용접의 단점이 아닌 것은?

① 품질검사가 곤란하다.
② 응력집중에 민감하다.
③ 변형과 수축이 생긴다.
④ 보수와 수리가 용이하다.

해설 용접의 장점은 보수와 수리가 용이하다는 것이다.

42 서브머지드 아크용접에 대한 설명으로 틀린 것은?

① 용접전류를 증가시키면 용입이 증가한다.
② 용접전압이 증가하면 비드폭이 넓어진다.
③ 용접속도가 증가하면 비드폭과 용입이 감소한다.
④ 용접와이어지름이 증가하면 용입이 깊어진다.

해설 용접와이어의 지름이 증가하면 동일전류에서 용입은 얕아진다.

43 MIG용접제어장치에서 용접 후에도 가스가 계속 흘러나와 크레이터 부위의 산화를 방지하는 제어기능은?

① 가스지연유출시간(post flow time)
② 버언백시간(burn back time)
③ 크레이터충전시간(crate fill time)
④ 예비가스유출시간(pre flow time)

해설 후가스라고도 하며 가스지연유출시간을 설정하여 용착부의 산화를 방지한다.

44 300A 이상의 아크용접 및 절단 시 착용하는 차광유리의 차광도번호로 가장 적합한 것은?

① 1~2 　　　② 5~6
③ 9~10 　　　④ 13~14

45 교류아크용접기 중 전기적전류조정으로 소음이 없고 기계적수명이 길며 원격제어가 가능한 용접기는?

① 가동철심형 　　② 가동코일형
③ 탭전환형 　　　④ 가포화리액터형

해설 가포화리액터형 용접기는 원격제어가 가능한 것이 특징이다.

46 아크용접기의 구비조건이 아닌 것은?

① 구조 및 취급이 간단해야 한다.
② 가격이 저렴하고 유지비가 적게 들어야 한다.
③ 효율이 낮아야 한다.
④ 사용 중 용접기의 온도상승이 작아야 한다.

47 고진공 중에서 높은 전압에 의한 열원을 이용하여 행하는 용접법은?

① 초음파용접법 　② 고주파용접법
③ 전자빔용접법 　④ 심용접법

해설 전자빔용접은 고진공 중에서 높은 전압에 의한 열원을 이용하는 용접이다.

48 아크용접작업 중의 전격에 관련된 설명으로 옳지 않은 것은?

① 습기찬 작업복, 장갑 등을 착용하지 않는다.

② 오랜 시간 작업을 중단할 때에는 용접기의 스위치를 끄도록 한다.

③ 전격 받은 사람을 발견하였을 때에는 즉시 손으로 잡아당긴다.

④ 용접홀더를 맨손으로 취급하지 않는다.

해설 감전된 사람을 전원차단 없이 절대로 만지면 안 된다.

49 연강용 피복아크용접봉 중 저수소계(E4316)에 대한 설명으로 틀린 것은?

① 석회석(CaCO₃)이나 형석(CaF₂)을 주성분으로 하고 있다.

② 용착금속 중의 수소함유량이 다른 용접봉에 비해 1/10 정도로 적다.

③ 용접시점에서 기공이 생기기 쉬우므로 백스텝(back step)법을 선택하면 해결할 수도 있다.

④ 작업성이 우수하고 아크가 안정하며 용접속도가 빠르다.

해설 작업성은 다른 용접봉에 비해 떨어진다.

50 탱크 등 밀폐용기 속에서 용접작업을 할 때 주의사항으로 적합하지 않은 것은?

① 환기에 주의한다.

② 감시원을 배치하여 사고의 발생에 대처한다.

③ 유해가스 및 폭발가스의 발생을 확인한다.

④ 위험하므로 혼자서 용접하도록 한다.

해설 밀폐된 공간의 작업은 절대로 혼자서 작업하지 않는다.

51 전자빔용접의 일반적인 특징 설명으로 틀린 것은?

① 불순가스에 의한 오염이 적다.

② 용접입열이 적으므로 용접변형이 적다.

③ 텅스텐, 몰리브덴 등 고융점재료의 용접이 가능하다.

④ 에너지밀도가 낮아 용융부나 열영향부가 넓다.

해설 전자빔용접은 에너지밀도가 높은 용접법이다.

52 저수소계용접봉의 피복제에 30~50% 정도의 철분을 첨가한 것으로서 용착속도가 크고 작업능률이 좋은 용접봉은?

① E4313　　② E4324

③ E4326　　④ E4327

해설 철분수소계 용접봉은 E4326이다.

53 아크용접기의 특성에서 부하전류(아크전류)가 증가하면 단자전압이 저하하는 특성을 무엇이라 하는가?

① 수하특성　　② 정전압특성

③ 정전기특성　　④ 상승특성

해설 수하특성은 부하전류가 증가하면 단자전압이 저하되는 특성이다.

54 그림은 피복아크용접봉에서 피복제의 편심상태를 나타낸 단면도이다. D′ = 3.5mm, D = 3mm일 때 편심률은 약 몇 %인가?

① 14%　　② 17%

③ 18%　　④ 20%

55 정격2차전류가 300A, 정격사용률 50%인 용접기를 사용하여 100A의 전류로 용접을 할 때 허용사용률은?

① 250%   ② 350%

③ 450%   ④ 500%

> **해설** 허용사용률 = (정격2차전류)^2/(실제용접전류)^2
> ×정격사용률 = $300^2/100^2×50 = 450$

56 MIG용접의 스프레이용적이행에 대한 설명이 아닌 것은?

① 고전압·고전류에서 얻어진다.

② 경합금용접에서 주로 나타난다.

③ 용착속도가 빠르고 능률적이다.

④ 와이어보다 큰 용적으로 용융이행한다.

> **해설** 허용사용률 = (정격2차전류)^2 × 정격사용률
> = (실제용접전류)^2 × 허용사용률

57 경납땜은 융점이 몇 도(℃) 이상인 용가재를 사용하는가?

① 300℃   ② 350℃

③ 450℃   ④ 120℃

> **해설** 450도 이하 연납땜, 450도 이상 경납땜

58 가스용접으로 알루미늄판을 용접하려 할 때 용제의 혼합물이 아닌 것은?

① 염화나트륨   ② 염화칼륨

③ 황산   ④ 염화리튬

59 용접자동화에 대한 설명으로 틀린 것은?

① 생산성이 향상된다.

② 외관이 균일하고 양호하다.

③ 용접부의 기계적 성질이 향상된다.

④ 용접봉손실이 크다.

60 산소병용기에 표시되어 있는 FP, TP의 의미는?

① FP : 최고충전압력, TP : 내압시험압력

② FP : 용기의 중량, TP : 가스충전 시 중량

③ FP : 용기의 사용량, TP : 용기의 내용적

④ FP : 용기의 사용압력, TP : 잔량

01 탄소강의 가공성을 탄소의 함유량에 따라 분류할 때 옳지 않은 것은?

① 내마모성과 경도를 동시에 요구하는 경우 : 0.65~1.2 %C

② 강인성과 내마모성을 동시에 요구하는 경우 : 0.45~0.65 %C

③ 가공성과 강인성을 동시에 요구하는 경우 : 0.03~0.05 %C

④ 가공성을 요구하는 경우 : 0.05~0.3 %C

02 체심입방격자를 갖는 금속이 아닌 것은?

① W ② Mo

③ Al ④ V

해설 체심입방격자(BCC) : Ba, K, Li, Mo, Na, Nb, Ta, W, V 등

03 용착금속부에 응력을 완화할 목적으로 끝이 구면인 특수해머로 용접부를 연속적으로 타격하여 소성변형을 주는 방법은?

① 기계해머법 ② 소결법

③ 피닝법 ④ 국부풀림법

해설 끝이 둥근 특수해머로 용접부를 연속적으로 타격하여 소성변형을 주는 방법을 피닝이라 한다.

04 용접금속의 가스흡수에 대한 설명 중 틀린 것은?

① 용융금속 중의 가스용해량은 가스압력의 평방근에 반비례한다.

② 용접금속은 고온이므로 극히 단시간 내에 다량의 가스를 흡수한다.

③ 흡수된 가스는 온도 강하에 수반하여 용해도가 감소한다.

④ 과포화된 가스는 기공, 균열, 취화의 원인이 된다.

해설 용융금속 중의 가스용해량은 가스압력의 평방근에 비례한다.

05 용도에 따른 탄성률의 변화가 거의 없어 시계나 압력계 등에 널리 이용되고 있는 합금은?

① 플래티나이트 ② 니칼로이

③ 인바 ④ 엘린바

해설 엘린바 : Ni 36%, Cr 12%를 함유하는 Ni 합금으로 상온에 있어서 실용상 탄성률이 불변하며 열팽창계수가 적기 때문에 고급시계, 크로노미터 등에 사용한다.

06 다음 (   ) 안에 알맞은 것은?

> 철강은 체심입방격자를 유지한다. 910~1,400℃에서 면심입방격자의 (   )철로 변태한다.

① 알파(α) ② 감마(γ)

③ 델타(δ) ④ 베타(β)

해설 γ-Fe : 910~1400℃에서 면심입방격자

07 강의 내부에 모재표면과 평행하게 층상으로 발생하는 균열로서 주로 T이음, 모서리 이음에 잘 생기는 것은?

① 라멜라티어균열 ② 크레이터균열

③ 설퍼균열 ④ 토우균열

해설 라멜라티어 균열 : T형이음과 구석이음에서 국부적인 변형이 주원인으로 압연강판의 층 사이에 균열이 생기는 현상이다.

08 용접 후 용접강재의 연화와 내부응력제거를 주목적으로 하는 열처리방법은?

① 불림 ② 담금질

③ 풀림 ④ 뜨임

해설 • 담금질(퀜칭) : 강의 경도와 강도를 증가
• 뜨임(템퍼링) : 잔류응력을 감소시키고 안정된 조직을 변화
• 불림(노멀라이징) : 조직을 미세화하고 내부응력을 제거
• 풀림(어닐링) : 내부응력제거, 경화된 재료의 연화, 금속결정입자의 미세화

09 루트균열의 직접적인 원인이 되는 원소는?

① 황 ② 인

③ 망간 ④ 수소

해설 루트균열이 생기는 원인은 마르텐사이트 변태에 따르는 수소이다.

10 용착금속의 변형시효에 큰 영향을 미치는 것은?

① H_2 ② O_2

③ CO_2 ④ CH_4

해설 용착금속의 변형시효에 영향이 큰 원소는 산소이다.

11 용접부의 기호도시방법 설명으로 옳지 않은 것은?

① 설명선은 기선, 화살표, 꼬리로 구성되고, 꼬리는 필요가 없으면 생략해도 좋다.

② 화살표는 용접부를 지시하는 것이므로 기선에 대하여 되도록 60°의 직선으로 한다.

③ 기선은 보통 수직으로 한다.

④ 화살표는 기선의 한 쪽 끝에 연결한다.

해설 기선은 보통 용접부와 수평이다.

12 굵은일점쇄선을 사용하는 것은?

① 기계가공방법을 명시할 때

② 조립도에서 부품번호를 표시할 때

③ 특수한 가공을 하는 부품을 표시할 때

④ 드릴구멍의 치수를 기입할 때

해설 굵은일점쇄선은 특수가공 부분 등 특별한 요구사항을 적용하는 범위를 표시한다.

13 KS의 분류와 해당부분의 연결이 틀린 것은?

① KS A-기본 ② KS B-기계

③ KS C-전기 ④ KS V-건설

해설 KS V는 조선이다.

14 도면의 표제란에 표시하는 내용이 아닌 것은?

① 도명 ② 척도

③ 각법 ④ 부품재질

해설 표제란에는 도면번호, 도면명칭, 기업명, 책임자 서명, 도면 작성 연월일, 척도, 투상법 등을 기입하며 필요 시에는 제도자, 설계자, 검토자, 결재란 등을 기입한다.

15 외형도에 있어서 필요로 하는 요소의 일부분만을 오려서 부분적으로 단면도를 표시하는 것은?

① 한쪽단면도   ② 온단면도

③ 부분단면도   ④ 회전도시단면도

해설 부분단면도 : 일부분을 잘라 내고 필요한 내부 모양을 그리기 위한 방법이다.

16 도면의 용도에 따른 분류가 아닌 것은?

① 계획도   ② 배치도

③ 승인도   ④ 주문도

해설 • 용도에 따른 분류 : 계획도, 제작도, 주문도, 견적도, 승인도, 설명도 등
• 내용에 따른 분류 : 부품도, 조립도, 기초도, 배치도, 배근도, 장치도, 스케치도 등
• 표현 형식에 따른 분류 : 외관도, 전개도, 곡면선도, 선도, 입체도 등

17 다음 보기에서 기계용황동 각봉 재료표시 방법 중 ㄷ의 의미는?

BS	BM	A	D	ㄷ

① 강판   ② 채널

③ 각재   ④ 둥근강

해설 "ㄷ"는 채널을 뜻한다.

18 투상도의 명칭에 대한 설명으로 틀린 것은?

① 정면도는 물체를 정면에서 바라본 모양을 도면에 나타낸 것이다.

② 배면도는 물체를 아래에서 바라본 모양을 도면에 나타낸 것이다.

③ 평면도는 물체를 위에서 내려다 본 모양을 도면에 나타낸 것이다.

④ 좌측면도는 물체를 좌측에서 바라본 모양을 도면에 나타낸 것이다.

해설 배면도는 정면도의 뒷면을 나타낸 것이다.

19 다음 용접기호를 설명한 것으로 옳지 않은 것은?

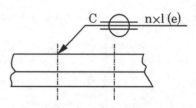

① n : 용접개수   ② l : 용접길이

③ C : 심용접길이   ④ e : 용접단속길이

해설 "C"는 슬롯부의 폭을 의미한다.

20 판금제관도면에 대한 설명으로 틀린 것은?

① 주로 정투상도는 1각법에 의하여 도면이 작성되어 있다.

② 도면 내에는 각종가공부분 등이 단면도 및 상세도로 표시되어 있다.

③ 중요부분에는 치수공차가 주어지며, 평면도, 직각도, 진원도 등이 주로 표시된다.

④ 일반공차는 KS기준을 적용한다.

해설 정투상도는 3각법에 의해 도면이 작성되어 있다.

2과목   용접구조설계

21 용착금속내부에 균열이 발생되었을 때 방사선투과검사에 나타나는 것은?

① 검은 반점   ② 날카로운 검은 선

③ 흰색   ④ 검출이 안 됨

해설 방사선검사에서 균열은 날카로운 검은 선으로 나타난다.

22 용접변형방지법 중 용접부의 뒷면에서 물을 뿌려주는 방법은?

① 살수법   ② 수냉동판사용법
③ 석면포사용법   ④ 피닝법

해설 • 살수법 : 용접부의 뒷면에 물을 뿌려 냉각시키는 방법
• 수냉동판사용법 : 용접선 뒷면이나 옆에 대어 구리판을 대어 용접열을 열전도가 큰 구리판에 흡수하게 하여 용접 부위 열을 식히는 방법
• 석면포사용법 : 용접선 뒷면이나 옆에 물에 적신 석면포나 헝겊을 대어 용접열을 냉각시키는 방법
• 피닝법 : 피닝망치로 용접 부위를 계속해 두드려 응력을 제거하는 방법

23 두께와 폭, 길이가 같은 판을 용접 시 냉각속도가 가장 빠른 경우는?

① 1개의 평판 위에 비드를 놓는 경우
② T형이음 필릿용접의 경우
③ 맞대기용접하는 경우
④ 모서리이음용접의 경우

해설 T형 필릿용접은 열의 냉각이 빠르다.

24 용접부의 이음효율을 나타내는 것은?

① 이음효율 $= \dfrac{용접시험편의\ 인장강도}{모재의\ 굽힘강도} \times 100(\%)$

② 이음효율 $= \dfrac{용접시험편의\ 굽힘강도}{모재의\ 인장강도} \times 100(\%)$

③ 이음효율 $= \dfrac{모재의\ 인장강도}{용접시험편의\ 인장강도} \times 100(\%)$

④ 이음효율 $= \dfrac{용접시험편의\ 인장강도}{모재의\ 인장강도} \times 100(\%)$

25 다음 그림에서 실제목두께는 어느 부분인가?

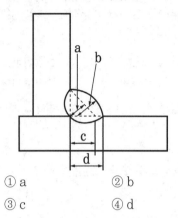

① a   ② b
③ c   ④ d

해설 a : 이론목두께, b : 실제목두께, c : 치수, d : 다리 길이

26 다음 그림과 같은 V형맞대기용접에서 굽힘모멘트(Mb)가 1000N·m 작용하고 있을 때, 최대굽힘응력은 몇 MPa인가?(단, ℓ=150mm, t=20mm이고 완전용입이다)

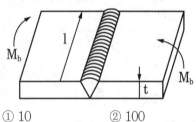

① 10   ② 100
③ 1000   ④ 10000

해설 굽힘응력 $= M/Z = 6 \times M/l \times t^2 = 6 \times 1000/0.15 \times 0.02^2 = 100 \times 10^6 N/m^2$

27 용접길이 1m당 종수축은 약 얼마인가?

① 1mm   ② 5mm
③ 7mm   ④ 10mm

해설 종수축은 용접선 방향의 수축으로 일반적으로 용접이음의 종수축량은 1/1000 정도이므로 1mm이다.

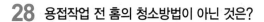

28 용접작업 전 홈의 청소방법이 아닌 것은?

① 와이어브러쉬작업 ② 연삭작업

③ 숏블라스트작업 ④ 기름세척작업

해설 기름세척은 용접결함의 원인이다.

29 용접이음부의 홈형상을 선택할 때 고려해야 할 사항이 아닌 것은?

① 완전한 용접부가 얻어질 수 있을 것

② 홈 가공이 쉽고 용접하기가 편할 것

③ 용착금속의 양이 많을 것

④ 경제적인 시공이 가능할 것

해설 용착금속의 양이 적어야 한다.

30 모재의 두께 및 탄소당량이 같은 재료를 용접할 때 일미나이트계 용접봉을 사용할 때보다 예열온도가 낮아도 되는 용접봉은?

① 고산화티탄계 ② 저수소계

③ 라임티타니아계 ④ 고셀룰로스계

해설 저수소계 용접봉은 탄소당량이 높은 기계구조용강, 유황 함유량이 높은 강 등의 용접에 결함이 없는 양호한 용접부를 얻을 수 있다.

31 강의 청열취성의 온도범위는?

① 200~300℃ ② 400~600℃

③ 500~700℃ ④ 800~1000℃

해설 청열취성은 상온보다 높은 250℃ 부근에서 인장강도와 경도가 커지며, 연신이 적어지고 부스러지기 쉽게 된다. 이 온도는 마치 연마한 철강의 표면이 청색으로 변화하는 온도에 해당된다.

32 잔류응력완화법이 아닌 것은?

① 기계적응력완화법

② 도열법

③ 저온응력완화법 ④ 응력제거풀림법

해설 도열법은 모재의 열전도를 억제하여 변형을 방지하는 방법이다.

33 용접선의 방향과 하중방향이 직교되는 것은?

① 전면필릿용접 ② 측면필릿용접

③ 경사필릿용접 ④ 병용필릿용접

해설 전면필릿용접은 하중의 방향과 용접선의 방향이 직각으로 만난다.

34 본용접하기 전에 적당한 예열을 함으로써 얻어지는 효과가 아닌 것은?

① 예열을 하게 되면 기계적성질이 향상된다.

② 용접부의 냉각속도를 느리게 하면 균열발생이 적게된다.

③ 용접부변형과 잔류응력을 경감시킨다.

④ 용접부의 냉각속도가 빨라지고 높은 온도에서 큰 영향을 받는다.

해설 용접 전에 예열을 하는 것은 용접부의 냉각속도를 느리게 하여 결함을 방지하기 위함이다.

35 용접잔류응력을 경감하는 방법이 아닌 것은?

① 피닝을 한다.

② 용착금속량을 많게 한다.

③ 비석법을 사용한다.

④ 수축량이 큰 이음을 먼저 용접하도록 용접순서를 정한다.

해설 잔류응력을 경감하기 위해 용착금속량을 적게 해야 한다.

36 용접변형을 최소화하기 위한 대책 중 잘못된 것은?

① 용착금속량을 가능한 작게 할 것
② 용접부위 냉각속도를 느리게 하면 온도에서 큰 영향을 받는다.
③ 용접부변형과 잔류응력을 경감시킨다.
④ 용접부의 냉각속도가 빨라지고 높은 온도에서 큰 영향을 받는다.

해설 용접부위 냉각속도를 빠르게 하여야 한다.

37 다음 용접기호를 설명한 것으로 옳지 않은 것은?

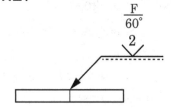

① 용접부의 다듬질방법은 연삭으로 한다.
② 루트간격은 2mm로 한다.
③ 개선각도는 60°로 한다.
④ 용접부의 표면모양은 평탄하게 한다.

38 용접부 잔류응력측정방법 중에서 응력이완법에 대한 설명으로 옳은 것은?

① 초음파탐상 실험장치로 응력측정을 한다.
② 와류실험장치로 응력측정을 한다.
③ 만능인장시험장치로 응력측정을 한다.
④ 저항선스트레인게이지로 응력측정을 한다.

해설 용접부를 절삭 또는 천공 등 기계가공에 의해 응력을 해방하고 이때 생기는 탄성변형을 전기적 또는 기계적 변형도계를 써서 측정하는 경우가 많은데, 이때 활용되는 것이 스트레인게이지이다.

39 응력이 "0"을 통과하여 같은 양의 다른 부호 사이를 변동하는 반복응력사이클은?

① 교번응력   ② 양진응력
③ 반복응력   ④ 편진응력

해설 양진응력은 응력이 "0"을 통과하여 같은 양의 다른 부호 사이를 변동하는 반복응력사이클이다.

40 단면적이 150mm², 표점거리가 50mm인 인장시험편에 20kN의 하중이 작용할 때 시험편에 작용하는 인장응력(σ)은?

① 약 133GPa   ② 약 133MPa
③ 약 133KPa   ④ 약 133Pa

해설 인장응력 = 하중/단면적 = $20 \times 10^3 N / 150 \times 10^{-6} m^2$ = 133.3MPa

3과목 용접일반 및 안전관리

41 서브머지드아크용접의 용접헤드에 속하지 않는 것은?

① 와이어송급장치   ② 제어장치
③ 용접레일   ④ 콘택트팁

해설 용접헤드에는 와이어송급장치, 제어장치, 콘택트팁, 용제호퍼 등이 있다.

42 CO_2 용접와이어에 대한 설명 중 옳지 않은 것은?

① 심선에 대체로 모재와 동일한 재질을 많이 사용한다.
② 심선표면에 구리 등의 도금을 하지 않는다.

③ 용착금속의 균열을 방지하기 위해서 저탄소강을 사용한다.

④ 심선은 전 길이에 걸쳐 균일해야 된다.

해설 심선표면에 구리, 규소, 망간, 인, 황 등이 도금되어 있다.

43 강의 가스절단 시 화학반응에 의하여 생성되는 산화철용점에 관한 설명 중 가장 알맞은 것은?

① 금속산화물의 융점이 모재의 융점보다 높다.

② 금속산화물의 융점이 모재의 융점보다 낮다.

③ 금속산화물의 융점이 모재의 융점이 같다.

④ 금속산화물의 융점이 모재의 융점과 관련이 없다.

해설 금속산화물의 융점이 모재의 융점보다 낮다.

44 아크용접기로 정격2차전류를 사용하여 4분간 아크를 발생시키고 6분을 쉬었다면 용접기의 사용률은 얼마인가?

① 20% ② 30%
③ 40% ④ 60%

해설 사용률은 아크시간과 휴식시간을 합한 전체시간은 10분을 기준으로 하는데, 아크발생시간이 사용률이 된다.

45 산소-아세틸렌불꽃의 구성온도가 가장 높은 것은?

① 백심 ② 속불꽃
③ 겉불꽃 ④ 불꽃심

해설 속불꽃(내염) : 약 3200~3500℃, 겉불꽃(외형) : 약 2000℃, 불꽃심(백심) : 약1500℃

46 교류아크용접기 AW300인 경우 정격부하전압은?

① 30V ② 35V
③ 40V ④ 45V

해설 AW300은 정격부하전압 35V정도이다.

47 스테인리스강의 MIG용접에 대한 종류가 아닌 것은?

① 단락아크용접
② 펄스아크용접
③ 스프레이아크용접
④ 탄산가스아크용접

해설 스테인리스강의 MIG용접 종류에는 단락아크, 스프레이아크, 펄스아크용접이 있다.

48 용접에 사용되는 산소를 산소용기에 충전시키는 경우 가장 적당한 온도와 압력은?

① 30℃, 18MPa ② 35℃, 18MPa
③ 30℃, 15MPa ④ 35℃, 15MPa

해설 산소용기는 35℃, 150Kgf/cm²(15MPa)으로 충전되어 있다.

49 용해아세틸렌을 안전하게 취급하는 방법으로 옳지 않은 것은?

① 아세틸렌병은 반드시 세워서 사용한다.

② 아세틸렌가스의 누설은 점화라이터로 자주 검사해야 한다.

③ 아세틸렌밸브가 얼었을 때는 35℃ 이하의 온수로 녹여야 한다.

④ 밸브고장으로 아세틸렌 누출 시는 통풍이 잘 되는 곳으로 병을 옮겨 놓아야 한다.

해설 가스누설은 비눗물이나 가스누설검출기로 검사해야 한다.

50 수소가스분위기에 있는 2개의 텅스텐전극봉 사이에 아크를 발생시키는 용접법은?

① 전자빔용접　　　② 원자수소용접
③ 스텃용접　　　　④ 레이저용접

해설 수소가스분위기에 있는 2개의 텅스텐전극봉 사이에 아크를 발생시키는 용접법은 원자수소용접이다.

51 산화철분말과 알루미늄분말의 혼합제에 점화시켜 화학반응을 이용하는 용접법은?

① 스터드용접　　　② 전자빔용접
③ 테르밋용접　　　④ 아크점용접

해설 테르밋용접은 테르밋의 화학반응에 의해 생성되는 열을 이용하여 금속을 용접하는 방법이다.

52 MIG용접이나 CO_2아크용접과 같이 반자동용접에 사용되는 용접기의 특성은?

① 정전류특성과 맥동전류특성
② 수하특성과 정전류특성
③ 정전압특성과 상승특성
④ 수하특성과 맥동전류특성

해설 MIG용접이나 CO_2아크용접과 같은 반자동용접에는 정전압특성과 상승특성을 이용한다.

53 압접에 속하는 용접법은?

① 아크용접　　　　② 단접
③ 가스용접　　　　④ 전자빔용접

해설 압접에는 단접, 냉각압접, 저항용접(스폿, 심, 프로젝션, 플래시 맞대기, 업셋 맞대기, 방전충격), 초음파용접, 마찰용접, 가압테르밋용접, 가스압접 등이 있다.

54 피복아크용접봉 중 내균열성이 가장 우수한 것은?

① 일미나이트계　　② 티탄계
③ 고셀룰로스계　　④ 저수소계

해설 저수소계 용접봉은 용착금속은 강인성이 풍부하고, 기계적 성질, 내균열성이 우수하다.

55 2차무부하접압이 80V, 아크전압 30V, 아크전류 250A, 내부손실 2.5kw라 할 때, 역률은 얼마인가?

① 50%　　　　　　② 60%
③ 75%　　　　　　④ 80%

해설 ・역률=소비전력(kW)/전원입력(kVA)×100=10/20×100=50%
・전원입력=무부하전압×아크전류=80×250=20000VA=20kVA
・아크출력=아크전압×아크전류=30×250=7500W=7.5kW
・소비전력=아크출력+내부손실=7.5+2.5=10

56 아세틸렌(C_2H_2)가스폭발과 관계가 없는 것은?

① 압력　　　　　　② 아세톤
③ 온도　　　　　　④ 동 또는 동합금

해설 아세톤은 아세틸렌가스를 용해한다.

57 용점흄(fume)에 대한 설명 중 옳은 것은?

① 인체에 영향이 없으므로 아무리 마셔도 괜찮다.
② 실내용접작업에서는 환기설비가 필요하다.
③ 용접봉의 종류와 무관하며 전혀 위험은 없다.
④ 가제마스크로 충분히 차단할 수 있으므로 인체에 해가 없다.

해설 용접흄은 인체에 유해하여 환기시설을 하고 방진마스크를 사용한다.

58 음극과 양극의 두 전극을 접촉시켰다가 떼면 두 전극 사이에 생기는 활 모양의 불꽃 방전을 무엇이라 하는가?

① 용착   ② 용적

③ 용융지   ④ 아크

해설 아크는 2개의 전극 끝을 접촉시켜 강한 전류를 흐르게 하다가 조금 띄우면 발생하는 강한 백색 빛을 말한다.

59 MIG용접에 사용하는 실드가스가 아닌 것은?

① 아르곤-헬륨   ② 아르곤-탄산가스

③ 아르곤-수소   ④ 아르곤-산소

해설 실드가스에는 아르곤, 헬륨, 아르곤-헬륨, 아르곤-탄산가스, 헬륨-아르곤-탄산가스, 아르곤-산소 등이 있다.

60 아크열을 이용한 용접방법이 아닌 것은?

① 티그용접   ② 미그용접

③ 플라스마용접   ④ 마찰용접

해설 마찰용접은 모재에 압력을 가해 스핀들(전극)을 접촉시킨 후 회전운동을 시킬 때 발생되는 마찰에 의한 열을 이용한 용접방식이다.

01 알루미늄판을 가스용접할 때 사용되는 용제로 적합한 것은?

① 중탄산소다+탄산소다

② 염화나트륨, 염화칼륨, 염화리튬

③ 염화칼륨, 탄산소다, 붕사

④ 붕사, 영화리튬

> **해설** 알루미늄용 용재 : 염화나트륨 30%, 염화칼륨 45%, 염화리튬 15%, 플루오르화칼륨 7%, 황산칼륨 3%

02 금속의 일반적인 특성 중 틀린 것은?

① 금속 고유의 광택을 가진다.

② 전기 및 열의 양도체이다.

③ 전성 및 연성이 좋다.

④ 액체상태에서 결정구조를 가진다.

> **해설** 고체상태에서 결정구조를 가진다.

03 용접 시 적열취성의 원인이 되는 원소는?

① 산소   ② 황

③ 인   ④ 수소

> **해설** 적열취성(고온취성) : 황, 청열취성(저온취성) : 인

04 탄소강의 용접에서 탄소함유량이 많아지면 낮아지는 성질은?

① 인장강도   ② 취성

③ 연신율   ④ 압축강도

> **해설** 연신율은 늘어난 길이의 최초의 길이에 대한 백분율로 탄소량이 증가하면 연신율은 낮아진다.

05 냉간가공만으로 경화되고 열처리로는 경화되지 않으며, 비자성이나 냉간가공에서는 약간의 자성을 갖고 있는 강은?

① 마르텐사이트계 스테인리스강

② 페라이트계 스테인리스강

③ 오스테나이트계 스테인리스강

④ PH계 스테인리스강

> **해설** 오스테나이트계 스테인리스강은 상온에서 비자성이지만, 상온가공하면 소량의 마르텐사이트화에 의해 경화되고 약간의 자성을 갖게 된다.

06 6.67%의 C와 Fe의 화합물로서 Fe_3C로서 표기되는 것은?

① 펄라이트   ② 페라이트

③ 시멘타이트   ④ 오스테나이트

> **해설** 시멘타이트는 탄소와 철의 화합물이다.

07 탄소강 중에 인(P)의 영향으로 틀린 것은?

① 연신율과 충격값을 증대

② 강도와 경도를 증대

③ 결정립을 조대화

④ 상온취성의 원인

> **해설** 인의 영향 : 결정립의 조대화, 경도 · 인장강도의 증가, 연신률 감소, 상온취성의 원인

정답 01 ② 02 ④ 03 ② 04 ③ 05 ③ 06 ③ 07 ①

08 다음 금속 중 면심입방격자(FCC)에 속하는 것은?

① 니켈, 알루미늄 ② 크롬, 구리

③ 텅스텐, 바나듐 ④ 몰리브덴, 리튬

> **해설** 면심입방격자(FCC) : Ag, Al, Au, Ca, Cu, Ni, Pb, Pt, Rh, Th 등

09 금속의 결정계와 결정격자 중 입방정계에 해당하지 않는 결정격자의 종류는?

① 단순입방격자 ② 체심입방격자

③ 조밀일방격자 ④ 면심입방격자

> **해설** 입방정계 : 단순입방격자, 체심입방격자, 면심입방격자가 있다.

10 용접결함의 종류 중 구조상결함에 포함되지 않는 것은?

① 용접균열 ② 융합불량

③ 언더컷 ④ 변형

> **해설**
> • 치수상 결함 : 변형, 치수불량, 형상불량
> • 구조상 결함 : 기공, 슬래그 섞임, 융합불량, 용입불량, 언더컷, 오버랩, 용접균열, 표면결함
> • 성질상 결함 : 기계적 성질 부족, 화학적 성질 부족, 물리적 성질 부족

11 인접부분, 공구, 지그 등의 위치를 참고로 나타내는데 사용하는 선의 명칭은?

① 지시선 ② 외형선

③ 가상선 ④ 파단선

> **해설** 가상선의 용도는 인접부분, 공구, 지그 등의 위치를 참고로 나타낸다. 가동 부분을 이동 중의 특정한 위치 또는 이동한계의 위치로 표시한다. 도시된 단면의 양쪽을 잇는 부분을 표시한다.

12 용접이음을 할 때 주의할 사항으로 틀린 것은?

① 맞대기용접에서 뒷면에 용입부족이 없도록 한다.

② 용접선은 가능한 서로 교차하게 한다.

③ 아래보기자세 용접을 많이 사용하도록 한다.

④ 가능한 용접량이 적은 홈형상을 선택한다.

> **해설** 용접선은 가능한 서로 교차를 피한다.

13 다음 치수기입방법의 일반형식 중 잘못 표시된 것은?

① 각도치수 :

② 호의 길이치수 :

③ 현의 길이치수 :

④ 변의 길이치수 :

14 기계재료 표시방법 중 SF340A에서 "340"은 무엇을 표시하는가?

① 평균탄소함유량 ② 단조품

③ 최저인장강도 ④ 최고인장강도

> **해설** S : 강, F : 단조품, 340 : 최저인장강도

15 용접부의 비파괴시험보조기호 중 잘못 표기된 것은?

① RT : 방사선투과시험

② UT : 초음파탐상시험

③ MT : 침투탐상시험

④ ET : 와류탐상시험

> **해설** MT : 자분탐상시험, PT : 침투탐상시험

정답 08 ① 09 ③ 10 ④ 11 ③ 12 ② 13 ① 14 ③ 15 ③

16 도면의 명칭에 관한 용어 중 잘못된 것은?

① 제작도 : 건설 또는 제조에 필요한 모든 정보를 전달하기 위한 도면이다.

② 시공도 : 설계의 의도와 계획을 나타낸 도면이다.

③ 상세도 : 건조물이나 구성재의 일부에 대해서 그 형태, 구조 또는 조립, 결합의 상세함을 나타낸 것이다.

④ 공정도 : 제조공정의 도중 상태, 또는 일련의 공정전체를 나타낸 것이다.

해설 시공도는 현장시공을 대상으로 해서 그린 제작도면이다.

17 제3각법에 대한 설명으로 틀린 것은?

① 제3상한에 놓고 투상하여 도시하는 것이다.

② 각 방향으로 돌아가며 비춰진 투상도를 얻는 원리이다.

③ 표제란에 제3각법의 그림기호로 과 같이 표시한다.

④ 투상도를 얻는 원리는 눈 → 투상면 → 물체이다.

해설 각 방향으로 돌아가며 비춰진 투상도를 얻는 원리를 제1각법이라 하며, 각 방향으로 돌아가며 보아서 반사되도록 하여 투상도를 얻는 원리를 제3각법이라 한다.

18 다음 그림에서 2번의 명칭으로 알맞은 것은?

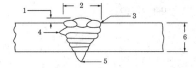

① 용접토우   ② 용접덧살
③ 용접루트   ④ 용접비드

해설 용접비드를 나타낸다.

19 사투상도에 있어서 경사축의 각도로 적합하지 않는 것은?

① 15°   ② 30°
③ 46°   ④ 60°

해설 경사축은 30℃, 45℃, 60℃가 있다.

20 기계재료의 재질을 표시하는 기호 중 기계구조용강을 나타내는 기호는?

① Al   ② SM
③ Bs   ④ Br

해설 S가 강, 기계구조용은 M이므로 SM은 기계구조용강이다.

2과목 용접구조설계

21 맞대기용접시험편의 인장강도가 650N/mm²이고, 모재의 인장강도가 700N/mm²일 경우에 이음효율은 약 얼마인가?

① 85.9%   ② 90.5%
③ 92.9%   ④ 98.2%

해설 이음효율=이음허용응력/모재허용응력×100=650/700×100=92.8%

22 용접이음설계 시 일반적인 주의사항 중 틀린 것은?

① 가급적 능률이 좋은 아래보기용접을 많이 할 수 있도록 설계한다.

② 후판을 용접할 경우는 용입이 깊은 용접법을 이용하여 용착량을 줄인다.

③ 맞대기용접에는 이면용접을 할 수 있도록 해서 용입부족이 없도록 한다.

④ 될 수 있는 대로 용접량이 많은 홈형상을 선택한다.

해설 용접설계 시 될 수 있는 대로 용접량이 적은 홈형상을 선택해야 한다.

23 그림과 같이 폭 50mm, 두께 10mm의 강판을 40mm만을 겹쳐서 전둘레필릿용접을 한다. 이 때 100kN의 하중을 작용시킨다면 필릿용접의 치수는 얼마로 하면 좋은가?(단, 용접허용응력은 10.2 kN/cm²)

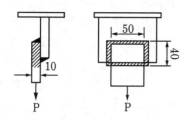

① 약 2mm   ② 약 5mm
③ 약 8mm   ④ 약 11mm

24 용접부를 기계적으로 타격을 주어 잔류응력을 경감시키는 것은?

① 저온응력완화법   ② 취성경감법
③ 역변형법   ④ 피닝법

해설 피닝법은 피닝망치로 용접 부위를 계속해 두드려 용접부의 잔류응력을 완화시키는 방법이다.

25 다음 그림과 같이 균열이 발생했을 때 그 양단에 정지구멍을 뚫어 균열진행을 방지하는 것은?

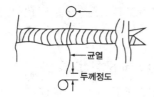

① 브로우홀   ② 핀홀
③ 스톱홀   ④ 웜홀

해설 균열이 더 전파될 우려가 있을 때는 균열의 끝에 스톱홀을 뚫어 균열진행을 방지한다.

26 다음 그림과 같이 일시적인 보조판을 붙이든지 변형을 방지할 목적으로 시공되는 용접변형방지법은?

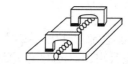

① 억제법   ② 피닝법
③ 역변형법   ④ 냉각법

해설 그림은 용접물을 보강재인 보조판(문형피스)을 이용하여 용접 부위를 고정시켜 변형을 방지하는 방법이다.

27 용착금속부 내부에 발생된 기공결함검출에 가장 좋은 검사법은?

① 누설검사   ② 방사선투과검사
③ 침투탐상검사   ④ 자분탐상검사

해설 방사선투과검사는 X선, γ선 등의 방사선을 이용하는 방법으로 주로 주조품이나 용접부 시험에 적용하며 가장 신뢰성이 있으며 널리 사용되고 있다.

28 용접부에 형성된 잔류응력을 제거하기 위한 가장 적합한 열처리방법은?

① 담금질을 한다.   ② 뜨임을 한다.
③ 불림을 한다.   ④ 풀림을 한다.

해설 풀림 : 잔류응력을 제거

29 용접이음부형상의 선택 시 고려사항이 아닌 것은?

① 용접하고자 하는 모재의 성질
② 용접부에 요구되는 기계적 성질
③ 용접할 물체의 크기, 형상, 외관
④ 용접장비효율과 용가재의 건조

30 이면따내기방법이 아닌 것은?

① 아크에어가우징　② 밀링

③ 가스가우징　　　④ 산소창절단

해설 산소창절단의 용도는 두꺼운 강판절단이나 주철, 강괴 등의 절단에 사용된다.

31 아크용접 중에 아크가 전류자장의 영향을 받아 용접비드(bead)가 한쪽으로 쏠리는 현상은?

① 용융속도　　　　② 자기불림

③ 아크부스터　　　④ 전압강하

해설 아크쏠림은 용접전류에 의해 아크 주위에 발생하는 자장이 용접에 대해서 비대칭으로 나타는 현상을 말하며 자기불림, 아크블로우라고도 한다.

32 용착금속의 인장강도를 구하는 식은?

① 인장강도 $= \dfrac{\text{인장하중}}{\text{시험편의 단면적}}$

② 인장강도 $= \dfrac{\text{시험편의 단면적}}{\text{인장하중}}$

③ 인장강도 $= \dfrac{\text{표점거리}}{\text{연신율}}$

④ 인장강도 $= \dfrac{\text{연신율}}{\text{표점거리}}$

33 용접이음의 안전율을 나타내는 식은?

① 안전율 $= \dfrac{\text{인장강도}}{\text{허용응력}}$

② 안전율 $= \dfrac{\text{허용응력}}{\text{인장강도}}$

③ 안전율 $= \dfrac{\text{이음효율}}{\text{허용응력}}$

④ 안전율 $= \dfrac{\text{허용응력}}{\text{이음효율}}$

해설 안전율=허용응력/사용응력=인장강도/허용응력

34 용접부검사에서 파괴시험에 해당되는 것은?

① 음향시험　　　　② 누설시험

③ 형광침투시험　　④ 함유수소시험

해설 파괴시험종류
- 기계적 시험 : 인장, 굽힘, 경도, 충격, 피로시험 등
- 물리적 시험 : 물성시험, 열특성시험, 자기특성시험 등
- 화학적 시험 : 화학분석, 부식시험, 함유수소시험 등
- 야금학적 시험 : 육안조직, 현미경조직, 파면시험, 설퍼프린트시험 등
- 용접성 시험 : 노치취성, 용접경화성, 용접연성, 용접균열시험 등

35 용접이음의 종류 중 겹치기이음은?

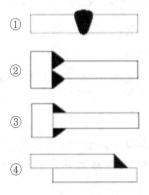

해설 ① 맞대기이음 ③ 필릿이음 ④ 겹치기이음

36 초음파 경사각탐상기호는?

① UT–A　　　　② UT

③ UT–N　　　　④ UT–S

해설 • UT : 초음파 탐상
• UT-A : 초음파 경사각탐상
• UT-N : 초음파 수직탐상

37 일반적으로 피로강도는 세로축에 응력(S), 가로축에 파괴까지의 응력반복회수(N)를 가진 선도로 표시한다. 이 선도를 무엇이라 부르는가?

① B-S 선도　　② S-S 선도
③ N-N 선도　　④ S-N 선도

해설 S-N 선도는 가해지는 응력(변형력)의 반복횟수와 그 진폭과의 관계를 나타내는 곡선이다.

38 다음 중 똑같은 용접조건으로 용접을 실시하였을 때 용접변형이 가장 크게 되는 재료는 어떤 것인가?

① 연강
② 800MPa급 고장력강
③ 9% Ni강
④ 오스테나이트계 스테인리스강

해설 오스테나이트계 스테인리스강은 용접변형이 많이 발생한다.

39 용접금속근방의 모재에 용접열에 의해 급열·급냉되는 부위가 발생하는데 이 부위를 무엇이라 하는가?

① 본드(bond)부
② 열영향부
③ 세립부
④ 용착금속부

해설 열영향부(HAZ)는 용접열 또는 절단열에 의하여 금속조직의 기계적 성질이 변화하지만 응용되지 않는 모재부분을 말한다.

40 제품제작을 위한 용접순서로 옳지 않은 것은?

① 수축이 큰 맞대기이음을 먼저 용접한다.
② 리벳과 용접을 병용할 경우 용접이음을 먼저 한다.
③ 큰 구조물은 끝에서부터 중앙으로 향해 용접한다.
④ 대칭으로 용접을 한다.

해설 큰 구조물은 중심에서 끝으로 용접을 해야 한다.

3과목 ▶ 용접일반 및 안전관리

41 가스용접작업 시 점화할 때, 폭음이 생기는 경우의 직접적인 원인이 아닌 것은?

① 혼합가스의 배출이 불완전했다.
② 산소와 아세틸렌압력이 부족했다.
③ 팁이 완전히 막혔다.
④ 가스분출속도가 부족했다.

해설 팁이 막혔을 때는 역화가 발생한다.

42 피복아크용접에서 보통 용접봉의 단면적 $1mm^2$에 대한 전류밀도로 가장 적합한 것은?

① 8~9A　　② 10~13A
③ 14~18A　　④ 19~23A

해설 용접봉의 단면적 $1mm^2$에 대한 전류밀도는 10~13A가 적당하다.

43 용접작업에서 전격의 방지대책으로 틀린 것은?

① 용접기 내부에 함부로 손을 대지 않는다.
② 홀더나 용접봉은 맨손으로 취급하지 않는다.
③ 보호구는 반드시 착용하지 않아도 된다.
④ 습기 찬 작업복, 장갑 등을 착용하지 않는다.

해설 보호구는 반드시 착용해야 한다.

44 피복아크용접용 기구 중 보호구가 아닌 것은?

① 핸드실드
② 케이블커넥터
③ 용접헬멧
④ 팔덮게

해설 케이블커넥터는 용접용 케이블을 접속하려고 할 때 사용하는 장치를 말한다.

45 서브머지드 아크용접의 장점에 속하지 않는 것은?

① 용융속도 및 용착속도가 빠르다.
② 용입이 깊다.
③ 용접자세에 제약을 받지 않는다.
④ 대전류사용이 가능하여 고능률적이다.

해설 서브머지드 용접은 아래보기나 수평필릿자세에 적용하며 용접자세에 제약을 받는다.

46 자동가스절단기(산소–프로판)의 사용은 어떤 경우에 가장 유리한가?

① 특수강의 절단
② 형강의 절단
③ 비철금속의 절단
④ 곧고 긴 저탄소강의 절단

해설 자동가스절단기(산소–프로판)는 길이기 긴 저탄소강의 절단에 유리하다.

47 알루미늄을 TIG용접할 때 가장 적합한 전류는?

① DCSP
② DCRP
③ ACHF
④ AC

해설 ACHF(고주파장치교류)는 청정작용으로 알루미늄, 마그네슘 등 비철에 사용한다.

48 피복아크용접의 피복제 중 슬래그(Slag)생성제가 아닌 것은?

① 셀룰로오스
② 산화티탄
③ 이산화망간
④ 산화철

해설 슬래그 생성제 : 산화철, 일미나이트, 산화티탄, 이산화망간, 석회석, 규사, 장석, 형석 등

49 탄산가스아크용접이 피복아크용접에 비해 장점이라고 볼 수 없는 것은?

① 전류밀도가 높으므로 용입이 깊고 용접속도가 빠르다.
② 박판용접은 단락이행용접법에 의해 가능하다.
③ 슬래그 섞임이 없고 용접 후 처리가 간단하다.
④ 적용재질은 비철금속계통에만 가능하다.

해설 탄산가스아크용접의 적용재질은 철 계통으로 한정되어 있다.

50 피복아크용접작업의 기초적인 용접조건으로 가장 거리가 먼 것은?

① 용접속도 ② 아크길이
③ 스틱아웃길이 ④ 용접전류

해설 스틱아웃길이는 용융물에서 토치까지의 거리를 말한다.

51 연강용 피복아크용접봉 E4316의 피복제 계통은?

① 저수소계 ② 고산화티탄계
③ 일미나이트계 ④ 철분산화철계

해설 저수소계 : E4316, 고산화탄계 : E4313, 일미나이트계 : E4301, 철분산화철계 : E4327

52 가스용접용으로 사용되는 가스가 갖추어야 할 성질에 해당되지 않는 것은?

① 불꽃의 온도가 높을 것
② 연소속도가 빠를 것
③ 발열량이 적을 것
④ 용융금속과 화학반응을 일으키지 않을 것

해설 가스는 발열량이 많아야 한다.

53 1차입력 전원전압이 220V인 용접기의 정격용량이 20kVA라면 가장 적합한 퓨즈의 용량은?

① 50 ② 100
③ 150 ④ 200

해설 퓨즈용량=정격용량/입력전압=20000/200 =100A

54 자동 및 반자동용접이 수동아크용접에 비하여 우수한 점이 아닌 것은?

① 와이어송급속도가 빠르다.
② 용입이 깊다.
③ 위보기용접자세에 적합하다.
④ 용착금속의 기계적성질이 우수하다.

해설 자동 및 반자동용접은 아래보기나 수평필릿 자세에 적합하다.

55 용접법의 종류 중 알루미늄합금재료의 용접이 불가능한 것은?

① 피복아크용접
② 탄산가스아크용접
③ 불활성가스아크용접
④ 산소-아세틸렌가스용접

해설 탄산가스아크용접은 철 계통에 사용된다.

56 불활성가스 금속아크용접에서 와이어송급 방식이 아닌 것은?

① 위빙방식 ② 푸시방식
③ 풀방식 ④ 푸시-풀방식

해설 와이어 송급방식에는 푸시, 풀, 푸시-풀, 더블 푸시방식이 있다.

57 아크용접 중 방독마스크를 쓰지 않아도 되는 용접재료는?

① 연강 ② 황동
③ 아연도금판 ④ 카드뮴합금

해설 황동, 아연도금판, 카드뮴합금은 독성가스가 나오므로 방독마스크를 반드시 착용한다.

58 알루미늄용제로 사용되지 않는 것은?

① 붕사   ② 염화나트륨

③ 염화칼륨   ④ 염화리튬

해설 알루미늄용제 : 염화나트륨, 염화칼륨, 염화리튬, 플루오르화칼륨, 황산칼륨 등이며 붕사는 주철 및 구리합금용제이다.

59 텅스텐전극봉을 사용하는 용접은?

① 산소-아세틸렌용접

② 피복아크용접

③ MIG용접

④ TIG용접

해설 텅스텐전극봉을 사용하는 용접은 TIG이다.

60 가스절단진행 중 열량을 보충하는 예열불꽃으로 사용되지 않는 것은?

① 산소-탄산가스불꽃

② 산소-아세틸렌불꽃

③ 산소-LPG불꽃

④ 산소-수소불꽃

해설 예열불꽃가스로는 아세틸렌가스를 많이 사용한다.

1과목 **용접야금 및 용접설비제도**

01 금속재료를 보통 500~700℃로 가열하여 일정시간유지 후 서냉하는 방법으로 주조, 단조, 기계가공 및 용접 후에 잔류응력을 제거하는 풀림방법은?

① 연화풀림　　② 구상화풀림
③ 응력제거풀림　④ 항온풀림

해설 가열 후 서냉하면서 잔류응력을 제거하는 방법은 응력제거풀림이다.

02 용접분위기 중에서 발생하는 수소의 원(源)이 될 수 없는 것은?

① 플럭스 중의 무기물
② 고착제(물유리 등)가 포함한 수분
③ 플럭스에 흡수된 수분
④ 대기 중의 수분

해설 플럭스 중의 무기물은 수소의 원이 아니다.

03 알루미늄의 특성이 아닌 것은?

① 전기전도도는 구리의 60% 이상이다.
② 직사광의 90% 이상을 반사할 수 있다.
③ 비자성체이며 내열성이 매우 우수하다.
④ 저온에서 우수한 특성을 갖고 있다.

해설 알루미늄은 열전도성이 커서 내열성이 나쁘다.

04 저소수계용접봉의 특징을 설명한 것 중 틀린 것은 무엇인가?

① 용접금속의 수소량이 낮아 내균열성이 뛰어나다.
② 고장력강, 고탄소강 등의 용접에 적합하다.
③ 아크는 안정되나 비드가 오목하게 되는 경향이 있다.
④ 비드시점에 기공이 발생되기 쉽다.

해설 저수소계용접봉은 아크가 불안정하다.

05 용접성이 가장 좋은 강은?

① 0.2%C 이하의 강 ② 0.3%C 강
③ 0.4%C 강　　　④ 0.5%C 강

해설 탄소함유량이 적을수록 용접성은 우수하다.

06 Fe-C상태도에서 공정반응에 의해 생성된 조직은?

① 펄라이트　　② 페라이트
③ 레데뷰라이트　④ 솔바이트

해설 Fe-C의 공정반응에 의해 생성된 조직은 레데뷰라이트이다.

07 노치가 붙은 각 시험편을 각 온도에서 파괴하면, 어떤 온도를 경계로 하여 시험편이 급격히 취성화되는가?

① 천이온도　　② 노치온도
③ 파괴온도　　④ 취성온도

해설 성질이 급변하는 온도를 천이온도라고 하는데 변태점 등은 그 한 예이며, 충격치가 급변하는 온도, 바꾸어 말하면 저온취성을 나타내는 온도를 말하는 경우가 많다.

08 강의 담금질 조직 중 냉각속도에 따른 조직의 변화순서로 옳게 나열된 것은?

① 트루스타이트→솔바이트→오스테나이트→마르텐사이트

② 솔바이트→트루스타이트→오스테나이트→마르텐사이트

③ 마르텐사이트→오스테나이트→솔바이트→트루스타이트

④ 오스테나이트→마르텐사이트→트루스타이트→솔바이트

해설 냉각속도에 따른 조직의 변화는 오스테나이트 → 마르텐사이트 → 트루스타이트→ 솔바이트 순이다.

09 편석이나 기공이 적은 가장 좋은 양질의 단면을 갖는 강은 무엇인가?

① 킬드강   ② 세미킬드강
③ 림드강   ④ 세미림드강

해설 킬드강은 규소 또는 알루미늄과 같은 강한 탈산제로 탈산한 강이다.

10 합금주철의 함유성분 중 흑연화를 촉진하는 원소는 무엇인가?

① V   ② Cr
③ Ni   ④ Mo

해설 Ni은 흑연화를 촉진한다.

11 다음 중 서로 관련되는 부품과의 대조가 용이하여 다종소량생산에 쓰이는 도면은 무엇인가?

① 1품1엽도면   ② 1품다엽도면
③ 다품1엽도면   ④ 복사도면

12 다음 용접기호를 설명한 것으로 올바른 것은 무엇인가?

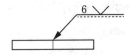

① 용접은 화살표 쪽으로 한다.
② 용접은 I형이음으로 한다.
③ 용접목길이는 6mm이다.
④ 용접부 루트간격은 6mm이다.

해설 V형 맞대기이음으로 6은 용입부 바닥까지의 거리이다.

13 CAD시스템의 도입효과가 아닌 것은?

① 품질향상   ② 원가절감
③ 납기연장   ④ 표준화

해설 CAD시스템을 도입하면 납기일을 단축시킬 수 있다.

14 도면의 분류 중 내용에 따른 분류에 해당하지 않는 것은 무엇인가?

① 기초도   ② 스케치도
③ 계통도   ④ 장치도

해설 내용에 따른 분류 : 부품도, 조립도, 기초도, 배치도, 배근도, 장치도, 스케치도 등

15 3차원의 물체를 원근감을 주면서 투상선이 한 곳에 집중되게 그린 것으로 건축, 토목의 투상에 주로 사용되는 것은 무엇인가?

① 투시도 　　　　② 사투상도

③ 부등각투상도 　④ 정투상도

해설 투시도는 원근감을 갖게 하기 위해 시점과 물체를 방사선으로 표시하는 방법으로 건축, 토목의 조감도 등에 널리 사용된다.

16 보이지 않는 부분을 표시하는데 쓰이는 선은 무엇인가?

① 외형선 　　　　② 숨은선

③ 중심선 　　　　④ 가상선

해설 숨은선은 대상물의 보이지 않는 부분의 모양을 표시하며 파선으로 나타낸다.

17 용접기호 중에서 스폿용접을 표시하는 기호는 무엇인가?

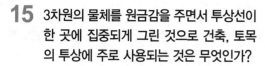

해설 ① 심용접 ② 플러그용접 ④ 서페이싱용접

18 용접부의 비파괴시험에서 150mm씩 세 곳을 택하여 형광자분탐상시험을 지시하는 것은 무엇인가?

① MT-F150(3)

② MT-D150(3)

③ MT-F3(150)

④ MT-D3(150)

19 도형의 표시방법 중 보조투상도의 설명으로 옳은 것은 무엇인가?

① 그림의 일부를 도시하는 것으로 충분한 경우에 그 필요부분만을 그리는 투상도

② 대상물의 구멍, 홈 등 한 국부만의 모양을 도시하는 것으로 충분한 경우에 그 필요부분만을 그리는 투상도

③ 대상물의 일부가 어느 각도를 가지고 있기 때문에 투상면에 그 실형이 나타나지 않을 때에 그 부분을 회전해서 그리는 투상도

④ 경사면부가 있는 대상물에서 그 경사면의 실형을 나타낼 필요가 있는 경우에 그리는 투상도

해설 ① 부분투상도 ② 국부투상도 ③ 회전투상도

20 겹쳐진 부재에 홀(Hole) 대신 좁고 긴 홈을 만들어 용접하는 것은 무엇인가?

① 맞대기용접 　　② 필릿용접

③ 플러그용접 　　④ 슬롯용접

해설 슬롯용접은 겹친 2매의 판 한쪽에 가늘고 긴 홈을 파고, 그 속에 용접을 하는 방법을 말한다.

 용접구조설계

21 용접선에 직각방향으로 수축되는 변형을 무엇이라 하는가?

① 가로수축 　　　② 세로수축

③ 회전수축 　　　④ 좌굴변형

해설 용접선과 직각방향으로 수축되는 것을 가로변형(수축)이라 한다.

22 두꺼운 강판에 대한 용접이음 홈 설계 시는 용접자세, 이음의 종류, 변형, 용입상태, 경제성 등을 고려하여야 한다. 이 때 설계의 요령과 관계가 먼 것은?

① 용접홈의 단면적은 가능한 작게 한다.
② 루트반지름(r)은 가능한 작게 한다.
③ 전후좌우로 용접봉을 움직일 수 있는 홈각도가 필요하다.
④ 적당한 루트간격과 루트면을 만들어준다.

해설 루트반지름이 너무 작으면 용입불량이다.

23 자분탐상검사의 자화방법이 아닌 것은?

① 축통전법
② 관통법
③ 극간법
④ 원형법

해설 자분탐상의 자화방법에는 축통전법, 관통법, 직각통전법, 코일법, 극간법이 있다.

24 한 끝에서 다른 쪽 끝을 향해 연속적으로 진행하는 방법으로서 용접이음이 짧은 경우나 변형, 잔류응력 등이 크게 문제되지 않을 때 이용되는 용착법은?

① 비석법
② 대칭법
③ 후퇴법
④ 전진법

해설 용접이음이 짧은 경우, 변형이나 잔류응력이 크게 문제가 되지 않는 경우 사용하는 방법이 전진법(전진블록법)이다.

25 연강판의 맞대기용접이음 시 균형변형방지법이 아닌 것은 무엇인가?

① 이음부에 미리 역변형을 주는 방법
② 특수해머로 두들겨서 변형하는 방법
③ 지그(jig)로 정반에 고정하는 방법
④ 스트롱백(strong back)에 의한 구속방법

해설 특수해머로 두드리는 것은 용접 후 변형교정이다.

26 연강을 용접이음할 때 인장강도가 21N/mm²이다. 정하중에서 구조물을 설계할 경우 안전율은 얼마인가?

① 1
② 2
③ 3
④ 4

해설 안전율은 21/7=3

27 다음 중 용접이음의 설계로 가장 좋은 것은?

① 용착금속량이 많게 되도록 한다.
② 용접선이 한 곳에 집중되도록 한다.
③ 잔류응력이 적게 되도록 한다.
④ 부분용입이 되도록 한다.

해설 용착금속량은 적게, 용접선은 분산되게, 잔류응력은 적게 설계해야 한다.

28 용접결함 중 언더컷이 발생했을 때 보수방법은?

① 예열한다.
② 후열한다.
③ 언더컷 부분을 연삭한다.
④ 언더컷 부분을 가는 용접봉으로 용접 후 연삭한다.

해설 언더컷 보수방법은 가는 용접봉으로 용접 후 연삭한다.

29 저온취성파괴에 미치는 요인과 가장 관계가 먼 것은 무엇인가?

① 온도의 저하
② 인장잔류응력
③ 예리한 노치
④ 강재의 고온특성

해설 저온취성은 탄소강 등에 있어서 저온(상온 부근 또는 그 이하)이 되면 충격차가 현저하게 저하되고 무르게 되는 현상으로 강재의 고온과는 거리가 멀다.

정답 22 ② 23 ④ 24 ④ 25 ② 26 ③ 27 ③ 28 ④ 29 ④

30 공업용가스의 종류와 그 용기의 색상이 잘못 연결된 것은 무엇인가?

① 산소-녹색 ② 아세틸렌-황색

③ 아르곤-회색 ④ 수소-청색

해설 수소는 주황색이다.

31 용접구조물을 조립할 때 용접자세를 원활하게 하기 위해 사용되는 것은 무엇인가?

① 용접게이지 ② 제관용정반

③ 용접지그(jig) ④ 수평바이스

32 아크전류가 300A, 아크전압이 25V, 용접속도가 20cm/min인 경우 발생되는 용접입열은?

① 20000J/cm ② 22500J/cm

③ 25500J/cm ④ 30000J/cm

해설 용접입열=60×아크전압×아크전류/용접속도
=60×300×25/20=22,500J/cm

33 루트균열에 대한 설명으로 가장 거리가 먼 것은 무엇인가?

① 루트균열의 원인은 열영향부 조직의 경화성이다.

② 맞대기용접이음의 가접에서 발생하기 쉬우며 가로균열의 일종이다.

③ 루트균열을 방지하기 위해 건조된 용접봉을 사용한다.

④ 방지책으로는 수소량이 적은 용접, 건조된 용접봉을 사용한다.

해설 루트균열(root crack)은 루트의 노치에 의한 응력집중부에서 발생한 균열이다.

34 그림과 같은 겹치기이음의 필릿용접을 하려고 한다. 허용응력을 50MPa라 하고, 인장하중을 50KN, 판두께 12mm라고 할 때, 용접유효길이는 약 몇 mm인가?

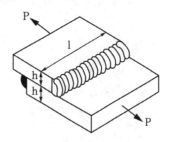

$$P=50[kN] \quad h=12mm$$

① 83 ② 73

③ 69 ④ 59

해설 응력=$\sqrt{2}$×인장하중/(두께×2)×용접유효길이에서 용접유효길이=$\sqrt{2}$×50,000/50×(12×2)=58.92

35 용접 시 발생하는 용접변형의 주발생원인으로 가장 적합한 것은?

① 용착금속부의 취성에 의한 변형

② 용접이음부의 결함발생으로 인한 변형

③ 용착금속부의 수축과 팽창으로 인한 변형

④ 용착금속부의 경화로 인한 변형

해설 용접 시 발생하는 용접변형의 주발생원인은 용착금속부의 수축과 팽창이다.

36 용착금속에서 기공의 결함을 찾아내는데 가장 좋은 비파괴검사법은?

① 누설검사 ② 자기탐상검사

③ 침투탐상검사 ④ 방사선투과시험

해설 방사선투과시험은 용착금속의 결함검출에 매우 유리하다.

37 용접부의 부식에 대한 설명으로 틀린 것은 무엇인가?

① 입계부식의 용접열영향부의 오스테나이트입계에 Cr 탄화물이 석출될 때 발생한다.

② 용접부의 부식은 전면부식과 국부부식으로 분류한다.

③ 틈새부식은 틈 사이의 부식을 말한다.

④ 용접부의 잔류응력은 부식과 관계없다.

해설 용접부의 잔류응력은 용접부에 필연적으로 존재하는 응력으로 응력파괴 및 응력부식균열 등의 발생원인이 된다.

38 용접 시 용접자세를 좋게 하기 위해 정반자체가 회전하도록 한 것은 무엇인가?

① 매니퓰레이터
② 용접고정구(fixture)
③ 용접대(base die)
④ 용접포지셔너(positioner)

해설 용접포지셔너는 용접하기 쉬운 상태로 놓아 정반자체가 회전하도록 한 것이다.

39 용접구조설계 시 주의사항에 대한 설명으로 틀린 것은 무엇인가?

① 용접치수는 강도상 필요 이상 크게 하지 않는다.

② 용접이음의 집중, 교차를 피한다.

③ 판면에 직각방향으로 인장하중이 작용할 경우 판의 압연방향에 주의한다.

④ 후판을 용접할 경우 용입이 낮은 용접법을 이용하여 층수를 줄인다.

해설 후판용접 시 용입이 높은 용접법을 이용해야 한다.

40 용착효율을 구하는 식으로 옳은 것은 무엇인가?

① 용착효율(%) $\dfrac{\text{용착금속의 중량}}{\text{용접봉 사용중량}} \times 100$

② 용착효율(%) $\dfrac{\text{용접봉 사용중량}}{\text{용착금속의 중량}} \times 100$

③ 용착효율(%) $\dfrac{\text{남은 용접봉 중량}}{\text{용접봉 사용중량}} \times 100$

④ 용착효율(%) $\dfrac{\text{용접봉 사용중량}}{\text{남은 용접봉 중량}} \times 100$

3과목 ▶ 용접일반 및 안전관리

41 교류아크용접 시 아크시간이 6분이고, 휴식시간이 4분일 때 사용률은 얼마인가?

① 40%   ② 50%
③ 60%   ④ 70%

해설 사용률(%) = 아크시간/아크시간×휴식시간×100 = 6/6+4×100 = 60

42 용접에 관한 안전사항으로 틀린 것은 무엇인가?

① TIG용접 시 차광렌즈는 12~13번을 사용한다.

② MIG용접 시 피복아크용접보다 1m가 넘는 거리에서도 공기 중의 산소를 오존(O_3)으로 바꿀 수 있다.

③ 전류가 인체에 미치는 영향에서 50mA는 위험을 수반하지 않는다.

④ 아크로 인한 염증을 일으켰을 경우 붕산수(2% 수용액)로 눈을 닦는다.

해설 전류가 50mA 이상 인체에 흐르면 심장마비를 일으켜 사망할 위험이 있다.

43 교류아크용접기에서 2차측의 무부하전압은 약 몇 V가 되는가?

① 40~60V   ② 70~80V

③ 80~100V   ④ 100~120V

해설 교류용접기 2차측 무부하전압은 70~80V이다.

44 직류아크용접기를 교류아크용접기와 비교했을 때 틀린 것은 무엇인가?

① 비피복용접봉 사용이 가능하다.

② 전격의 위험이 크다.

③ 역률이 양호하다.

④ 유지보수가 어렵다.

해설 직류아크용접기는 비피복용접봉 사용이 가능하고, 전격위험이 적으며 역률이 양호하고 유지보수가 어렵다.

45 TIG용접으로 Al을 용접할 때 가장 적합한 용접전원은 무엇인가?

① DCSP   ② DCRP

③ ACHF   ④ ACRP

해설 ACHF(고주파장치교류)는 청정작용으로 알루미늄, 마그네슘 등 비철에 사용한다.

46 두께가 12.7mm인 강판을 가스절단하려 할 때 표준드래그의 길이는 2.4mm이다. 이 때 드래그는 몇 %인가?

① 18.9   ② 32.1

③ 42.9   ④ 52.4

해설 드래그(%) = 드래그길이/판두께×100 = 2.4/12.7×100 = 18.9

47 이산화탄소아크용접에 대한 설명으로 옳지 않은 것은 무엇인가?

① 아크시간을 길게 할 수 있다.

② 가시(可視)아크이므로 시공 시 편리하다.

③ 용접입열이 크고, 용융속도가 빠르며 용입이 깊다.

④ 바람의 영향을 받지 않으므로 방풍장치가 필요 없다.

해설 이산화탄소는 바람의 영향을 받으므로 풍속 2m/s 이상에서는 방풍대책이 필요하다.

48 아크용접과 절단작업에서 발생하는 복사에너지 중 백내장을 일으키고, 맨살에 화상에 입힐 수 있는 것은?

① 적외선   ② 가시광선

③ 자외선   ④ X선

해설 적외선의 열은 백내장과 화상의 원인이다.

49 TIG용접 시 교류용접기에 고주파전류를 사용할 때의 특징이 아닌 것은?

① 아크는 전극을 모재로 접촉시키지 않아도 발생한다.

② 전극의 수명이 길다.

③ 일정 지름의 전극에 대해 광범위한 전류의 사용이 가능하다.

④ 아크가 길어지면 끊어진다.

해설 아크는 고주파를 발생시키면서 아크를 일으키고, 용접을 하게 되면 냉각수순환장치가 토치의 과열을 방지한다.

정답 43 ②   44 ②   45 ③   46 ①   47 ④   48 ①   49 ④

50 CO_2아크용접에 대한 설명 중 틀린 것은 무엇인가?

① 전류밀도가 높아 용입이 깊고, 용접속도를 빠르게 할 수 있다.
② 용접장치, 용접전원 등 장치로서는 MIG용접과 같은 점이 많다.
③ CO_2아크용접에서는 탈산제로서 Mn 및 Si를 포함한 용접와이어를 사용한다.
④ CO_2아크용접에서는 차폐가스로 CO_2에 소량의 수소를 혼합한 것을 사용한다.

해설 CO_2아크용접에서는 차폐가스로 CO_2에 소량의 산소를 혼합하여 사용하기도 한다.

51 전기저항열을 이용한 용접법은 무엇인가?

① 일렉트로슬래그용접
② 잠호용접
③ 초음파용접
④ 원자수소용접

해설 일렉트로슬래그용접은 전기저항용접의 일종이다.

52 판두께가 가장 두꺼운 경우에 적당한 용접방법은?

① 원자수소용접
② CO_2가스용접
③ 서브머지드용접(submerged welding)
④ 일렉트로슬래그용접(electro slag welding)

해설 일렉트로슬래그용접은 단층수직 상진용접법으로 원판의 용접에 적당하며 1m 두께의 강판을 연속용접이 가능하다.

53 용제 없이 가스용접을 할 수 있는 재질은?

① 연강
② 주철
③ 알루미늄
④ 황동

해설 연강은 특별한 용제 없이 용접이 가능하다.

54 CO_2가스에 O_2(산소)를 첨가한 효과가 아닌 것은 무엇인가?

① 슬래그생성량이 많아져 비드외관이 개선된다.
② 용입이 낮아 박판용접에 유리하다.
③ 용융지의 온도가 상승된다.
④ 비금속개재물의 응집으로 용착강이 청결해진다.

55 다음 중 전격의 위험성이 가장 적은 것은 무엇인가?

① 케이블의 피복이 파괴되어 절연이 나쁠 때
② 무부하전압이 낮은 용접기를 사용할 때
③ 땀을 흘리면서 전기용접을 할 때
④ 젖은 몸에 홀더 등이 닿았을 때

해설 전격의 위험을 낮추기 위하여 무부하전압이 낮은 용접기를 사용한다.

56 강을 가스절단할 때 쉽게 절단할 수 있는 탄소함유량은 얼마인가?

① 6.67%C 이하
② 4.3%C 이하
③ 2.11%C 이하
④ 0.25%C 이하

해설 0.25%C 이하의 저탄소강에서는 절단성이 양호하다.

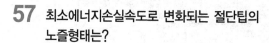

57 최소에너지손실속도로 변화되는 절단팁의 노즐형태는?

① 스트레이트노즐　② 다이버전트노즐

③ 원형노즐　　　④ 직선형노즐

해설 손실되는 에너지를 최소로 하여 절단하는 것은 다이버전트노즐이다.

58 아세틸렌청정기는 어느 위치에 설치함이 좋은가?

① 발생기의 출구　② 안전기 다음

③ 압력조정기 다음　④ 토치 바로 앞

해설 아세틸렌청정기는 발생기의 출구에 설치한다.

59 맞대기압접의 분류에 속하지 않는 것은 무엇인가?

① 플래시맞대기용접

② 방전충격용접

③ 업셋맞대기용접

④ 심용접

해설 • 겹치기 : 스폿, 심, 프로젝션용접
　　• 맞대기 : 플래시맞대기, 업셋맞대기, 방전충격용접

60 B형가스용접토치의 팁번호250을 바르게 설명한 것은?(단, 불꽃은 중성불꽃일 때)

① 판두께 250mm까지 용접한다.

② 1시간에 250L의 아세틸렌가스를 소비하는 것이다.

③ 1시간에 250L의 산소가스를 소비하는 것이다.

④ 1시간에 250cm까지 용접한다.

해설 가변압식(프랑스식) 토치를 말하며 팁번호는 1시간 동안에 표준불꽃을 이용하여 용접할 경우 소비되는 아세틸렌가스 양이다.

정답 57 ② 58 ① 59 ④ 60 ②

1과목 용접야금 및 용접설비제도

01 강의 조직 중 오스테나이트에서 냉각 중 탄소농도의 확산으로 탄소농도가 낮은 페라이트와 탄소농도가 높은 시멘타이트가 층상을 이루는 조직은?

① 펄라이트
② 마르텐사이트
③ 트루스타이트
④ 레데뷰라이트

해설 펄라이트는 강의 조직에서 페라이트와 시멘타이트의 층상조직이다.

02 용접부 고온균열의 직접적인 원인이 되는 것은?

① 전극의 피복제에 흡수된 수분
② 고온에서의 연성 향상
③ 응고 시의 수축, 팽창
④ 후열처리

해설 고온균열은 응고 시 수축과 팽창에 의하여 발생한다.

03 Fe-C합금에서 6.67%C를 함유하는 탄화철의 조직은?

① 시멘타이트 ② 레데브라이트
③ 페라이트 ④ 오스테나이트

해설 시멘타이트는 탄화철(Fe_3C, 탄소량 6.67%)로 금속적인 광택이 있으며 대단히 단단하고 취성이 있으며 자성을 갖고 있다.

04 한국산업표준에서 정한 일반구조용 탄소강관을 표시하는 것은?

① SCPH ② STKM
③ NCF ④ STK

해설 STK는 steel pipe structure로 일반구조용 탄소강관을 표시한다.

05 황(S)에 관한 설명으로 틀린 것은?

① 강에 함유된 S은 대부분 MnS로 잔류한다.
② FeS은 결정입계에 망상으로 분포되어 있다.
③ S은 상온취성의 원인이 되며, 경도를 증가시킨다.
④ S은 0.02% 정도만 있어도 인장강도, 충격치를 감소시킨다.

해설 황은 900~950℃에서 황화철(FeS)이 파괴되어 균열되는 적열취성이다.

06 피복아크용접에서 피복제의 역할 중 가장 거리가 먼 것은?

① 용접금속의 응고와 냉각속도를 지연시킨다.
② 용접금속에 적당한 합금원소를 첨가한다.
③ 용융점이 낮은 적당한 점성의 슬래그를 만든다.
④ 합금원소 첨가 없이도 냉각속도로 인해 입자를 미세화하여 인성을 향상시킨다.

해설 피복제는 용융금속의 용적을 미세화하여 용착효율을 높인다.

07 연강용 피복아크용접봉에서 피복제의 염기도가 가장 낮은 것은?

① 티탄계   ② 저수소계

③ 일미나이트계   ④ 고셀룰로스계

해설 티탄계 용접봉이 염기도가 가장 낮다.

08 다음 중 탄소의 함유량이 가장 적은 것은?

① 경강   ② 연강

③ 합금공구강   ④ 탄소공구강

해설 연강은 탄소함유량이 0.12~0.25% 전후의 강으로 용도가 다양해 철사, 정, 강판, 선, 관 등에 사용되며 구조용재로서 가장 널리 이용되고 있다.

09 용접구조물에서 예열의 목적이 잘못 설명된 것은?

① 열영향부의 경도를 증가시킨다.

② 잔류응력을 경감시킨다.

③ 용접변형을 경감시킨다.

④ 저온균열을 방지시킨다.

해설 예열은 용접부의 냉각속도를 느리게 하여 결함을 방지할 수 있다. 또한 용접작업성의 개선, 용접금속 및 열영향부에 있어서의 연성 또는 노치인성이 개선된다. 수소의 방출이 용이하므로 저온균열방지에도 효과이다.

10 다음의 금속재료 중 전기전도율이 가장 큰 것은?

① 크롬   ② 아연

③ 구리   ④ 알루미늄

해설 전기전도율은 구리 〉 알루미늄 〉 아연 〉 크롬 순이다.

11 다음의 용접기호를 바르게 설명한 것은?

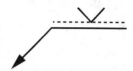

① 화살표 쪽의 용접

② 양면대칭 부분용입의 용접

③ 양면대칭용접

④ 화살표 반대쪽의 용접

해설 화살표 반대쪽의 용접을 나타낸 그림이다.

12 도면에서 2종류 이상의 선이 같은 장소에서 중복될 경우 도면에 우선적으로 그어야 하는 선은?

① 외형선   ② 중심선

③ 숨은선   ④ 무게중심선

해설 2종류 이상의 선이 중복될 경우, 우선하는 종류의 선은 외형선–숨은선–절단선–무게중심선–치수보조선 순이다.

13 외형선 및 숨은선의 연장선을 표시하는데 사용되는 선은?

① 가는 1점쇄선   ② 가는 실선

③ 가는 2점쇄선   ④ 파선

해설 가는 실선은 외형선 및 숨은선의 연장선을 표시하는데 사용한다.

14 치수기입 시 구의 반지름을 표시하는 치수보조기호는?

① SR   ② Sø

③ R   ④ t

해설 ① 구의 반지름, ② 구의 지름, ③ 반지름, ④ 두께

정답 07 ①   08 ②   09 ①   10 ③   11 ④   12 ①   13 ②   14 ①

15 일반적으로 부품의 모양을 스케치하는 방법이 아닌 것은?

① 프린트법 　② 프리핸드법
③ 판화법 　④ 사진촬영법

해설 판화법은 불규칙한 곡선부분이 있는 부품의 윤곽을 본뜨는 직접본뜨기와 간접본뜨기법이 있다.

16 KS기계제도에서 사용하는 평행투상법의 종류가 아닌 것은?

① 정투상 　② 등각투상
③ 사투상 　④ 투시투상

해설 평행투상법에서는 정투상, 등각투상, 사투상법이 있다.

17 도면을 그리기 위하여 도면에 반드시 설정해야 되는 양식이 아닌 것은?

① 윤곽선 　② 도면의 구역
③ 표제란 　④ 중심마크

해설 도면에는 윤곽선, 표제란, 중심마크는 반드시 설정해야 하고, 도면 구역은 도면을 읽거나 관리하는데 편리하도록 표시한 것이다.

18 도형이 이동한 중심궤적을 표시할 때 사용하는 선은?

① 굵은 실선 　② 가는 2점쇄선
③ 가는 1점쇄선 　④ 가는 실선

해설 가는 1점쇄선은 도형의 중심을 표시하거나 중심이 이동한 중심궤적을 표시하는데 사용된다.

19 용접이음의 기호에서 뒷면용접을 나타낸 기호는?

① ○ 　② ⌣
③ □ 　④ ⌣

20 다음 용접부의 기본기호 중 서페이싱을 나타내는 것은?

① ⌒⌒ 　② ⌣
③ ◯ 　④ ⊖

해설 ① 서페이싱, ② 뒷면용접, ③ 스폿용접, ④ 심용접

2과목 　용접구조설계

21 잔류응력의 완화법인 응력제거어닐링(Annealing)의 효과로 틀린 것은?

① 응력부식에 대한 저항력감소
② 크리프강도향상
③ 충격저항의 증대
④ 치수비틀림방지

해설 응력제거어닐링은 철이나 강의 연화 또는 결정조직의 조정이나 내부응력의 제거를 위하여 적당한 온도로 가열한 후 천천히 냉각시키는 것을 말한다.

22 두께가 5mm인 강판을 가지고 완전용입의 T형용접을 하려고 한다. 이때 최대 50000N의 인장하중을 작용시키려면 용접 길이는 얼마인가?(단, 용접부의 허용인장응력은 100MPa이다)

① 50mm 　② 100mm
③ 150mm 　④ 200mm

23 용접금속의 균열현상에서 저온균열에서 나타나는 균열은?

① 토우크랙　② 노치크랙
③ 설퍼크랙　④ 루트크랙

해설 비드밑크랙, 토우크랙은 저온균열에 속한다.

24 T형이음(홈완전용입)에서 P=31.5kN, h=7mm로 할 때 용접길이는 얼마인가?(단, 허용응력은 90MPa이다)

① 20mm　② 30mm
③ 40mm　④ 50mm

해설 용접길이=P/두께×응력=31.5×10³/7×90=50(1MPa=10⁸B/m²)

25 용접이음준비에서 조립과 가접에 대한 설명이다. 틀린 것은?

① 수축이 큰 맞대기용접을 먼저 한다.
② 용접과 리벳이 있는 경우 용접을 먼저 한다.
③ 가접은 본용접사와 같은 기량을 가진 용접사가 한다.
④ 가접은 변형방지를 위하여 용접봉지름이 큰 것을 사용한다.

해설 가접 시 용접봉은 지름이 작은 것을 사용한다.

26 맞대기이음부의 홈의 형상으로만 조합된 것은?

① Z형, X형, L형, T형
② I형, V형, U형, H형
③ G형, X형, J형, P형
④ B형, U형, K형, Y형

해설 맞대기 이음부는 I형, V형, U형, H형, J형, X형, K형 등이다.

27 다음 용접에서 변형과 잔류응력을 경감시키기 위해 사용하는 용접법은?

① 빌드업법　② 스킵법
③ 후퇴법　④ 전진블록법

해설 전진블록법은 여러 층으로 쌓아 올린 다음 다른 부분으로 진행하여 용접 전체를 마무리하는 방법이다.

28 다음 설명 중 옳지 않은 것은?

① 금속은 압축응력에 비하여 인장응력에는 약하다.
② 팽창과 수축의 정도는 가열된 면적의 크기에 반비례한다.
③ 구속된 상태의 팽창과 수축은 금속의 변형과 잔류응력을 생기게 한다.
④ 구속된 상태의 수축은 금속이 그 장력에 견딜만한 연성이 없으면 파단한다.

해설 팽창과 수축의 정도는 가열된 면적의 크기에 비례한다.

29 용접이음의 피로강도를 시험할 때 사용되는 S-N 곡선에서 S와 N을 옳게 표시한 항목은?

① S : 스트레인, N : 반복하중
② S : 응력, N : 반복횟수
③ S : 인장강도, N : 전단강도
④ S : 비틀림강도, N : 응력

해설 피로시험은 재료가 인장강도나 항복점으로부터 작은 힘이 수없이 반복하여 작용하면 파괴를 일어나게 하는 시험이다. S는 응력, N은 반복횟수를 나타낸다.

30 수직으로 4000N의 힘이 작용하는 부분에 수평으로 맞대기용접을 하고자 하는데 용접부의 형상은 판두께 6mm, 용접선의 길이 220mm로 하려고 할 때, 이음부에 발생하는 인장응력은 약 얼마인가?

① 4.0N/mm²   ② 3.0N/mm²

③ 109.1N/mm²   ④ 110.2N/mm²

해설 응력=인장하중/두께×용접유효길이=4000/6 ×220=3.03

31 플레어용접부의 형상으로 맞는 것은?

32 다음 예열에 대한 설명으로 옳지 않은 것은?

① 연강의 두께가 25mm 이상인 경우 약 50~350℃ 정도의 온도로 예열한다.

② 연강을 0℃ 이하에서 용접할 경우 이음의 양쪽 폭 100mm 정도를 약 40~70℃ 정도로 예열하는 것이 좋다.

③ 구리나 알루미늄 합금 등은 200~400℃로 예열한다.

④ 예열은 근본적으로 용접금속 내에 수소의 성분을 넣어주기 위함이다.

해설 예열은 용접금속 내의 수소성분을 제거하기 위함이다.

33 아래 그림과 같은 필릿용접부의 종류는?

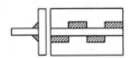

① 연속병렬필릿용접

② 연속필릿용접

③ 단속병렬필릿용접

④ 단속지그재그필릿용접

34 용융된 금속이 모재와 잘못 녹아 어울리지 못하고 모재에 덮인 상태의 결함은?

① 스패터   ② 언더컷

③ 오버랩   ④ 기공

해설 오버랩은 용접속도가 느린 경우, 용접전류가 너무 낮거나 운봉 및 봉의 진행각도 불량, 용접봉 선택이 잘못되었을 때 발생한다.

35 용접변형의 교정법에서 박판에 대한 점수축법의 시공조건으로 틀린 것은?

① 가열온도는 500~600℃

② 가열시간은 80초

③ 가열점지름은 20~30mm

④ 가열 후 즉시 수냉

해설 점수축법은 가열온도 500~600℃, 가열시간 약 30초, 가열점 지름 20~30mm로 하여 가열 후에 즉시 수냉시키는 방법이다.

36 연강판 용접인장시험에서 모재의 인장강도가 3500MPa, 용접시험편의 인장강도가 2800MPa로 나타났다면 이음효율은?

① 60%   ② 70%

③ 80%   ④ 90%

해설 이음효율=(2800/3500)×100=80%

37 용접변형의 종류에 해당되지 않는 것은?

① 좌굴변형   ② 연성변형

③ 비틀림변형   ④ 회전변형

해설 연성변형은 재질상 변형이다.

정답 30 ②   31 ③   32 ④   33 ④   34 ③   35 ②   36 ③   37 ②

38 시험편에 V형 또는 U형노치를 만들어 파괴시키는 시험법은?

① 경도시험법 　② 인장시험법
③ 굽힘시험법 　④ 충격시험법

해설 충격시험은 시험편에 V형 또는 U형노치를 만들고 충격적인 하중을 주어서 시험편을 파괴시키는 시험이다.

39 인장시험의 시험편의 처음길이를 ℓ_0, 파단 후의 거리를 ℓ 이라 하면 변형률(ε)에 관한 식은?

① $\varepsilon = \dfrac{\ell - \ell_0}{\ell} \times 100(\%)$

② $\varepsilon = \dfrac{\ell_0 - \ell}{\ell} \times 100(\%)$

③ $\varepsilon = \dfrac{\ell_0 - \ell}{\ell_0} \times 100(\%)$

④ $\varepsilon = \dfrac{\ell - \ell_0}{\ell_0} \times 100(\%)$

40 필릿용접에서 응력집중이 가장 큰 용접부는?

① 루트부 　② 토우부
③ 각장 　④ 목두께

해설 필릿용접에서는 루트부가 응력집중이 가장 크다.

3과목 용접일반 및 안전관리

41 테르밋용접이음부의 예열온도는 약 몇 ℃ 가 적당한가?

① 400~600 　② 600~800
③ 800~900 　④ 1000~1100

해설 테르밋용접의 모재에 적당한 온도는 800~900℃가 적당하다.

42 실드가스로써 주로 탄산가스를 사용하여 용융부를 보호하여 탄산가스분위기 속에서 아크를 발생시켜 그 아크열로 모재를 용융시켜 용접하는 방법은?

① 테르밋용접
② 실드용접
③ 전자빔용접
④ 일렉트로 가스아크용접

해설 일렉트로 가스아크용접은 탄산가스 보호분위기에서 용접이 이루어진다.

43 가스절단 시 절단속도에 영향을 주는 것과 가장 거리가 먼 것은?

① 팁의 형상 　② 용기의 산소량
③ 모재의 온도 　④ 산소압력

해설 절단속도는 절단산소의 분출상태, 속도에 따라 크게 좌우되며 팁의 형상, 모재의 온도, 산소압력에 따라 속도가 달라진다.

44 아크용접기의 사용상 주의점이 아닌 것은?

① 정격사용률 이상으로 사용한다.
② 접지를 확실히 한다.
③ 비, 바람이 치는 장소에서는 사용하지 않는다.
④ 기름이나 증기가 많은 장소에서는 사용하지 않는다.

해설 정격사용률 이하로 사용해야 한다.

45 용접전류가 400A 이상일 때 가장 적합한 차광도번호는?

① 5 　② 8
③ 10 　④ 14

해설 전류가 400A 이상이면 차광도는 14이다.

46 전격방지를 위한 작업으로 틀린 것은?

① 보호구를 완전히 착용한다.

② 직류보다 교류를 많이 착용한다.

③ 무부하전압이 낮은 용접기를 사용한다.

④ 절연상태를 확인한 후 사용한다.

해설 직류용접기의 무부하전압이 더 낮으므로 전격위험이 더 적다.

47 아크용접작업에서 전격의 방지대책으로 틀린 것은?

① 절연홀더의 절연부분이 노출되면 즉시 교체한다.

② 홀더나 용접봉은 절대로 맨손으로 취급하지 않는다.

③ 밀폐된 공간에서는 자동전격방지기를 사용하지 않는다.

④ 용접기의 내부에 함부로 손을 대지 않는다.

해설 밀폐된 공간이라도 자동전격방지기를 사용해야 한다.

48 가스절단의 예열불꽃이 너무 약할 때의 현상을 가장 적절하게 설명한 것은?

① 절단속도가 빨라진다.

② 드래그가 증가한다.

③ 모서리가 용융되어 둥글게 된다.

④ 절단면이 거칠어진다.

해설 예열불꽃이 약할 때 절단속도가 늦어지고 절단이 중단되기 쉽다. 또한 드래그가 증가하거나 역화를 일으키기 쉽다.

49 절단산소의 순도가 낮은 경우 발생하는 현상이 아닌 것은?

① 산소 소비량이 증가된다.

② 절단속도가 저하된다.

③ 절단개시시간이 길어진다.

④ 절단홈폭이 좁아진다.

해설 절단산소의 순도가 낮은 경우 발생되는 현상
• 절단면이 거칠어지고, 절단속도가 늦어진다.
• 산소의 소비량이 증가하고 절단개시시간이 길어진다.
• 슬래그의 이탈성이 나빠지고 절단홈의 폭이 넓어진다.

50 스테인리스나 알루미늄합금의 납땜이 어려운 가장 큰 이유는?

① 적당한 용제가 없기 때문에

② 강한 산화막이 있기 때문에

③ 융점이 높기 때문에

④ 친화력이 강하기 때문에

해설 스테인리스나 알루미늄합금은 강한 산화피막이 있어 납땜하기 어렵다.

51 용해아세틸렌가스를 충전하였을 때 용기 전체의 무게가 34kgf이고 사용 후 빈병의 무게가 31kgf이면, 15℃, 1kgf/cm²하에서 충전된 아세틸렌가스의 양은 약 몇 L인가?

① 465L   ② 1054L

③ 1581L   ④ 2715L

해설 가스량 = 905(충전무게−빈 병 무게) = 905(34−31) = 2715

52 불활성가스 텅스텐아크용접에 사용되는 뒷받침의 형식이 아닌 것은?

① 금속뒷받침

② 배킹용접

③ 플럭스뒷받침

④ 용접부의 위쪽에 불활성가스를 흐르게 하는 방법

해설 이면에 보강할 필요가 있는 용접은 받침쇠나 뒷받침 재료를 사용하여 용접을 한다.

53 아크용접 시 발생하는 유해한 광선에 해당하는 것은?

① X-선   ② 감마선

③ 알파선   ④ 적외선

해설 아크용접 시 발생하는 적외선은 백내장이나 화상의 위험이 있다.

54 직류용접기와 비교하여 교류용접기의 장점이 아닌 것은?

① 자기쏠림이 방지된다

② 구조가 간단하다.

③ 소음이 적다.

④ 역률이 좋다.

해설 교류용접기는 아크안정성이 떨어지고, 자기쏠림이 없으며, 소음이 적고 가격은 저렴하나 역률이 나쁘다.

55 내용적 40리터의 산소용기에 140kgf/cm² 의 산소가 들어있다. 350번팁을 사용하여 혼합비 1:1의 표준불꽃으로 작업하면 몇 시간이나 작업할 수 있는가?

① 10시간   ② 12시간

③ 14시간   ④ 16시간

해설 (40×140)/350=16

56 표준불꽃으로 용접할 때, 가스용접팁의 번호가 200이면 다음 중 옳은 설명은?

① 매 시간당 산소의 소비량이 200리터이다.

② 매 분당 산소의 소비량이 200리터이다.

③ 매 시간당 아세틸렌가스의 소비량이 200리터이다.

④ 매 분당 이세틸렌가스의 소비량이 200리터이다.

해설 가변압식(프랑스식) 토치의 팁번호는 1시간 동안에 표준불꽃을 이용하여 용접할 경우 소비되는 아세틸렌가스 양이다.

57 피복아크용접에서 피복제의 역할이 아닌 것은?

① 용적을 미세화하고 용착효율을 높인다.

② 용착금속에 필요한 합금원소를 첨가한다.

③ 아크를 안정시킨다.

④ 용착금속의 냉각속도를 빠르게 한다.

해설 피복제는 용착금속의 냉각속도를 느리게 한다.

58 탄산가스(CO_2)아크용접에 대한 설명 중 틀린 것은?

① 전자세용접이 가능하다.

② 용착금속의 기계적, 야금적 성질이 우수하다.

③ 용접전류의 밀도가 낮아 용입이 많다.

④ 가시(可視)아크이므로, 시공에 편리하다.

해설 탄산가스아크용접은 용접전류밀도가 높아 용입이 깊고 용접속도를 빠르게 할 수 있다.

정답 52 ② 53 ④ 54 ④ 55 ④ 56 ③ 57 ④ 58 ③

59 아크쏠림의 발생 주원인은?

① 아크발생의 불량으로 발생한다.

② 전류가 흐르는 도체 주변의 자장발생으로 발생한다.

③ 용접봉이 굵은 관계로 발생한다.

④ 자석의 크기로 인해서 발생한다.

해설 아크쏠림은 아크전류에 의한 자장에 원인이 있으므로 교류아크용접에서는 발생하지 않는다.

60 가스실드계의 대표적인 용접봉으로 피복이 얇고, 슬래그가 적으므로 좁은 홈의 용접이나 수직상진·하진 및 위보기용접에서 우수한 작업성을 가진 용접봉은?

① E4301　　　② E4311

③ E4313　　　④ E4316

해설 E4301 : 일미나이트계, E4311 : 고셀룰로오스계, E4313 : 고산화티탄계, E4316 : 저수소계

1과목 용접야금 및 용접설비제도

01 다음 보기를 공통적으로 설명하고 있는 표면경화법은?

> • 강을 NH_3가스 중에서 500~550℃로 20~100시간 정도 가열한다.
> • 경화 깊이를 깊게 하기 위해서는 시간을 길게 하여야 한다.
> • 표면층에 합금성분인 Cr, Al, Mo 등이 단단한 경화층을 형성하며, 특히 Al은 경도를 높여주는 역할을 한다.

① 질화법   ② 침탄법
③ 크로마이징   ④ 화염경화법

해설 질화법은 강의 표면층에 질소를 확산시켜, 표면층을 경화시키는 방법이다.

02 강을 단조, 압연 등의 소성가공이나 주조로 거칠어진 결정조직을 미세화하고 기계적성질, 물리적성질 등을 개량하여 조직을 표준화하고 공냉하는 열처리는?

① 풀림(annealing)
② 불림(normalizing)
③ 담금질(quenching)
④ 뜨임(tempering)

해설 불림이란 강의 조직을 미세화하기 위해 변태점 이상 적당한 온도로 가열한 후 공냉하는 열처리방법이다.

03 Fe-C평형상태도에서 조직과 결정구조에 대한 설명으로 옳은 것은?

① 펄라이트는 γ+Fe3C 이다.

② 레데뷰라이트는 α+Fe3C 이다.
③ α-페라이트는 면심입방격자이다.
④ δ-페라이트는 체심입방격자이다.

04 티타늄(Ti)의 성질을 설명한 것 중 옳은 것은?

① 비중은 약 8.9 정도이다.
② 열 및 도전율이 매우 높다.
③ 활성이 작아 고온에서 산화되지 않는다.
④ 상온부근의 물 또는 공기 중에서는 부동태피막이 형성된다.

해설 티타늄은 상온에서 물이나 공기와 결합하여 피막을 형성한다.

05 다음은 금속의 공통적인 성질로 틀린 것은?

① 수은 이외에는 상온에서 고체이며 결정체이다.
② 전기에 부도체이며, 비중이 작다.
③ 결정의 내부구조를 변경시킬 수 있다.
④ 금속 고유의 광택을 갖고 있다.

해설 금속은 열과 전기의 양도체이다.

06 다음 중 강괴의 결함이 아닌 것은?

① 수축공   ② 백점
③ 편석   ④ 용강

해설 용강은 제강공정에 있어서 한 번 용융한 후 틀에 넣어 응고시킨 제품을 말한다.

정답 01 ① 02 ② 03 ④ 04 ④ 05 ② 06 ④

07 일반적으로 용융금속 중에 기포가 응고 시 빠져나가지 못하고 잔류하여 용접부에 기계적 성질을 저하시키는 것은?

① 편석 　　　　 ② 은점
③ 기공 　　　　 ④ 노치

해설 용융금속 중에 기포가 응고 시 빠져나가지 못하는 것을 기공이라 한다.

08 주철용접부 바닥면에 스터드볼트 대신 둥근 홈을 파고 이 부분에 걸쳐 힘을 받도록 용접하는 방법은?

① 버터링법 　　　 ② 로킹법
③ 비녀장법 　　　 ④ 스터드법

09 강을 경화시키기 위한 열처리는?

① 담금질 　　　 ② 뜨임
③ 불림 　　　　 ④ 풀림

해설 담금질은 가열한 재료를 급냉시켜 조직을 강화시키는 방법이다.

10 탄소강의 조직 중 전연성이 크고 연하며 강자성체인 조직은?

① 페라이트 　　　 ② 펄라이트
③ 시멘타이트 　　 ④ 레데뷰라이트

해설 페라이트는 전연성이 크고 조직이 연하며 강자성체이다.

11 척도의 종류 중 축척(contraction scale)으로 그릴 때의 내용을 바르게 설명한 것은?

① 도면의 치수는 실물의 축적된 치수를 기입한다.
② 표제란의 척도란에 "NS"라고 기입한다.

③ 표제란의 척도란에 2:1, 20:1 등으로 기입한다.
④ 도면의 치수는 실물의 실제치수를 기입한다.

해설 ①번과 ③번은 배척에 대한 설명이며, ②번에서는 비례척이 아닐 때 "NS"를 기입한다. 축척으로 그릴 때에는 실물보다 작은 배율로 도시하며, 표시는 1:2, 1:100 등으로 나타낸다.

12 다음 용접기호 설명 중 틀린 것은?

① ∨ 는 V형 맞대기용접을 의미한다.
② ◢ 는 필릿용접을 의미한다.
③ ○ 는 점용접을 의미한다.
④ ⋏ 는 플러그용접을 의미한다.

해설 ⋏ 은 양면 플랜지형 맞대기이음을 의미한다.

13 다음 치수보조기호 중 잘못 설명된 것은?

① t : 판의 두께
② (20) : 이론적으로 정확한 치수
③ C : 45°의 모떼기
④ SR : 구의 반지름

해설 (20) : 참고치수의 치수수치를 나타낸다.

14 화살표 쪽 필릿용접의 기호는 무엇인가?

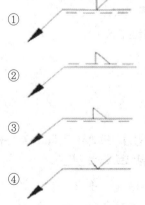

해설 실선에 표시되어 있으면 화살표 쪽을 나타내며, 필릿은 삼각형 모양으로 표시한다.

15 단면도의 표시방법으로서 알맞지 않은 것은?

① 단면도의 도형은 절단면을 사용하여 대상물을 절단하였다고 가정하고 절단면의 앞부분을 제거하고 그린다.

② 온단면도에서 절단면을 정하여 그릴 때 절단선은 기입하지 않는다.

③ 외형도에 있어서 필요로 하는 요소의 일부만을 부분단면도로 표시할 수 있으며 이 경우 파단선에 의해서 그 경계를 나타낸다.

④ 절단했기 때문에 축, 핀, 볼트의 경우는 원칙적으로 긴쪽 방향으로 절단한다.

16 핸들이나 바퀴의 암 및 리브훅, 축 구조물의 부재 등에 절단면을 90° 회전하여 그린 단면도는?

① 회전단면도　　② 부분단면도
③ 한쪽단면도　　④ 온단면도

해설 회전단면도는 핸들, 벨트풀리, 기어 등과 같은 제품의 암, 림, 훅, 축, 구조물의 부재 등의 절단면을 회전시켜 나타낸 단면도이다.

17 한국산업규격 용접기호 중 Z⊿n×L(e)에서 n이 의미하는 것은?

① 용접부 수　　② 피치
③ 용접 길이　　④ 목길이

해설 • Z : 절단면에 내접하는 최대 이등변삼각형의 변
• n : 용접부의 개수
• L : 용접부의 길이
• (e) : 인접한 용접부 간의 거리

18 면이 평면으로 가공되어 있고, 복잡한 윤곽을 갖는 부품인 경우에 그 면에 광명단 등을 발라 스케치용지에 찍어 그 면의 실형을 얻는 스케치 방법은?

① 프리핸드법　　② 프린트법
③ 모양뜨기법　　④ 사진촬영법

해설 물체의 요철을 이용하여 실형을 스케치하는 방법이 프린트법이다.

19 물체의 구멍이나 홈 등 한 부분만의 모양을 표시하는 것으로 충분한 경우에 그 필요 부분만을 중심선, 치수보조선 등으로 연결하여 나타내는 투상도의 명칭은?

① 부분투상도
② 보조투상도
③ 국부투상도
④ 회전투상도

해설 국부투상도 : 물체의 한 국부의 형체만을 도시하는 것으로 충분한 경우에는 그 필요부분을 국부투상도로서 표시한다.

20 KS의 부문별 분류기호가 바르게 짝지어진 것은?

① KS A : 기계
② KS B : 기본
③ KS C : 전기
④ KS D : 광산

해설 KS A : 기본, KS B : 기계, KS D : 금속, KS E : 광산

21 용접부의 단면을 나타낸 것이다. 열영향부를 나타내는 것은?

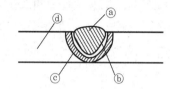

① ⓐ   ② ⓑ
③ ⓒ   ④ ⓓ

해설 ⓐ : 용접비드, ⓒ : 열영향부, ⓓ : 모재

22 무부하전압이 80V, 아크전압 35V, 아크전류 400A라 하면 교류용접기의 역률과 효율은 각각 약 몇 %인가?(단, 내부손실은 4kW 이다)

① 역률 : 51, 효율 : 72
② 역률 : 56, 효율 : 78
③ 역률 : 61, 효율 : 82
④ 역률 : 66, 효율 : 88

해설 • 아크전력=아크전압×정격2차전류=35×400=1400=14kW
• 소비전력=아크전력+내부손실=14+4=18kW
• 역률=(소비전력/전원입력)×100=(18/32)×100=56.25%
• 효율=(아크전력/소비전력)×100=(14/18)×100=77.77%

23 탐촉자를 이용하여 결함의 위치 및 크기를 검사하는 비파괴시험법은?

① 방사선투과시험   ② 초음파탐상시험
③ 침투탐상시험   ④ 자분탐상시험

해설 초음파탐상시험은 탐촉자를 검사체 표면에 대고 초음파를 검사물의 내부에 침투시켜 내부의 결함 위치와 크기를 검출하는 비파괴검사법이다.

24 용접구조물에서 파괴 및 손상의 원인으로 가장 관계가 없는 것은?

① 시공불량   ② 재료불량
③ 설계불량   ④ 현도관리불량

해설 현도관리는 제품을 제작하기 전 실체크기로 부품의 형을 뜨는 작업이다.

25 내균열성이 가장 우수하고 제품의 인장강도가 요구될 때 사용되는 용접봉은?

① 저수소계   ② 라임티탄계
③ 고셀룰로오스계   ④ 일미나이트계

해설 저수소계 용접봉은 기계적 성질과 용접성이 우수하고 가격이 저렴하여 조선, 철도, 차량 및 일반구조물 및 압력용기에 적용한다.

26 용접에 의한 용착금속의 기계적 성질에 대한 사항으로 옳은 것은?

① 용접 시 발생하는 급열, 급냉효과에 의하여 용착금속이 경화한다.
② 용착금속의 기계적 성질은 일반적으로 다층용접보다 단층용접 쪽이 더 양호하다.
③ 피복아크용접에 의한 용착금속의 강도는 보통 모재보다 저하된다.
④ 예열과 후열처리로 냉각속도를 감소시키면 인성과 연성이 감소된다.

해설 용접 시 발생하는 급열, 급냉효과에 의하여 용착금속이 경화한다.

27 판두께가 30mm인 강판을 용접하였을 때 각 변형(가로 굽힘 변형)이 가장 많이 발생하는 홈의 형상은?

① H형   ② U형
③ K형   ④ V형

해설 V형은 홈가공은 비교적 쉬우나 판두께가 두꺼워지면 용착금속의 양이 증가하고, 변형이 발생할 위험이 있다.

28 용접 시 발생하는 균열로 맞대기 및 필릿용접 등의 표면비드와 모재와의 경계부에서 발생되는 것은?

① 크레이터균열 ② 비드밑균열

③ 설퍼균열 ④ 토우균열

해설 토우균열은 비드면과 모재부 경계에서 모재에 균열, 용접부위 옆쪽에 발생하는 저온균열로 담금경화성이 큰 고탄소강, 저합금강에서 주로 발생한다.

29 직접적인 용접용 공구가 아닌 것은?

① 치핑해머 ② 앞치마

③ 와이어브러쉬 ④ 용접집게

해설 앞치마는 작업자 보호용 개인보호구이다.

30 용착부의 인장응력이 5kgf/mm², 용접선 유효길이가 80mm이며, V형맞대기로 완전용입인 경우 하중 8000kgf에 대한 판두께는 몇 mm인가?(단, 하중은 용접선과 직각 방향이다)

① 10 ② 20

③ 30 ④ 40

해설 응력=인장하중/두께×용접유효길이, 두께=8000/5×80=20

31 용접구조물 조립순서결정 시 고려사항이 아닌 것은?

① 가능한 구속하여 용접을 한다.

② 가접용정반이나 지그를 적절히 채택한다.

③ 구조물의 형상을 고정하고 지지할 수 있어야 한다.

④ 변형이 발생되었을 때 쉽게 제거할 수 있어야 한다.

해설 용접은 구속상태보다 자유상태가 유리하다.

32 용접이음 설계상 주의사항으로 옳지 않은 것은?

① 용접순서를 고려해야 한다.

② 용접선이 가능한 집중되도록 한다.

③ 용접부에 되도록 잔류응력이 발생하지 않도록 한다.

④ 두께가 다른 분재를 용접할 경우 단면의 급격한 변화를 피하도록 한다.

해설 용접선은 가능한 분산되도록 해야 한다.

33 용접균열에 관한 설명으로 틀린 것은?

① 저탄소강에 비해 고탄소강에서 잘 발생한다.

② 저수소계 용접봉을 사용하면 감소된다.

③ 소재의 인장강도가 클수록 발생하기 쉽다.

④ 판두께가 얇아질수록 증가한다.

해설 판두께가 두꺼울수록 균열이 증가한다.

34 다음 ( )에 들어갈 적합한 말은?

용접구조물을 설계할 때 제작 측에서 문의가 없어도 제작할 수 있게 설계도면에서 공작법의 세부지시사항을 지시한 ( )을(를) 작성하게 된다.

① 공작도면 ② 사양서

③ 재료적산 ④ 구조계획

해설 용접절차사양서(WPS)이다.

35 용접이음의 부식 중 용접잔류응력 등 인장응력이 걸리거나, 특정의 부식 환경으로 될 때 발생하는 부식은?

① 입계부식 ② 틈새부식
③ 접촉부식 ④ 응력부식

해설 응력부식은 재료에 응력이 걸린 부분에서만 나타나는 것과 냉간가공이나 잔류응력이 원인이 되는 화학적 부식이 있다.

36 용접변형방지법의 종류로 거리가 가장 먼 것은?

① 전진법 ② 억제법
③ 역변형법 ④ 피닝법

해설 본용접의 용접방향에 따라 전진법, 후진법, 대칭법, 스킵법이 있다.

37 용접균열의 발생 원인이 아닌 것은?

① 수소에 의한 균열
② 탈산에 의한 균열
③ 변태에 의한 균열
④ 노치에 의한 균열

해설 탈산은 재료의 성질에 영향을 끼친다.

38 비파괴검사법 중 표면결함검출에 사용되지 않는 것은?

① MT ② UT
③ PT ④ ET

해설 초음파탐상법(UT)은 표면이 거칠거나 형상의 복잡한 경우 표면결함을 검출할 수 없다.

39 모재의 인장강도 400MPa이고, 용접시험편의 인장강도가 280MPa이라면 용접부의 이음효율은 몇 %인가?

① 50 ② 60
③ 70 ④ 80

해설 이음효율(%)=용접시험편 인장강도/모재인장강도×100=280/400×100=70

40 용접이음의 기본형식이 아닌 것은?

① 맞대기이음 ② 모서리이음
③ 겹치기이음 ④ 플레어이음

해설 플레어이음은 판에 파이프를 올려놓는 형태의 구조물에 사용되는 접합방식이다.

3과목 용접일반 및 안전관리

41 서브머지드 아크용접법의 설명 중 잘못된 것은?

① 용융속도와 용착속도가 빠르며 용입이 깊다.
② 비소모식이므로 비드의 외관이 거칠다.
③ 모재두께가 두꺼운 용접에서 효율적이다.
④ 용접선이 수직인 경우 적용이 곤란하다.

해설 서브머지드 아크용접은 잠호용접으로 비드외관이 미려하다.

42 MIG용접의 특징에 대한 설명으로 틀린 것은?

① 반자동 또는 전자동용접기로 용접속도가 빠르다.
② 정전압특성 직류용접기가 사용된다.
③ 상승특성의 직류용접기가 사용된다.
④ 아크자기제어 특성이 없다.

해설 MIG용접은 아크자기제어 특성이 있다.

43 아크(arc)용접의 불꽃온도는 약 몇 (℃) 인가?

① 1000℃   ② 2000℃

③ 4000℃   ④ 5000℃

해설 아크용접을 할 때의 온도는 5,000~6,000℃의 고온에 달하며, 또 강한 자외선이 방출되므로 작업자는 눈이나 몸을 보호하기 위해 헬멧, 장갑 등을 착용해야 한다.

44 모재의 유황(S)함량이 많을 때 생기는 용접 부결함은?

① 용입불량   ② 언더컷

③ 슬래그섞임   ④ 균열

해설 균열은 모재에 유황함량이 많거나 과대전류, 과대속도, 모재에 탄소, 망간 등의 합금원소함량이 많을 때 발생된다.

45 가스용접에 쓰이는 토치의 취급상 주의사항으로 틀린 것은?

① 팁을 모래나 먼지 위에 놓지 말 것

② 토치를 함부로 분해하지 말 것

③ 토치에 기름, 그리스 등을 바를 것

④ 팁을 바꿀 때에는 반드시 양쪽 밸브를 잘 닫고 할 것

해설 토치에 기름, 그리스 등을 바를 경우 가스누설의 우려가 있다.

46 용접작업 중 전격방지대책으로 적합하지 않은 것은?

① 용접기의 내부에 함부로 손을 대지 않는다.

② TIG용접기나 MIG용접기의 수냉식 토치에서 물이 새어 나오면 사용을 금지한다.

③ 홀더나 용접봉은 맨손으로 취급해도 된다.

④ 용접작업이 종료했을 때나 장시간 중지할 때는 반드시 전원스위치를 차단시킨다.

해설 홀더나 용접봉을 맨손으로 만질 경우 감전의 우려가 있다.

47 저압식 가스용접토치로 니들밸브가 있는 가변압식토치는 어느 것인가?

① 영국식   ② 프랑스식

③ 미국식   ④ 독일식

해설 • 가변압식토치 : 프랑스식 B형
• 불변압식토치 : 독일식 A형

48 다음 보기 중 용접의 자동화에서 자동제어의 장점에 해당되는 사항으로만 모두 조합한 것은?

⊙ 제품의 품질이 균일화되어 불량품이 감소된다.
ⓒ 원자재, 원료 등이 증가된다.
ⓒ 인간에게는 불가능한 고속작업이 가능하다.
ⓔ 위험한 사고의 방지가 불가능하다.
ⓜ 연속작업이 가능하다.

---

① ⊙, ⓒ, ⓔ   ② ⊙, ⓒ, ⓒ, ⓜ

③ ⊙, ⓒ, ⓜ   ④ ⊙, ⓒ, ⓒ, ⓔ, ⓜ

49 산소-아세틸렌가스 연소혼합비에 따라 사용되고 있는 용접방법 중 산화불꽃(산소과잉불꽃)을 적용하는 재질은 어느 것인가?

① 황동   ② 연강

③ 주철   ④ 스테인리스강

해설 산화불꽃은 산화성분위기를 만들기 때문에 구리, 황동 등의 가스용접에 주로 적용한다.

50 용접에 관한 설명으로 틀린 것은?

① 저항용접 : 용접부에 대전류를 직접 흐르게 하여 전기저항열로 접합부를 국부적으로 가열시킨 후 압력을 가해 접합하는 방법이다.

② 가스압접 : 열원은 주로 산소–아세틸렌불꽃이 사용되며 접합부를 그 재료의 재결정온도 이상으로 가열하여 축 방향으로 압축력을 가하여 접합하는 방법이다.

③ 냉간압접 : 고온에서 강하게 압축함으로써 경계면을 국부적으로 탄성변형시켜 압접하는 방법이다.

④ 초음파용접 : 용접물을 겹쳐서 용접팁과 하부앤빌 사이에 끼워 놓고 압력을 가하면서 초음파 주파수로 횡진동을 주어 그 진동에너지에 의한 마찰열로 압접하는 방법이다.

해설 냉간압접은 외부로부터 열이나 전류를 가하지 않고 연성재료의 경계부를 상온에서 강하게 압축하여 접합면을 국부적으로 소성변형시켜서 압접하는 방법이다.

51 다음 중 중압식토치(medium pressure torch)에 대한 설명으로 틀린 것은?

① 아세틸렌가스의 압력은 0.07~1.3kgf/ cm²이다.

② 산소의 압력은 아세틸렌의 압력과 같거나 약간 높다.

③ 팁의 능력에 따라 용기의 압력조정기 및 토치의 조정밸브로 유량을 조절한다.

④ 인젝터 부분에 니들밸브유량과 압력을 조정한다.

해설 인젝터 부분에 니들밸브로 유량압력을 조정하는 가변압식은 저압식토치이다.

52 불활성가스 아크용접 시 주로 사용되는 가스는?

① 아르곤가스

② 수소가스

③ 산소와 질소의 혼합가스

④ 질소가스

53 서브머지드 아크용접에서 용융형용제의 특징으로 틀린 것은?

① 비드 외관이 아름답다.

② 용제의 화학적 균일성이 양호하다.

③ 미용융 용제는 재사용할 수 없다.

④ 용융 시 산화되는 원소를 첨가할 수 없다.

해설 용융형용제는 고속용접성이 양호하고, 흡습성이 없어 반복사용이 가능하다.

54 아크용접작업 시에 사용되는 차광유리의 규정 중 차광도번호 13-14의 경우 몇 A 이상에 쓰이는가?

① 100   ② 200

③ 400   ④ 300

해설 차광도번호 13~14는 용접전류 300 이상이다.

55 정격전류가 500A인 용접기를 실제로 400A로 사용하는 경우의 허용사용률은 몇 %인가?(단, 이 용접기의 정격사용률은 40%이다)

① 66.5 ② 64.5
③ 62.5 ④ 60.5

해설 허용사용률(%)=(정격2차전류)²/(실제용접전류)²×정격사용률=500²/400²×40=62.5

56 용접용어 중 "아크용접의 비드 끝에서 오목하게 파진 곳"을 뜻하는 것은?

① 크레이터 ② 언더컷
③ 오버랩 ④ 스패터

해설 크레이터는 용접 중에 아크를 중단시키면 중단된 부분이 오목하거나 납작하게 파진 모습으로 남게 되는 현상이다.

57 돌기용접(projection welding)의 특징 중 틀린 것은?

① 용접부의 거리가 짧은 점용접이 가능하다.
② 전극수명이 길고 작업능률이 높다.
③ 작은 용접점이라도 높은 신뢰도를 얻을 수 있다.
④ 한 번에 한 점씩만 용접할 수 있어서 속도가 느리다.

해설 프로젝션용접은 용접속도가 빠르고 용접피치를 작게 할 수 있으며, 전극수명이 길고 작업능률이 높으며 외관이 아름답고, 응용범위가 넓고 신뢰도가 높은 용접이다.

58 전기저항접속의 방법이 아닌 것은?

① 직 · 병렬접속 ② 병렬접속
③ 직렬접속 ④ 합성접속

해설 저항접속에는 직렬, 병렬, 직 · 병렬접속이 있다.

59 전기저항용접과 가장 관계가 깊은 법칙은?

① 줄(Joule)의 법칙
② 플레밍의 법칙
③ 암페어의 법칙
④ 뉴턴(Newton)의 법칙

해설 줄의 법칙은 저항체에 흐르는 전류의 크기와 저항체에서 단위시간당 발생하는 열량과의 관계를 나타낸 법칙이다.

60 각종 강재표면의 탈탄층이나 흠을 얇고 넓게 깎아 결함을 제거하는 방법은?

① 가우징 ② 스카핑
③ 선삭 ④ 천공

해설 스카핑은 강재표면의 흠, 개재물, 탈탄층 등을 제거하기 위하여 될 수 있는 대로 얇게 타원형 모양으로 표면을 깎아내는 가공법이다.

1과목 ▶ 용접야금 및 용접설비제도

01 질기고 강하며 충격파괴를 일으키기 어려운 성질은?

① 연성 ② 취성
③ 굽힘성 ④ 인성

해설 인성은 외력에 의해 파괴되기 어려운 질기고 강한 충격에 잘 견디는 성질이다.

02 금속강화방법으로 금속을 구부리거나 두드려서 변형을 가하여 금속을 단단하게 하는 방법은?

① 가공경화 ② 시효경화
③ 고용경화 ④ 이상경화

해설 가공경화 : 금속은 가공하여 변형시키면 단단해지며, 그 굳기는 변형의 정도에 따라 커지지만 어느 가공도 이상에서는 일정한 현상이다.

03 두 종류의 금속이 간단한 원자의 정수비로 결합하여 고용체를 만드는 물질은?

① 층간화합물 ② 금속간화합물
③ 합금화합물 ④ 치환화합물

해설 금속간화합물은 금속물 다른 금속과 함께 융해하여 합금을 만들 때 어떤 간단한 정수비로 결합한 화합물을 의미한다.

04 일반적으로 금속의 크리프곡선은 어떠한 관계를 나타낸 것인가?

① 응력과 시간의 관계
② 변위와 연신율의 관계
③ 변형량과 시간의 관계
④ 응력과 변형율의 관계

해설 크리프곡선은 변형량과 시간과의 관계를 그림으로 나타낸 것을 말한다.

05 고장력강의 용접부 중에서 경도값이 가장 높게 나타나는 부분은?

① 원질부 ② 본드부
③ 모재부 ④ 용착금속부

해설 본드부는 모재의 일부가 녹고 일부는 고체 그대로 존재하는 부위이며, 본드부에 인접한 조직부의 강도가 가장 높다.

06 용접할 재료의 예열에 관한 설명으로 옳은 것은?

① 예열은 수축정도를 늘려준다.
② 용접 후 일정시간동안 예열을 유지시켜도 효과는 떨어진다.
③ 예열은 냉각속도를 느리게 하여 수소의 확산을 촉진시킨다.
④ 예열은 용접금속과 열영향모재의 냉각속도를 높여 용접균열에 저항성이 떨어진다.

07 용접용 고장력강의 인성(toughness)을 향상시키기 위해 첨가하는 원소가 아닌 것은?

① P ② Al
③ Ti ④ Mn

해설 고장력강의 인성을 향상시키기 위해서는 Al, Ti, Mn 등을 첨가한다.

08 스테인리스강의 종류가 아닌 것은?

① 마르텐사이트계 스테인리스강
② 페라이트계 스테인리스강
③ 오스테나이트계 스테인리스강
④ 트루스타이트계 스테인리스강

해설 스테인리스강 종류에는 오스테나이트계, 페라이트계, 마르텐사이트계가 있다.

09 탄소량이 약 0.80%인 공석강의 조직으로 옳은 것은?

① 페라이트 ② 펄라이트
③ 시멘타이트 ④ 레데뷰라이트

해설 탄소 0.8% 공석강을 서냉하면 펄라이트조직이 나타난다.

10 Fe-C 평형상태도에서 감마철(γ-Fe)의 결정구조는?

① 면심입방격자 ② 체심입방격자
③ 조밀입방격자 ④ 사방입방격자

해설 감마철은 면심입방격자구조이며 강자성체이다.

11 용접기호를 설명한 것으로 틀린 것은?

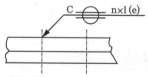

① 심용접으로 C는 슬롯부의 폭을 나타낸다.
② 심용접으로 (e)는 용접비드의 사이거리를 나타낸다.
③ 심용접으로 화살표 반대방향의 용접을 나타낸다.
④ 심용접으로 n은 용접부의 개수를 나타낸다.

12 도면에서 치수숫자의 방향과 위치에 대한 설명 중 틀린 것은?

① 치수숫자의 기입은 치수선 중앙 상단에 표시한다.
② 치수보조선이 짧아 치수기입이 어렵더라도 숫자기입은 중앙에 위치하여야 한다.
③ 수평치수선에 대하여는 치수가 위쪽으로 향하도록 한다.
④ 수직치수선에서는 치수를 왼쪽에 기입하도록 한다.

해설 치수보조선의 간격이 좁아서 화살표를 그릴 만한 공간이 없을 때에는 화살표 대신 검은 점을 사용한다.

13 건축, 교량, 선박, 철도, 차량 등의 구조물에 쓰이는 일반구조용 압연강재 2종의 재료기호는?

① SHP 2 ② SCP 2
③ SM 20C ④ SS 400

해설 SM : 기계구조용, SS : 일반구조용

14 가상선의 용도에 대한 설명으로 틀린 것은?

① 인접부분을 참고로 표시할 때
② 공구, 지그 등의 위치를 참고로 나타낼 때
③ 대상물이 보이지 않는 부분을 나타낼 때
④ 가공 전 또는 가공 후의 모양을 나타낼 때

해설 대상물이 보이지 않는 부분의 모양이나 형태를 나타내는 선은 숨은선(은선)이다.

15 전개도를 그리는 방법에 속하지 않는 것은?

① 평행선전개법 ② 나선형전개법
③ 방사선전개법 ④ 삼각형전개법

해설 전개법에는 평행선, 방사선, 삼각형전개법이 있다.

16 용접부의 표면 형상 중 끝단부를 매끄럽게 가공하는 보조기호는?

① —— ② ⌣
③ ⌣ ④ ⌣⌣

해설 ① 평면(동일평면으로 다듬질), ② 블록형, ③ 오목형, ④ 끝단부를 매끄럽게 함

17 도면의 종류와 내용이 다른 것은?

① 조립도 : 물품의 전체적인 조립상태를 나타내는 도면
② 부품도 : 물품을 구성하는 각 부품을 개별적으로 상세하게 그리는 도면
③ 스케치도 : 기계나 장치 등의 실체를 보고 자를 대고 그리는 도면
④ 전개도 : 구조물, 물품 등의 표면을 평면으로 나타내는 도면

해설 스케치도는 실물이나 새로 구상 중인 제품을 프리핸드로 그린 도면이다.

18 투상법 중 등각투상도법에 대한 설명을 옳은 것은?

① 한 평면 위에 물체의 실제모양을 정확히 표현하는 방법을 말한다.
② 정면, 측면, 평면을 하나의 투상면 위에서 동시에 볼 수 있도록 그려진 투상도이다.

③ 물체의 주요 면을 투상면에 평행하게 놓고, 투상면에 대해 수직보다 다소 옆면에서 보고 나타낸 투상도이다.
④ 도면에 물체의 앞면, 뒷면을 동시에 표시하는 방법이다.

해설 등각투상도법은 정면, 측면, 평면을 하나의 투상면 위에서 동시에 볼 수 있도록 그려진다.

19 도면에서 표제란의 척도표시란에 NS의 의미는?

① 배척을 나타낸다.
② 척도가 생략됨을 나타낸다.
③ 비례척이 아님을 나타낸다.
④ 현척이 아님을 나타낸다.

해설 NS는 비례척이 아님을 나타낸다.

20 도면의 크기에 대한 설명으로 틀린 것은?

① 제도용지의 세로와 가로비는 $1:\sqrt{2}$이다.
② A0의 넓이는 약 $1m^2$이다.
③ 큰 도면을 접을 때는 A3의 크기로 접는다.
④ A4의 크기는 $210 \times 297mm$이다.

해설 도면을 접을 때는 A4 크기로 접는다.

2과목 용접구조설계

21 용접봉 종류 중 피복제에 석회석이나 형석을 주성분으로 하고 용접금속 중의 수소함유량이 다른 용접봉에 비해서 1/10 정도로 현저하게 낮은 용접봉은?

① E4301 ② E4303
③ E4311 ④ E4316

정답 15 ② 16 ④ 17 ③ 18 ② 19 ③ 20 ③ 21 ④

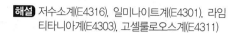

> **해설** 저수소계(E4316), 일미나이트계(E4301), 라임
> 티타니아계(E4303), 고셀룰로오스계(E4311)

22 용접부에 대한 침투검사법의 종류에 해당하는 것은?

① 자기침투검사, 와류침투검사

② 초음파침투검사, 펄스침투검사

③ 염색침투검사, 형광침투검사

④ 수직침투검사, 사각침투검사

> **해설** 침투검사에는 형광침투검사와 염색침투검사
> 가 있다.

23 연강 및 고장력강용 플럭스코어 아크용접 와이어의 종류 중 하나인 YFW-C502X에서 2가 뜻하는 것은?

① 플럭스타입

② 실드가스

③ 용착금속의 최소인장강도 수준

④ 용착금속의 충격시험온도와 흡수에너지

> **해설**
> • Y : 용접 wire
> • FW : 연강 및 고장력강용 Flux cored
> • C : 보호가스(C—Co₂, A—Ar—Co₂, S—자체 보호)
> • 50 : 용착금속의 최소인장강도
> • 2 : 용착금속의 충격에너지와 시험온도
> • X : flux의 종류(R—루타일계, B—염기성계, M—메탈계, G—그외)

24 용접입열이 일정한 경우 용접부의 냉각속도는 열전도율 및 열의 확산하는 방향에 따라 달라질 때, 냉각속도가 가장 빠른 것은?

① 두꺼운 연강판의 맞대기이음

② 두꺼운 구리판의 T형이음

③ 얇은 연강판의 모서리이음

④ 얇은 구리판의 맞대기이음

25 120A의 용접전류로 피복아크용접을 하고자 한다. 적정한 차광유리의 차광도번호는?

① 6번　　② 7번

③ 8번　　④ 10번

> **해설** 금속아크용접 100~200A 차광도번호 10번

26 용접부의 시험과 검사 중 파괴시험에 해당되는 것은?

① 방사선투과시험　② 초음파탐사시험

③ 현미경조직시험　④ 음향시험

> **해설** 현미경조직시험은 금속시험편을 채취하여 관찰하는 파괴시험법이다.

27 탄산가스(CO_2)아크용접부의 기공발생에 대한 방지대책으로 틀린 것은?

① 가스유량을 적정하게 한다.

② 노즐 높이를 적정하게 한다.

③ 용접부위의 기름, 녹, 수분 등을 제거한다.

④ 용접전류를 높이고 운봉을 빠르게 한다.

> **해설** 용접전류를 높이는 것은 용입불량 방지대책
> 이 아니다.

28 습기 찬 저수소계 용접봉은 사용 전 건조해야 하는데 건조온도로 가장 적당한 것은?

① 70~100℃　　② 100~150℃

③ 150~200℃　　④ 300~350℃

> **해설** 300~350℃ 정도로 1~2시간 정도 건조시켜야 한다.

29 인장시험에서 구할 수 없는 것은?

① 인장응력　　② 굽힘응력

③ 변형률　　④ 단면수축률

정답 22 ③　23 ④　24 ②　25 ④　26 ③　27 ④　28 ④　29 ②

30 설계단계에서의 일반적인 용접변형방지법으로 틀린 것은?

① 용접길이가 감소될 수 있는 설계를 한다.
② 용착금속을 증가시킬 수 있는 설계를 한다.
③ 보강재 등 구속이 커지도록 구조설계를 한다.
④ 변형이 적어질 수 있는 이음형상으로 배치한다.

31 용접이음강도 계산에서 안전율을 5로 하고 허용응력을 100MPa이라 할 때 인장강도는 얼마인가?

① 300MPa ② 400MPa
③ 500MPa ④ 600MPa

32 다음 그림은 겹치기 필릿용접이음을 나타낸 것이다 이음부에 발생하는 허용응력은 5MPa일 때 필요한 용접길이(ℓ)는 얼마인가?(단, h=20mm, P=6kN이다)

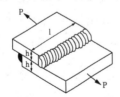

① 약 42mm ② 약 38mm
③ 약 35mm ④ 약 32mm

33 용접부에 발생하는 잔류응력완화법이 아닌 것은?

① 응력제거풀림법
② 피닝법
③ 스퍼터링법
④ 기계적 응력완화법

34 인장강도가 430MPa인 모재를 용접하여 만든 용접시험편의 인장강도가 350MPa일 때, 이 용접부의 이음효율은 약 몇 %인가?

① 81 ② 90
③ 71 ④ 122

35 용접이음부의 형태를 설계할 때 고려할 사항이 아닌 것은?

① 용착금속량이 적게 드는 이음모양이 되도록 할 것
② 적당한 루트간격과 홈각도를 선택할 것
③ 용입이 깊은 용접법을 선택하여 가능한 이음의 베벨가공은 생략하거나 줄일 것
④ 후판용접에서는 양면V형홈보다 V형 홈용접하여 용착금속량을 많게 할 것

36 전자빔용접의 특징을 설명한 것으로 틀린 것은?

① 고진공 속에서 용접하므로 대기와 반응되기 쉬운 활성재료도 용이하게 용접이 된다.

② 전자렌즈에 의해 에너지를 집중시킬 수 있으므로 고용융재료의 용접이 가능하다.

③ 전기적으로 매우 정확히 제어되므로 얇은 판에서의 용접에만 용접이 가능하다.

④ 에너지의 집중이 가능하기 때문에 용융속도가 빠르고 고속 용접이 가능하다.

해설 전자빔용접은 진공 중에서 용접을 하므로 텅스텐, 몰리브덴과 같은 대기에서 반응하기 쉬운 금속을 쉽게 용접할 수 있다. 또한 박판 및 후판까지 용접이 가능하다.

37 접합하고자 하는 모재 한 쪽에 구멍을 뚫고 그 구멍으로부터 용접하여 다른 한쪽 모재와 접합하는 용접방법은?

① 플러그용접　② 필릿용접
③ 초음파용접　④ 테르밋용접

해설 플러그용접은 겹쳐 놓은 판의 한 쪽에 구멍을 뚫고 그 부분을 용접하는 접합이다.

38 필릿용접과 맞대기용접의 특성을 비교한 것으로 틀린 것은?

① 필릿용접이 공작하기 쉽다.
② 필릿용접은 결함이 생기지 않고 이면 따내기가 쉽다.
③ 필릿용접의 수축변형이 맞대기용접보다 작다.
④ 부식은 필릿용접이 맞대기용접보다 더 영향을 받는다.

해설 필릿용접은 이면따내기가 어렵다.

39 용접이음의 준비사항으로 틀린 것은?

① 용입이 허용하는 한 홈각도를 작게 하는 것이 좋다.

② 가접은 이음의 끝 부분, 모서리 부분을 피한다.
③ 구조물을 조립할 때에는 용접지그를 사용한다.
④ 용접부의 결함을 검사한다.

해설 결함검사는 용접 후 실시한다.

40 용접방법과 시공방법을 개선하여 비용을 절감하는 방법으로 틀린 것은?

① 사용가능한 용접방법 중 용착속도가 큰 것을 사용한다.
② 피복아크용접할 경우 가능한 굵은 용접봉을 사용한다.
③ 용접변형을 최소화하는 용접순서를 택한다.
④ 모든 용접에 되도록 덧살을 많게 한다.

해설 용접부 덧살을 가능한 적게 한다.

3과목 용접일반 및 안전관리

41 가스절단 시 절단면에 생기는 드래그라인(drag line)에 관한 설명으로 틀린 것은?

① 절단속도가 일정할 때 산소소비량이 적으면 드래그 길이가 길고 절단면이 좋지 않다.
② 가스절단의 양부를 판정하는 기준이 된다.
③ 절단속도가 일정할 때 산소소비량을 증가시키면 드래그 길이는 길어진다.
④ 드래그 길이는 주로 절단속도, 산소소비량에 따라 변화한다.

해설 산소압력의 저하, 산소의 오염 등으로 인하여 절단이 지연되고 드래그 길이가 증가한다.

42 용접의 특징으로 틀린 것은?

① 재료가 절약된다.
② 기밀, 수밀성이 우수하다.
③ 변형, 수축이 없다.
④ 기공(blow hole), 균열 등 결함이 있다.

해설 용접은 변형 및 수축이 발생된다.

43 아크용접보호구가 아닌 것은?

① 핸드실드　　② 용접용장갑
③ 앞치마　　　④ 치핑해머

44 서브머지드 아크용접에서 소결형 용제의 특징이 아닌 것은?

① 고전류에서의 용접작업성이 좋다.
② 합금원소의 첨가가 용이하다.
③ 전류에 상관없이 동일한 용제로 용접이 가능하다.
④ 용융형 용제에 비해 용제의 소모량이 많다.

해설 소결형 용제는 대입열 용접성이 양호하므로 응용형 용제에 비해 용제의 소모량이 적다.

45 피복아크용접 중 수동용접기에 가장 적합한 용접기의 특성은?

① 정전압특성　　② 상승특성
③ 수하특성　　　④ 정특성

해설 수하특성은 아크전류가 증가하면 단자전압이 저하하는 특성이다.

46 돌기용접(projection welding)의 특징으로 틀린 것은?

① 용접된 양쪽의 열용량이 크게 다를 경우라도 양호한 열평형이 얻어진다.
② 작은 용접점이라도 높은 신뢰도를 얻기 쉽다.
③ 점용접에 비해 작업속도가 매우 느리다.
④ 점용접에 비해 전극의 소모가 적어 수명이 길다.

해설 프로젝션용접은 1회의 작동으로 여러 개의 점용접이 되므로 속도가 빠르다.

47 가스용접작업에 필요한 보호구에 대한 설명 중 틀린 것은?

① 앞치마와 팔덮개 등은 착용하면 작업하기에 힘이 들기 때문에 착용하지 않아도 된다.
② 보호장갑은 화상방지를 위하여 꼭 착용한다.
③ 보호안경은 비산되는 불꽃에서 눈을 보호한다.
④ 유해가스가 발생할 염려가 있을 때에는 방독면을 착용한다.

해설 개인보호구는 반드시 착용한다.

48 피복아크용접봉에서 용융금속 중에 침투한 산화물을 제거하는 탈산정련작용제로 사용되는 것은?

① 붕사　　　② 석회석
③ 형석　　　④ 규소철

해설 탈산제는 규소철, 망간철, 티탄철 등의 철합금 또는 금속망간, 알루미늄 등이 사용된다.

정답 42 ③　43 ④　44 ④　45 ③　46 ③　47 ①　48 ④

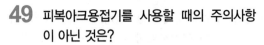
49 피복아크용접기를 사용할 때의 주의사항이 아닌 것은?

① 정격사용률 이상 사용하지 않는다.
② 용접기 케이스를 접지한다.
③ 탭전환형은 아크 발생 중 탭을 전환시킨다.
④ 가동부분, 냉각팬(Fan)을 점검하고 주유해야 한다.

50 플래시 버트 용접의 과정 순서로 옳은 것은?

① 예열→업셋→플래시
② 업셋→예열→플래시
③ 예열→플래시→업셋
④ 플래시→예열→업셋

해설 플래시버트용접은 예열. 플래시. 업셋과정으로 구분된다.

51 카바이드(CaC₂)의 취급법으로 틀린 것은?

① 카바이드는 인화성 물질과 같이 보관한다.
② 카바이드 개봉 후 뚜껑을 잘 닫아 습기가 침투되지 않도록 보관한다.
③ 운반 시 타격, 충격, 마찰을 주지 말아야 한다.
④ 카바이드 통을 개봉할 때 절단가위를 사용한다.

해설 카바이드는 인화성 물질과 분리하여 보관한다.

52 피복아크용접에서 피복제의 작용으로 틀린 것은?

① 아크를 안정시킨다.
② 산화, 질화를 방지한다.

③ 용융점이 높고 점성이 없는 슬래그를 만든다.
④ 용착효율을 높이고 용적을 미세화시킨다.

해설 피복제는 용융점이 낮은 적당한 점성의 가벼운 슬래그를 생성한다.

53 퍼커링(puckering)현상이 발생하는 한계전류값이 주원인이 아닌 것은?

① 와이어지름   ② 후열방법
③ 용접속도   ④ 보호가스의 조성

해설 후열방법은 용접 후 공정으로 퍼커링과 무관하다.

54 정격2차전류 300A, 정격사용률이 40%인 교류아크용접기를 사용하여 전류 150A로 용접작업하는 경우 허용사용률(%)은?

① 180   ② 160
③ 80   ④ 60

해설 허용사용률 = 정격2차전류²/실제용접전류² × 정격사용률(%) = 300²/150² × 40 = 160(%)

55 높은 에너지밀도용접을 하기 위한 10⁻⁴~10⁻⁶mmHg 정도의 고진공 속에서 용접하는 용접법은?

① 플라스마용접   ② 전자빔용접
③ 초음파용접   ④ 원자수소용접

해설 전자빔용접은 진공 속에서 음극으로부터 방출된 전자를 고전압으로 가속시켜 피용접물과의 충돌에 의한 에너지로 용접하는 방법이다.

정답 49 ③ 50 ③ 51 ① 52 ③ 53 ② 54 ② 55 ②

56 피복아크용접부의 결함 중 언더컷(under cut)이 발생하는 원인으로 가장 거리가 먼 것은?

① 아크길이가 너무 긴 경우

② 용접봉의 유지각도가 적당치 않는 경우

③ 부적당한 용접봉을 사용한 경우

④ 용접전류가 너무 낮은 경우

해설 언더컷은 용접전류가 너무 높을 때 발생하며, 용접전류가 너무 낮은 경우는 용입부족이 발생한다.

57 46.7리터의 산소용기에 150kgf/cm²이 되게 산소를 충전하였고 이것을 대기 중에서 환산하면 산소는 약 몇 리터인가?

① 4090　　　　② 5030

③ 6100　　　　④ 7005

해설 46.7×150=7,005

58 점용접의 3대 주요요소가 아닌 것은?

① 용접전류　　② 통전시간

③ 용제　　　　④ 가압력

해설 점용접 3대요소 : 용접전류, 통전시간, 가압력

59 슬래그의 생성량이 대단히 적고 수직자세와 위보기자세에 좋으며 아크는 스프레이형으로 용입이 좋아 아주 좁은 홈의 용접에 가장 적합한 특성을 갖고 있는 가스실드계 용접봉은?

① E4301　　　　② E4316

③ E4311　　　　④ E4327

해설 E4311(고셀룰로오스계)은 셀룰로오스를 20%~30% 정도 포함하고 있으며 피복이 얇고, 슬래그가 적으므로 좁은 홈용접이나 수직상진 및 하진, 위보기용접에서 작업성이 우수하다.

60 납땜에 쓰이는 용제(flux)가 갖추어야 할 조건으로 가장 적합한 것은?

① 청정한 금속면의 산화를 촉진시킬 것

② 납땜 후 슬래그제거가 어려울 것

③ 침지땜에 사용되는 것은 수분을 함유할 것

④ 모재와 친화력을 높일 수 있으며 유동성이 좋을 것

해설 용제는 모재의 산화피막과 같은 불순물을 제거하고 유동성이 좋아야 한다.

1과목 **용접야금 및 용접설비제도**

01 습기제거를 위한 용접봉의 건조 시 건조온도가 가장 높은 것은?

① 일미나이트계 ② 저수소계
③ 고산화티탄계 ④ 라임티탄계

해설 저수소계 용접봉은 흡습하기 쉽기 때문에 300~350℃ 정도로 1~2시간 정도 건조 후 사용한다.

02 연화를 목적으로 적당한 온도까지 가열한 다음 그 온도에서 유지하고 나서 서냉하는 열처리 법은?

① 불림 ② 뜨임
③ 풀림 ④ 담금질

해설 풀림은 금속재료를 적당한 온도로 가열한 다음 상온에서 서냉시키는 방법으로 가공 또는 담금질로 경화된 재료의 내부응력을 제거하고, 결정입자를 미세화하여 전연성을 높인다.

03 용접부의 노내 응력제거방법에서 가열부를 노에 넣을 때 및 꺼낼 때의 노내온도는 몇 ℃ 이하로 하는가?

① 300℃ ② 400℃
③ 500℃ ④ 600℃

해설 연강제품을 노내에서 출입시키는 온도는 300℃가 적당하다.

04 순철에서는 A2 변태점에서 일어나며 원자 배열의 변화 없이 자기의 강도만 변화되는 자기변태의 온도는?

① 723℃ ② 768℃
③ 910℃ ④ 1401℃

해설 자기변태는 원자 내부에 자기변화를 일으키는 온도로 768℃이다.

05 합금을 함으로써 얻어지는 성질이 아닌 것은?

① 주조성이 양호하다.
② 내열성이 증가한다.
③ 내식, 내마모성이 증가한다.
④ 전연성이 증가되며, 융점 또한 높아진다.

해설 합금을 하면 융점은 낮아진다.

06 실용주철의 특성에 대한 설명으로 틀린 것은?

① 비중은 C와 Si 등이 많을수록 작아진다.
② 용융점은 C와 Si 등이 많을수록 낮아진다.
③ 흑연편이 클수록 자기감응도가 나빠진다.
④ 내식성 주철은 염산, 질산 등의 산에는 강하나 알칼리에는 약하다.

07 Fe_3C에서 Fe의 원자비는?

① 75% ② 50%
③ 25% ④ 10%

해설 Fe : 3개, C : 1개이므로 75%이다.

08 용접금속에 수소가 침입하여 발생하는 것이 아닌 것은?

① 은점   ② 언더컷
③ 헤어크랙   ④ 비드밑균열

해설 언더컷은 전류가 너무 낮거나, 아크길이가 길 때, 부적당한 용접봉을 사용했을 때 발생한다.

09 응력제거 풀림처리 시 발생하는 효과는?

① 잔류응력을 제거한다.
② 응력부식에 대한 저항력이 증가한다.
③ 충격저항과 크리프저항이 감소한다.
④ 온도가 높고 시간이 길수록 수소함량은 낮아진다.

해설 응력제거풀림을 통하여 충격저항과 크리프저항이 증가한다.

10 연강용접에서 용착금속의 샤르피(charpy) 충격치가 가장 높은 것은?

① 산화철계   ② 티탄계
③ 저수소계   ④ 셀룰로스계

해설 저수소계 용접봉은 인성이 커서 충격치가 높다.

11 기계제도에서 선의 종류별 용도에 대한 설명으로 옳은 것은?

① 가는 2점쇄선은 특별한 요구사항을 적용할 수 있는 범위를 표시한다.
② 가는 파선은 중심이 이동한 중심궤적을 표시한다.
③ 굵은 실선은 치수를 기입하기 위하여 쓰인다.
④ 가는 1점쇄선은 위치결정의 근거가 된다는 것을 명시할 때 쓰인다.

12 구의 반지름을 나타내는 기호는?

① C   ② R
③ t   ④ SR

해설 C : 45도 모떼기, R : 반지름 치수, t : 두께

13 도면크기의 종류 중 호칭방법과 치수(A×B)가 틀린 것은?(단, 단위는 mm이다)

① A0 = 841 × 1189
② A1 = 594 × 841
③ A3 = 297 × 420
④ A4 = 220 × 297

해설 A4는 210×297mm이다.

14 용접부의 기호표시방법에 대한 설명 중 틀린 것은?

① 기준선의 하나는 실선으로 하고 다른 하나는 파선으로 표시한다.
② 용접부가 이음의 화살표 쪽에 있을 때에는 실선 쪽의 기준선에 표시한다.
③ 가로단면의 주요치수는 기본기호의 우측에 기입한다.
④ 용접방법의 표시가 필요한 경우에는 기준선의 끝 꼬리 사이에 숫자로 표시한다.

해설 세로단면치수를 기본기호의 우측에 기입한다.

15 그림에 대한 설명으로 옳은 것은?

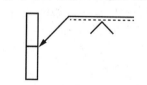

① 화살표 쪽에 용접
② 화살표 반대쪽 용접

③ 원둘레용접

④ 양면용접

해설 용접부가 이음의 화살표 쪽에 있으면 기호는 실선 쪽의 기준선에 표시하고 화살표 반대쪽에 있을 때에는 파선 쪽에 기호를 표시한다.

16 치수기입원칙의 일반적인 주의사항으로 틀린 것은?

① 치수는 중복기입을 피한다.

② 관련되는 치수는 되도록 분산하여 기입한다.

③ 치수는 되도록 계산해서 구할 필요가 없도록 기입한다.

④ 치수 중 참고치수에 대하여는 치수수치에 괄호를 붙인다.

해설 관련되는 치수는 한 곳에 모아서 기입한다.

17 제도에 대한 설명으로 가장 적합한 것은?

① 투명한 재료로 만들어지는 대상물 또는 부분은 투상도에서는 그리지 않는다.

② 투상도는 설계자가 생각하는 것을 투상하여 입체형태로 그린 것이다.

③ 나사, 중심 구멍 등 특수한 부분의 표시는 별도로 정한 한국산업표준에 따른다.

④ 한국산업표준에서 규정한 기호를 사용할 경우 주기를 입력해야 하며, 기호 옆에 뜻을 명확히 주기한다.

18 하나의 그림으로 물체의 정면, 우(좌)측면, 평(저)면 3면의 실제모양과 크기를 나타낼 수 있어 기계의 조립, 분해를 설명하는 정비지침서나, 제품의 디자인도 등을 그릴 때 사용되는 3축이 모두 120°가 되도록 한 입체도는?

① 사투상도

② 분해투상도

③ 등각투상도

④ 투시도

19 종이의 가장자리가 찢어져서 도면의 내용을 훼손하지 않도록 하기 위해 긋는 선은?

① 파선

② 2점쇄선

③ 1점쇄선

④ 윤곽선

해설 윤곽선은 0.5mm 이상의 굵은 실선으로 그린다.

20 용접기호에 대한 설명으로 옳은 것은?

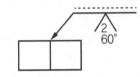

① V형용접, 화살표 쪽으로 루트간격 2mm, 홈각 60°이다.

② V형용접, 화살표 반대쪽으로 루트간격 2mm, 홈각 60°이다.

③ 필릿용접, 화살표 쪽으로 루트간격 2mm, 홈각 60°이다.

④ 필릿용접, 화살표 반대쪽으로 루트간격 2mm, 홈각 60°이다.

해설 용접부가 이음의 화살표 쪽에 있으면 기호는 실선 쪽의 기준선에 표시한다.

21 용접후처리에서 변형을 교정할 때 가열하지 않고, 외력만으로 소성변형을 일으켜 교정하는 방법은?

① 형재(形材)에 대한 직선수축법
② 가열한 후 헤머로 두드리는 법
③ 변형교정롤러에 의한 방법
④ 박판에 대한 점수축법

해설 외력만으로 소성변형을 일으켜 교정하는 방법은 롤러교정방법과 피닝법이 있다.

22 용접수축량에 미치는 용접시공조건의 영향을 설명한 것으로 틀린 것은?

① 루트간격이 클수록 수축이 크다.
② V형이음은 X형이음보다 수축이 크다.
③ 같은 두께를 용접할 경우 용접봉 직경이 큰 쪽이 수축이 크다.
④ 위빙을 하는 쪽이 수축이 작다.

23 용접부 취성을 측정하는데 가장 적당한 시험방법은?

① 굽힘시험   ② 충격시험
③ 인장시험   ④ 부식시험

해설 충격시험은 시험편에 V형, U형의 노치를 만들고 충격적인 하중을 주어 시험편의 인성을 측정하는 시험방법이다.

24 용접부의 구조상 결함인 기공(blow hole)을 검사하는 가장 좋은 방법은?

① 초음파검사   ② 육안검사
③ 수압검사   ④ 침투검사

해설 기공은 초음파검사나 방사선검사가 적당하다.

25 똑같은 두께의 재료를 용접할 때 냉각속도가 가장 빠른 이음은?

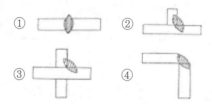

26 필릿용접크기에 대한 설명으로 틀린 것은?

① 필릿이음에서 목길이를 증가시켜 줄 필요가 있을 경우 양쪽 목길이를 같게 증가시켜 주는 것이 효과적이다.
② 판두께가 같은 경우 목길이가 다른 필릿용접 시는 수직 쪽의 목길이를 짧게 수평 쪽의 목길이를 길게 하는 것이 좋다.
③ 필릿용접 시 표면비드는 오목형보다 볼록형이 인장에 의한 수축균열발생이 적다.
④ 다층필릿이음에서의 첫 패스는 항상 오목형이 되도록 하는 것이 좋다.

27 연강판의 두께가 9mm, 용접길이를 200mm로 하고 양단에 최대720kN의 인장하중을 작용시키는 V형 맞대기용접이음에서 발생하는 인장응력[MPa]은?

① 200   ② 400
③ 600   ④ 800

해설 응력=하중/단면적=하중/두께×용접선길이
=720,000/9×200=400(MPa)

28 다음 금속 중 냉각속도가 가장 큰 금속은?

① 연강   ② 알루미늄
③ 구리   ④ 스테인리스강

해설 구리는 열전도가 연강의 8배 이상으로 냉각 속도가 가장 크다.

29 구속용접 시 발생하는 일반적인 응력은?

① 잔류응력 ② 연성력
③ 굽힘력 ④ 스프링백

해설 잔류응력은 재료 내부에 존재하는 응력으로 냉간가공이나 담금질, 용접 등에 의한 불균일 소성변형의 결과 때문에 생긴다.

30 용접부의 응력집중을 피하는 방법이 아닌 것은?

① 부채꼴 오목부를 설계한다.
② 강도상 중요한 용접이음설계 시 맞대 기용접부는 가능한 피하고 필릿용접부를 많이 하도록 한다.
③ 모서리의 응력집중을 피하기 위해 평 탄부에 용접부를 설치한다.
④ 판두께가 다른 경우 라운딩(rounding) 이나 경사를 주어 용접한다.

해설 용접부의 교차를 최소화하고 필릿용접보다는 맞대기용접을 한다.

31 용접경비를 적게 하고자 할 때 유의할 사항으로 틀린 것은?

① 용접봉의 적절한 선정과 그 경제적 사용방법
② 재료절약을 위한 방법
③ 용접지그의 사용에 의한 위보기자세의 이용
④ 고정구 사용에 의한 능률향상

해설 용접지그를 사용할 경우에는 가능한 아래보기자세를 이용한다.

32 용접시공관리의 4대(4M)요소가 아닌 것은?

① 사람(Man) ② 기계(Machine)
③ 재료(Material) ④ 태도(Manner)

해설 용접시공관리의 4대요소 : 사람, 기계, 재료, 작업방법

33 용접준비사항 중 용접변형방지를 위해 사용하는 것은?

① 터닝롤러(turing roller)
② 매니퓰레이터(manipulator)
③ 스트롱백(strong back)
④ 앤빌(anvil)

해설 스트롱백은 용접시공에 사용되는 지그의 일종이며, 가접을 피하기 위해서 피용접재를 구속시키기 위한 도구이다.

34 용접자세 중 H-Fill이 의미하는 자세는?

① 수직자세
② 아래보기자세
③ 위보기자세
④ 수평필릿자세

해설 H-Fill : 수평필릿, V : 수직, F : 아래보기, OH : 위보기

35 용접변형을 경감하는 방법으로 용접 전 변형방지책은?

① 역변형법 ② 빌드업법
③ 캐스케이드법 ④ 전진블록법

해설 역변형법은 용접금속의 수축을 예측하여 용접 전에 반대방향으로 구부려 놓고 작업하는 방식이다.

36 완전맞대기용접이음이 단순굽힘모멘트 $M_b = 9800N \cdot cm$을 받고 있을 때, 용접부에 발생하는 최대굽힘응력은?(단, 용접선 길이=200mm, 판두께=25mm이다)

① $196.0N/cm^2$　　② $470.4N/cm^2$

③ $376.3N/cm^2$　　④ $235.2N/cm^2$

해설 $6 \times 9800 / 20 \times 2.5^2 ≒ 470.4N/cm^2$

37 다층용접 시 한 부분의 몇 층을 용접하다가 이것을 다음 부분의 층으로 연속시켜 전체가 단계를 이루도록 용착시켜 나가는 방법은?

① 후퇴법(backstep method)

② 캐스케이드법(cascade method)

③ 블록법(block method)

④ 덧살올림법(build-up method)

38 용접순서에서 동일 평면 내에 이음이 많을 경우, 수축은 가능한 자유단으로 보내는 이유로 옳은 것은?

① 압축변형을 크게 해주는 효과와 구조물 전체를 가능한 균형 있게 인장응력을 증가시키는 효과 때문

② 구속에 의한 압축응력을 작게 해주는 효과와 구조물 전체를 가능한 균형 있게 굽힘응력을 증가시키는 효과 때문

③ 압축응력을 크게 해주는 효과와 구조물 전체를 가능한 균형 있게 인장응력을 경감시키는 효과 때문

④ 구속에 의한 잔류응력을 작게 해주는 효과와 구조물 전체를 가능한 균형 있게 변형을 경감시키는 효과 때문

39 설계단계에서 용접부 변형을 방지하기 위한 방법이 아닌 것은?

① 용접길이가 감소될 수 있는 설계를 한다.

② 변형이 적어질 수 있는 이음부분을 배치한다.

③ 보강재 등 구속이 커지도록 구조설계를 한다.

④ 용착금속을 증가시킬 수 있는 설계를 한다.

해설 용착금속을 감소(최소화)시킬 수 있도록 설계해야 한다.

40 용접제품과 주조제품을 비교하였을 때 용접이음방법의 장점으로 틀린 것은?

① 이종재료의 접합이 가능하다.

② 용접변형을 교정할 때에는 시간과 비용이 필요치 않다.

③ 목형이나 주형이 불필요하고 설비의 소규모가 가능하여 생산비가 적게 된다.

④ 제품의 중량을 경감시킬 수 있다.

3과목 ▶ 용접일반 및 안전관리

41 피복아크용접에서 용접부의 보호방식이 아닌 것은?

① 가스발생식　　② 슬래그생성식

③ 아크발생식　　④ 반가스발생식

해설 용접부 보호방식에는 가스발생식, 슬래그생성식, 반가스발생식이 있다.

42 이론적으로 순수한 카바이드 5kg에서 발생할 수 있는 아세틸렌 양은 약 몇 리터인가?

① 3480　　　　② 1740

③ 348　　　　④ 174

해설 순수한 카바이드 1kg에 348리터이므로 348×5=1,740리터

43 현장에서의 용접작업 시 주의사항이 아닌 것은?

① 폭발, 인화성 물질 부근에서는 용접작업을 피할 것

② 부득이 가연성 물체 가까이서 용접할 경우는 화재발생 방지조치를 충분히 할 것

③ 탱크 내에서 용접작업 시 통풍을 잘하고 때때로 외부로 나와서 휴식을 취할 것

④ 탱크 내 용접작업 시 2명이 동시에 들어가 작업을 실시하고 빠른 시간에 작업을 완료하도록 할 것

44 가장 두꺼운 판을 용접할 수 있는 용접법은?

① 일렉트로 슬래그용접

② 전자빔용접

③ 서브머지드 아크용접

④ 불활성가스 아크용접

해설 일렉트로 슬래그용접은 단층수직 상진용접법으로 원판의 용접에 적용하며 두께의 강판을 연속용접하는 것이 가능하다.

45 산소-아세틸렌불꽃에서 아세틸렌이 이론적으로 완전연소하는데 필요한 산소 : 아세틸렌의 연소비로 가장 알맞은 것은?

① 1.5 : 1　　　　② 1 : 1.5

③ 2.5 : 1　　　　④ 1 : 2.5

46 압접의 종류가 아닌 것은?

① 단접(forged welding)

② 마찰용접(friction welding)

③ 점용접(spot welding)

④ 전자빔용접(electron beam welding)

47 정격2차전류 400A, 정격사용률이 50%인 교류아크용접기로서 250A로 용접할 때 이 용접기의 허용사용률(%)은?

① 128　　　　② 112

③ 112　　　　④ 95

해설 허용사용률=정격2차전류^2/실제용접전류^2×정격사용률(%) = 400^2/250^2×50 = 128(%)

48 황동을 가스용접 시 주로 사용하는 불꽃의 종류는?

① 탄화불꽃　　　　② 중성불꽃

③ 산화불꽃　　　　④ 질화불꽃

해설 산화불꽃은 간단한 가열이나 가스절단 등에 효율이 좋으나, 산화성 분위기를 만들기 때문에 구리와 황동 등의 가스용접에 주로 적용한다.

49 용접 중 용융금속 중에 가스의 흡수로 인한 기공이 발생되는 화학반응식을 나타낸 것은?

① $FeO+Mn \rightarrow MnO+Fe$

② $2FeO+Si \rightarrow SiO_2+2Fe$

③ $FeO+C \rightarrow CO+Fe$

④ $3FeO+2Al \rightarrow Al2O_3+3Fe$

정답 42 ② 43 ④ 44 ① 45 ③ 46 ④ 47 ① 48 ③ 49 ③

50 불활성가스 아크용접의 특징으로 틀린 것은?

① 아크가 안정되어 스패터가 적고, 조작이 용이하다.

② 높은 전압에서 용입이 깊고 용접속도가 빠르며, 잔류용제처리가 필요하다.

③ 모든 자세 용접이 가능하고 열집중성이 좋아 용접능률이 좋다.

④ 청정작용이 있어 산화막이 강한 금속의 용접이 가능하다.

해설 불활성가스 아크용접은 잔류용제처리가 필요 없다.

51 가스실드(shield)형으로 파이프용접에 가장 적합한 용접봉은?

① 라임티타니아계(E4303)

② 특수계(E4340)

③ 저수소계(E4316)

④ 고셀룰로오스계(E4311)

해설 고셀룰로오스계는 비드표면이 거칠고 스패터 발생이 많다.

52 용접분류방법 중 아크용접에 해당되는 것은?

① 프로젝션용접   ② 마찰용접

③ 서브머지드용접   ④ 초음파용접

해설 프로젝션, 마찰, 초음파용접은 압접에 해당된다.

53 플래시버드용접의 일반적인 특징으로 틀린 것은?

① 가열부의 열영향부가 좁다.

② 용접면을 아주 정확하게 가공할 필요가 없다.

③ 서로 다른 금속의 용접은 불가능하다.

④ 용접시간이 짧고 업셋용접보다 전력소비가 적다.

해설 플래시버트용접은 이종금속용접도 가능하다.

54 피복아크용접봉에서 피복제의 편심률은 몇 % 이내이어야 하는가?

① 3%   ② 6%

③ 9%   ④ 12%

해설 피복제의 편심률은 3% 이내이어야 한다.

55 스터드용접의 용접장치가 아닌 것은?

① 용접건   ② 용접헤드

③ 제어장치   ④ 텅스텐전극봉

해설 스터드용접은 스터드선단에 페롤이라고 불리는 보조링을 끼우고 스터드를 모재에 약간 떼어 놓아 아크를 발생시켜 적당히 용융되었을 때 압력을 가하여 접합시키는 방법으로 용접건, 용접헤드, 제어장치가 있다.

56 자동으로 용접을 하는 서브머지드 아크용접에서 루트간격과 루트면의 필요한 조건은?(단, 받침쇠가 없는 경우이다)

① 루트간격 0.8mm 이상, 루트면은 ± 5mm 허용

② 루트간격 0.8mm 이하, 루트면은 ± 1mm 허용

③ 루트간격 3mm 이상, 루트면은 ± 5mm 허용

④ 루트간격 10mm 이상, 루트면은 ± 10mm 허용

57 다음 중 직류아크용접기는?

① 가동코일형 용접기

② 정류형 용접기

③ 가동철심형 용접기

④ 탭전환형 용접기

해설 직류아크용접기에는 발전기형. 정류형 용접기가 있다.

58 TIG용접기에서 직류역극성을 사용하였을 경우 용접비드의 형상으로 옳은 것은?

① 비드폭이 넓고 용입이 깊다.

② 비드폭이 넓고 용입이 얕다.

③ 비드폭이 좁고 용입이 깊다.

④ 비드폭이 좁고 용입이 얕다.

해설 직류역극성은 용접기의 음극을 모재, 양극을 토치에 연결하는 방식으로 비드폭이 넓고 용입이 얕다.

59 산소용기의 취급상 주의사항이 아닌 것은?

① 운반이나 취급에서 충격을 주지 않는다.

② 가연성가스와 함께 저장한다.

③ 기름이 묻은 손이나 장갑을 끼고 취급하지 않는다.

④ 운반 시 가능한 한 운반기구를 이용한다.

해설 산소용기를 가연성가스와 저장하면 폭발의 위험이 있다.

60 불활성가스 금속아크용접 시 사용되는 전원특성은?

① 수하특성   ② 동전류특성

③ 정전압특성   ④ 정극성특성

1과목 용접야금 및 용접설비제도

01 재가열 균열시험법으로 사용되지 않는 것은?

① 고온인장시험　② 변형이완시험

③ 자율구속도시험　④ 크리프저항시험

해설 크리프시험은 고온 변형을 측정하는 시험이다.

02 강의 표면경화법이 아닌 것은?

① 불림　② 침탄법

③ 질화법　④ 고주파열처리

해설 불림은 강을 가열 후 대기 속에 자연냉각하여 조직을 미세화하고, 내부응력을 제거하며 결정조직을 균일화한다.

03 용접하기 전 예열하는 목적이 아닌 것은?

① 수축변형을 감소한다.

② 열영향부의 경도를 증가시킨다.

③ 용접금속 및 열영향부에 균열을 방지한다.

④ 용접금속 및 열영향부에 연성 또는 노치인성을 개선한다.

해설 열영향부의 경도는 예열과 무관하다.

04 용융금속 중에 첨가하는 탈산제가 아닌 것은?

① 규소철(Fe-Si)　② 타탄철(Fe-Ti)

③ 망간철(Fe-Mn)　④ 석회석($CaCO_3$)

해설 석회석은 슬래그생성제, 가스생성제, 가스발생제, 아크안정제이다.

05 철강재료의 변태 중 순철에서는 나타나지 않는 변태는?

① A1　② A2

③ A3　④ A4

해설 A2 : 자기변태(768℃), A3 : 동소변태(910℃), A4 : 동소변태(1400℃)

06 γ고용체와 α고용체의 조직은?

① γ고용체=페라이트조직, α고용체=오스테나이트조직

② γ고용체=페라이트조직, α고용체=시멘타이트조직

③ γ고용체=시멘타이트조직, α고용체=페라이트조직

④ γ고용체=오스테나이트조직, α고용체=페라이트조직

해설 γ고용체는 오스테나이트조직, α고용체는 페라이트조직이다.

07 고장력강 용접 시 일반적인 주의사항으로 틀린 것은?

① 용접봉은 저주소계를 사용한다.

② 아크길이는 가능한 길게 유지한다.

③ 위빙폭은 용접봉 지름의 3배 이하로 한다.

④ 용접개시 전에 이음부 내부 또는 용접할 부분을 청소한다.

해설 아크길이는 가능한 짧게 유지하고 저수소계 용접봉에 의한 용접 시에는 용접시작점보다 20~30mm 앞에서 아크를 발생시켜 예열한 후 용접시점으로 이동하여 용접시점부터 용접을 시작한다.

정답 01 ④ 02 ① 03 ② 04 ④ 05 ① 06 ④ 07 ②

08 비열이 가장 큰 금속은?

① Al　　　② Mg
③ Cr　　　④ Mn

해설 Mg 〉 Al 〉 Mn 〉 Cr

09 용접 후 잔류응력이 있는 제품에 하중을 주고 용접부에 소성변형을 일으키는 방법은?

① 연화풀림법
② 국부풀림법
③ 저온 응력완화법
④ 기계적 응력완화법

해설 • 기계적 응력완화법 : 잔류응력이 있는 제품에 프레스 등으로 하중을 주어 용접부에 소성변형을 일으키는 방법
• 저온 응력완화법 : 용접선 양측을 가스불꽃으로 가열 후 수냉하는 방법

10 이종의 원자가 결정격자를 만드는 경우 모재원자보다 작은 원자가 고용할 때 모재원자의 틈새 또는 격자결함에 들어가는 경우의 고용체는?

① 치환형고용체　② 변태형고용체
③ 침입형고용체　④ 금속간고용체

해설 침입형고용체는 용질원자가 금속용매원자 결정격자의 중간 위치에 침입한 고용체를 말한다.

11 평면도법에서 인벌류트곡선에 대한 설명으로 옳은 것은?

① 원기둥에 감은 실의 한 끝을 늦추지 않고 풀어나갈 때 이 실의 끝이 그리는 곡선이다.
② 1개의 원이 직선 또는 원주 위로 굴러갈 때 그 구르는 원의 원주 위의 1점이 움직이며 그려 나가는 자취를 말한다.

③ 전동원이 기선 위를 굴러갈 때 생기는 곡선을 말한다.
④ 원뿔을 여러 가지 각도로 절단하였을 때 생기는 곡선이다.

12 한 도면에서 두 종류 이상의 선이 같은 장소에 겹치게 될 때 우선순위로 옳은 것은?

① 숨은선→절단선→외형선→중심선→무게중심선
② 외형선→중심선→절단선→무게중심선→숨은선
③ 숨은선→무게중심선→절단선→중심선→외형선
④ 외형선→숨은선→절단선→중심선→무게중심선

해설 겹치는 선의 우선순위 : 외형선→숨은선→절단선→중심선→무게중심선→치수→보조선

13 다음 중 용접기호에 대한 명칭으로 틀린 것은?

① ╲ : 필릿용접
② ‖ : 한쪽면 수직맞대기용접
③ V : V형 맞대기용접
④ X : 양면V형 맞대기용접

해설 ②번은 평면형평행 맞대기이음용접이다.

14 다음 용접기호 중 이면용접기호는?

① 　② ∨
③ ⌣　④ ⋃

해설 ① 부분용입 한쪽면 K형 맞대기이음용접
② 급경사면 한쪽면 V형 홈 맞대기이음용접
④ 용접부 끝단부를 매끄럽게 함

15 용접부 보조기호 중 제거 가능한 덮개판을 사용하는 기호는?

① ⌒ (with loop)   ② ⌒

③ | M | ④ | MR |

해설 ① 서페이싱, ② 블록형, ③ 영구적인 덮개판 사용, ④ 제거 가능한 덮개판 사용

16 도면에 치수를 기입하는 경우에 유의사항으로 틀린 것은?

① 치수는 되도록 주투상도에 집중한다.

② 치수는 되도록 계산할 필요가 없도록 기입한다.

③ 치수는 되도록 공정마다 배열을 분리하여 기입한다.

④ 참고치수에 대하여는 치수에 원을 넣는다.

해설 참고치수는 원이 아닌 괄호에 넣어 기재한다.

17 척도에 관계없이 적당한 크기로 부품을 그린 후 치수를 측정하여 기입하는 스케치 방법은?

① 프린트법   ② 프리핸드법

③ 본뜨기법   ④ 사진촬영법

해설 프리핸드법은 척도에 관계없이 적당한 크기로 부품을 그린 후 치수를 기입하는 방법이다.

18 3각법에서 물체의 위에서 내려다 본 모양을 도면에 표현한 투상도는?

① 정면도   ② 평면도

③ 우측면도   ④ 좌측면도

해설 평면도는 물체를 위에서 내려다 본 모양을 도면에 나타낸 것이다.

19 가는 실선으로 규칙적으로 줄을 늘어놓은 것으로 도형의 한정된 특정 부분을 다른 부분과 구별하는데 사용하며 예를 들면 단면도의 절단된 부분을 나타내는 선의 명칭은?

① 파단선   ② 지시선

③ 중심선   ④ 해칭

해설 해칭은 단면인 것을 표시할 필요가 있는 경우에 이용되는 단면표시방법 중 하나이다.

20 도면에서 척도를 기입하는 경우, 도면을 정해진 척도값으로 그리지 못하거나 비례하지 않을 때 표시방법은?

① 현척   ② 축척

③ 배척   ④ NS

해설 • 현척 : 같은 크기로 그린 것
• 축척 : 일정한 비율로 줄여서 그린 것
• 배척 : 실물보다 큰 비율로 그린 것

2과목 ▶ 용접구조설계

21 맞대기용접이음에서 각 변형이 가장 크게 나타날 수 있는 홈의 형상은?

① H형   ② V형

③ X형   ④ I형

해설 V형은 두께 20mm 이하의 판을 한쪽 용접으로 완전히 용입하고자 할 때 쓰이며 각 변형이 발생할 위험이 있다.

22 가접에 대한 설명으로 틀린 것은?

① 본용접 전에 용접물을 잠정적으로 고정하기 위한 짧은 용접이다.

② 가접은 아주 쉬운 작업이므로 본용접사보다 기량이 부족해도 된다.

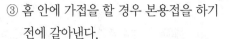

③ 홈 안에 가접을 할 경우 본용접을 하기
전에 갈아낸다.

④ 가접에는 본용접보다는 지름이 약간
가는 용접을 사용한다.

해설 가접은 본용접과 기량이 동일한 용접사가 해
야 한다.

23 용접에 의한 용착효율을 구하는 식으로 옳
은 것은?

① $\dfrac{\text{용접봉의 총사용량}}{\text{용착금속의 중량}} \times 100(\%)$

② $\dfrac{\text{피복의 중량}}{\text{용착금속의 중량}} \times 100(\%)$

③ $\dfrac{\text{용착금속의 중량}}{\text{용접봉의 사용중량}} \times 100(\%)$

④ $\dfrac{\text{피복제의 중량}}{\text{용접봉의 사용중량}} \times 100(\%)$

24 맞대기용접에서 제1층부에 결함이 생겨 밑
면 따내기를 하고자 할 때 이용되지 않는
방법은?

① 선삭(turning)

② 핸드그라인더에 의한 방법

③ 아크에어가우징(arc air gouging)

④ 가스가우징(gas gouging)

해설 선삭은 선반 등의 공작기계에 절삭공구를 사
용하여 제품을 절삭하는 가공법이다.

25 용접구조물에서의 비틀림 변형을 경감시
켜주는 시공상의 주의사항 중 틀린 것은?

① 집중적으로 교차용접을 한다.

② 지그를 활용한다.

③ 가공 및 정밀도에 주의한다.

④ 이음부의 맞춤을 정확하게 해야 한다.

해설 비틀림변형을 경감시키기 위해 용접선의 집
중 또는 교차는 피한다.

26 불활성가스 텅스텐 아크용접이음부 설계
에서 I형 맞대기용접이음의 설명으로 적합
한 것은?

① 판두께가 12mm 이상의 두꺼운 판용
접에 이용된다.

② 판두께가 6~20mm 정도의 다층비드
용접에 이용된다.

③ 판두께가 3mm 정도의 박판용접에 많
이 이용된다.

④ 판두께가 20mm 이상의 두꺼운 판용
접에 이용된다.

27 아크용접 시 용접이음의 용융부 밖에서 아
크를 발생시킬 때 모재표면에 결함이 생기
는 것은?

① 아크스트라이크(arc strike)

② 언더필(under fill)

③ 스캐터링(scattering)

④ 은점(fish eye)

해설 아크스트라이크는 용접개시 전에 용융부 밖
에서 아크를 일으키는 것이다.

28 맞대기용접이음의 피로강도값이 가장 크
게 나타나는 경우는?

① 용접부 이면용접을 하고 용접 그대로
인 것

② 용접부 이면용접을 하지 않고 표면용
접 그대로인 것

③ 용접부 이면 및 표면을 기계 다듬질한 것

④ 용접부 표면의 덧살만 기계 다듬질
한 것

29 용접부검사법에서 파괴시험방법 중 기계적 시험방법이 아닌 것은?

① 인장시험(tensile test)
② 부식시험(corrosion test)
③ 굽힘시험(bending test)
④ 경도시험(hardness test)

> **해설** • 기계적 시험 : 인장, 굽힘, 경도, 충격, 피로 시험 등
> • 화학적 시험 : 화학분석, 부식, 함유수소시험 등
> • 야금학적 시험 : 육안조직, 현미경조직, 피면, 설퍼프린트시험 등

30 양면용접에 의하여 충분한 용입을 얻으려고 할 때 사용되며 두꺼운 판의 용접에 가장 적합한 맞대기홈의 형태는?

① J형   ② H형
③ V형   ④ I형

> **해설** H형은 양면용접이 가능한 경우에 용착금속양과 패스 수를 줄일 목적으로 사용되며 두꺼운 판용접에 적용한다.

31 용접 시 발생되는 용접변형을 방지하기 위한 방법이 아닌 것은?

① 용접에 의한 국부가열을 피하기 위하여 전체 또는 국부적으로 가열하고 용접한다.
② 스트롱백을 사용한다.
③ 용접 후에 수냉처리를 한다.
④ 역변형을 주고 용접한다.

> **해설** 용접 후 수냉은 변형교정 시 사용된다.

32 아크전류 200A, 아크전압 30V, 용접속도 20cm/min일 때 용접길이 1cm당 발생하는 용접입열 Joule/cm은?

① 12000   ② 15000

③ 18000   ④ 20000

> **해설** 용접입열=60EI/V=60×30×200/20=18,000

33 강판의 두께 15mm, 폭 100mm의 V형 홈을 맞대기용접이음할 때 이음효율을 80%, 판의 허용응력을 35kgf/mm²로 하면 인장하중(kgf)은 얼마까지 허용할 수 있는가?

① 35000   ② 38000
③ 40000   ④ 42000

> **해설** 응력=인장하중/단면적,
> 인장하중=응력×단면적 = 35×100×15 = 52,500(kg)
> ∴ 이음효율이 80%이므로 52,500×0.8 = 42,000(kg)

34 용접변형방지방법에서 역변형법에 대한 설명으로 옳은 것은?

① 용접물을 고정시키거나 보강재를 이용하는 방법이다.
② 용접에 의한 변형을 미리 예측하여 용접하기 전에 반대쪽을 변형을 주는 방법이다.
③ 용접물을 구속시키고 용접하는 방법이다.
④ 스트롱백을 이용하는 방법이다.

> **해설** 역변형법 : 모재를 용접하기 전에 변형의 방향과 크기를 미리 예측하며 반대방향으로 굽혀 놓고 용접하는 방법으로 시험편이나 박판에 많이 쓰인다.

35 용접작업 시 적절한 용접지그의 사용에 따른 효과로 틀린 것은?

① 용접작업을 용이하게 한다.
② 다량생산의 경우 작업능률이 향상된다.
③ 제품의 마무리 정밀도를 향상시킨다.

④ 용접변형은 증가되나, 잔류응력을 감소시킨다.

해설 용접지그를 사용하므로 용접변형을 감소시킨다.

36 전용접 길이에 방사선 투과검사를 하여 결함이 1개도 발견되지 않았을 때 용접이음의 효율은?

① 70% ② 80%
③ 90% ④ 100%

37 모세관 현상을 이용하여 표면결함을 검사하는 방법은?

① 육안검사 ② 침투검사
③ 자분검사 ④ 전자기적검사

해설 침투검사에는 형광침투와 염료침투검사가 있다.

38 용접부의 이음효율공식으로 옳은 것은?

① 이음효율 = $\dfrac{\text{모재의 인장강도}}{\text{용접시험편의 인장강도}} \times 100(\%)$

② 이음효율 = $\dfrac{\text{모재의 충격강도}}{\text{용접시편의 충격강도}} \times 100(\%)$

③ 이음효율 = $\dfrac{\text{용접시편의 충격강도}}{\text{모재의 충격강도}} \times 100(\%)$

④ 이음효율 = $\dfrac{\text{용접시험편의 인장강도}}{\text{모재의 인장강도}} \times 100(\%)$

39 용접부의 시점과 끝나는 분분에 용입불량이나 각종 결함을 방지하기 위해 주로 사용되는 것은?

① 엔드탭 ② 포지셔너

③ 회전지그 ④ 고정지그

해설 용접시점과 종점에 용접부 형상과 같은 보조판을 붙여 용접시점과 종점의 용입불량 등의 결함을 방지하는 보조판을 엔드탭이라 한다.

40 겹쳐진 두 부재의 한쪽에 둥근 구멍 대신에 좁고 긴 홈을 만들어 놓고 그 곳을 용접하는 용접법은?

① 겹치기용접 ② 플랜지용접
③ T형용접 ④ 슬롯용접

해설 슬롯용접은 겹친 2매의 판 한쪽에 가늘고 긴 홈을 파고 홈 속에 용접하는 방법이다.

3과목 ▶ **용접일반 및 안전관리**

41 사람의 팔꿈치나 손목의 관절에 해당하는 움직임을 갖는 로봇으로 아크용접용 다관절로봇은?

① 원통좌표로봇(cylindrical robot)
② 직각좌표로봇(rectangular coordinate robot)
③ 극좌표로봇(polar coordicate robot)
④ 관절좌표로봇(articylated robot)

42 납땜에서 용제가 갖추어야 할 조건으로 틀린 것은?

① 청정한 금속면의 산화를 방지할 것
② 모재와 땜납에 대한 부식작용이 최소한 일 것
③ 전기저항납땜에 사용되는 것은 비전도체일 것
④ 납땜 후 슬래그의 제거가 용이할 것

정답 36 ④ 37 ② 38 ④ 39 ① 40 ④ 41 ④ 42 ③

해설 전기저항납땜에 사용되는 것은 전도체이다.

43 가스절단작업에서 드래그는 판두께의 몇 % 정도를 표준으로 하는가?(단, 판두께는 25mm 이하이다)

① 50%   ② 40%
③ 30%   ④ 20%

해설 드래그 길이는 절단속도, 산소소비량 등에 의해 변화하며 보통 판두께의 20% 정도이다.

44 레이저용접(laser welding)의 설명으로 틀린 것은?

① 모재의 열변형이 거의 없다.
② 이종금속의 용접이 가능하다.
③ 미세하고 정밀한 용접을 할 수 있다.
④ 접촉식용접방법이다.

해설 레이저용접은 비접촉식용접방법이다.

45 산소-아세틸렌가스용접 시 사용하는 토치의 종류가 아닌 것은?

① 저압식   ② 절단식
③ 중압식   ④ 고압식

해설 아세틸렌가스압력에 따라 저압식, 중압식, 고압식으로 구분되며 토치구조에 따라 가변압식과 불변압식으로 분류한다.

46 피복아크용접의 용접입열에서 일반적으로 모재의 흡수되는 열량은 입열의 몇 % 정도인가?

① 45~55%   ② 60~70%
③ 75~85%   ④ 90~100%

해설 피복아크용접에서 모재에 흡수되는 열량은 75~85%이다.

47 가스용접에 사용하는 지연성가스는?

① 산소   ② 수소
③ 프로판   ④ 아세틸렌

해설 산소는 가연성가스가 연소되게 도와주는 지연성(조연성)가스이다.

48 용접법의 분류에서 융접에 속하는 것은?

① 전자빔용접   ② 단접
③ 초음파용접   ④ 마찰용접

해설 단접, 초음파용접, 마찰용접은 압접에 속한다.

49 TIG용접 시 안전사항에 대한 설명으로 틀린 것은?

① 용접기 덮개를 벗기는 경우 반드시 전원스위치를 켜고 작업한다.
② 제어장치 및 토치 등 전기계통의 절연상태를 항상 점검해야 한다.
③ 전원과 제어장치의 접지단자는 반드시 지면과 접지되도록 한다.
④ 케이블연결부와 단자의 연결상태가 느슨해졌는지 확인하여 조치한다.

해설 용접기를 보수할 경우 반드시 전원을 차단한다.

50 스터드용접에서 페룰의 역할로 틀린 것은?

① 용융금속의 유출을 촉진시킨다.
② 아크열을 집중시켜준다.
③ 용융금속의 산화를 방지한다.
④ 용착부의 오염을 방지한다.

정답 43 ④   44 ④   45 ②   46 ③   47 ①   48 ①   49 ①   50 ①

해설 페롤은 내부의 공기가 희박해지고, 용융금속이 산화되지 않게 되어 있으며, 주형의 역할을 겸하고, 용융금속의 냉각을 지연시키는 작용도 있다.

51 가스절단에서 일정한 속도로 절단할 때 절단 홈의 밑으로 갈수록 슬래그의 방해, 산소의 오염 등에 의해 절단이 느려져 절단면을 보면 거의 일정한 간격으로 평행한 곡선이 나타난다. 이 곡선은 무엇이라 하는가?

① 절단면의 아크방향
② 가스궤적
③ 드래그라인
④ 절단속도의 불일치에 따른 궤적

해설 드래그라인은 절단면에 일정한 간격의 곡선이 진행방향으로 나타나 있는 것을 말한다.

52 프랑스식 가스용접토치의 200번 팁으로 연강판을 용접할 때 가장 적당한 판두께는?

① 판두께와 무관하다.
② 0.2mm
③ 2mm
④ 20mm

해설 프랑스식 가스용접토치의 200번은 1.5~2mm가 적당하다. 참고로 프랑스식은 시간 당 소비되는 아세틸렌의 양으로, 독일식은 용접할 수 있는 판두께로 팁번호를 표시한다.

53 피복아크용접작업에서의 용접조건에 관한 설명으로 틀린 것은?

① 아크길이가 길면 아크가 불안정하게 되어 용융금속의 산화나 질화가 일어나기 쉽다.
② 좋은 용접비드를 얻기 위해서 원칙적으로 긴 아크로 작업한다.

③ 용접전류가 너무 낮으면 오버랩이 발생된다.
④ 용접속도를 운봉속도 또는 아크속도라고도 한다.

54 교류아크용접 시 비안전형홀더를 사용할 때 가장 발생하기 쉬운 재해는?

① 낙상재해　　② 협착재해
③ 전도재해　　④ 전격재해

해설 용접 시 안전하지 않은 홀더사용은 전격의 위험이 있다.

55 교류아크용접기에 감전사고를 방지하기 위해서 설치하는 것은?

① 전격방지장치
② 2차권선장치
③ 원격제어장치
④ 핫스타트장치

해설 전격방지장치는 무부하전압을 30~40V 정도로 낮추어 감전의 위험에서 용접사를 보호하는 장치이다.

56 다음 중 맞대기저항용접이 아닌 것은?

① 스폿용접
② 플래시용접
③ 업셋버트용접
④ 퍼커션용접

해설 • 맞대기저항용접 : 플래시, 업셋버트, 퍼커션용접
• 겹치기저항용접 : 스폿, 심, 프로젝션용접

57 다음 중 아크에어가우징의 설명으로 가장 적합한 것은?

① 압축공기의 압력은 $1 \sim 2kgf/cm^2$이 적당하다.

② 비철금속에는 적용되지 않는다.

③ 용접균열부분이나 용접결함부를 제거하는데 사용한다.

④ 그라인딩 가스가우징보다 작업능률이 낮다.

해설 아크에어가우징은 전극홀더의 구멍에서 탄소전극봉에서 아크가 발생될 때 나란히 고속의 공기를 분출하여 용융금속을 불어 내어 홈을 파는 방법이다.

58 점용접(spot welding)의 3대 요소에 해당되는 것은?

① 가압력, 통전시간, 전류의 세기

② 가압력, 통전시간, 전압의 세기

③ 가압력, 냉각수량, 전류의 세기

④ 가압력, 냉각수량, 전압의 세기

해설 접용점의 3대요소는 전류의 세기, 통전시간, 가압력이다.

59 가스용접에서 산소에 대한 설명으로 틀린 것은?

① 산소는 산소용기에 35℃, $150kgf/cm^2$ 정도의 고압으로 충전되어 있다.

② 산소병은 이음매 없이 제조되며 인장강도는 약 $57kgf/cm^2$ 이상, 연신율은 18% 이상의 강재가 사용된다.

③ 산소를 다량으로 사용하는 경우에는 매니폴드(manifold)를 사용한다.

④ 산소의 내압시험압력은 충전압력의 3배 이상으로 한다.

해설 산소의 내압시험압력은 충전압력의 1.5배 이상으로 해야 한다.

60 탄산가스아크용접의 특징에 대한 설명으로 틀린 것은?

① 전류밀도가 높아 용입이 깊고 용접속도를 빠르게 할 수 있다.

② 적용재질이 철 계통으로 한정되어 있다.

③ 가시아크이므로 시공이 편리하다.

④ 일반적인 바람의 영향을 받지 않으므로 방풍장치가 필요 없다.

해설 탄산가스아크용접은 바람의 영향을 받으므로 방풍장치가 필요하다.

01 용융슬래그의 염기도 식은?

① $\dfrac{\Sigma 산성성분(\%)}{\Sigma 염기성성분(\%)}$

② $\dfrac{\Sigma 염기성성분(\%)}{\Sigma 산성성분(\%)}$

③ $\dfrac{\Sigma 중성성분(\%)}{\Sigma 염기성성분(\%)}$

④ $\dfrac{\Sigma 염기성성분(\%)}{\Sigma 중성성분(\%)}$

해설 염기도란 용융슬래그 속의 염기성분이 얼마인가의 정도 표시이며, 슬래그성분 중에 염기성성분의 총합을 산성성분의 총합으로 나눈 값이다.

02 Fe-C계 평형상태도의 조직과 결정구조에 대한 연결이 옳은 것은?

① δ-페라이트 : 면심입방격자
② 펄라이트 : δ + Fe_3C의 혼합물
③ γ-오스테나이트 : 체심입방격자
④ 레데뷰라이트 : γ+Fe_3C의 혼합물

해설 δ 페라이트 : 체심입방격자, 펄라이트 : δ페라이트와 시멘타이트의 층상 조직, 오스테나이트 : 면심입방격자

03 용접부 응력제거풀림의 효과 중 틀린 것은?

① 치수오차 방지
② 크리프강도 감소
③ 용접잔류응력 제거
④ 응력부식에 대한 저항력 증가

해설 용접부의 응력제거풀림을 하게 되면 크리프 강도는 증가한다.

04 동합금의 용접성에 대한 설명으로 틀린 것은?

① 순동은 좋은 용입을 얻기 위해서 반드시 예열이 필요하다.
② 알루미늄청동은 열간에서 강도나 연성이 우수하다.
③ 인청동은 열간취성의 경향이 없으며, 용융점이 낮아 편석에 의한 균열발생이 없다.
④ 황동에는 아연이 다량 함유되어 있어 용접 시 증발에 의해 기초가 발생하기 쉽다.

05 주철의 용접에서 예열은 몇 ℃ 정도가 가장 적당한가?

① 0~50℃   ② 60~90℃
③ 100~140℃   ④ 150~300℃

해설 주철용접 시 예열온도에 따라 미세화 정도나 조직이 달라지므로 최소 100℃ 이상 되어야 하며 대략 500~600℃ 정도로 한다.

06 용착금속이 응고할 때 불순물은 주로 어디에 모이는가?

① 결정입계   ② 결정입내
③ 금속의 표면   ④ 금속의 모서리

해설 용착금속은 온도가 낮은 모재부분에서 결정핵이 성장하여 전체가 응고할 무렵에 결정입계가 형성되는데, 이 결정입계는 가장 늦게 응고하는 부분이기 때문에 불순물이 모인다.

07 아크 분위기는 대부분이 플럭스를 구성하고 있는 유기물탄산염 등에서 발생한 가스로 구성되어 있다. 아크 분위기의 가스성분에 해당되지 않는 것은?

① He ② CO
③ H_2 ④ CO_2

해설 헬륨은 불활성가스이다.

08 용접 시 용접부에 발생하는 결함이 아닌 것은?

① 기공 ② 텅스텐혼입
③ 슬래그혼입 ④ 라미네이션균열

해설 라미네이션균열 : 층상균열이라고도 하며 모재결함의 일종이다.

09 다음 중 경도가 가장 낮은 조직은?

① 페라이트 ② 펄라이트
③ 시멘타이트 ④ 마르텐사이트

해설 **경도크기의 순서**
시멘타이트(HB800) 〉 마르텐사이트
(HB600~720) 〉 펄라이트(HB200~225) 〉
페라이트(HB90~100)

10 용접비드의 끝에서 발생하는 고온균열로서 냉각속도가 지나치게 빠른 경우에 발생하는 균열은?

① 종균 ② 횡균열
③ 호상균열 ④ 크레이터균열

해설 고온균열은 비드균열과 크레이터균열로 분류되며, 비드균열은 종균열, 횡균열, 호상균열이 있으며 비드 끝에는 크레이터균열이 발생한다.

11 KS 분류기호 중 KS–B는 어느 부문에 속하는가?

① 전기 ② 금속
③ 조선 ④ 기계

해설 KS A : 기본, KS B : 기계, KS C : 전기, KS D : 금속, KS V : 조선

12 필릿용접에서 a5 4×300 (50)의 설명으로 옳은 것은?

① 목두께 5mm, 용접부 수 4, 용접길이 300mm, 인접한 용접부 간격 50mm
② 판두께 5mm, 용접두께 4mm, 용접피치 300mm, 인접한 용접부 간격 50mm
③ 용입깊이 5mm, 경사길이 4mm, 용접피치 300mm, 용접부 수 50
④ 목길이 5mm, 용입깊이 4mm, 용접길이 300mm, 용접부 수 50

13 다음 용접기호의 명칭으로 옳은 것은?

① 플러그용접 ② 뒷면용접
③ 스폿용접 ④ 심용접

해설 플러그용접기호이다.

14 다음 그림 중 I형 맞대기이음용접에 해당되는 것은?

①

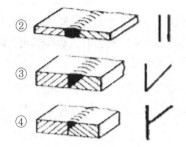

15 KS용접 기본기호에서 현장용접 보조기호로 옳은 것은?

① ○ ② 🚩

③ ⊖ ④ ◖

해설 ① : 점용접기호, ② : 현장용접기호

16 1개의 원이 직선 또는 원주 위를 굴러갈 때, 그 구르는 원이 원주 위 1점이 움직이며 그려 나가는 선은?

① 타원(ellipse)

② 포물선(parabola)

③ 쌍곡선(hyperbola)

④ 사이클로이드곡선(cycloidal curve)

17 도면에 치수를 기입할 때의 유의사항으로 틀린 것은?

① 치수는 계산할 필요가 없도록 기입하여야 한다.

② 치수는 중복기입하여 도면을 이해하기 쉽게 한다.

③ 관련되는 치수는 가능한 한 곳에 모아서 기입한다.

④ 치수는 될 수 있는 대로 주투상도에 기입해야 한다.

해설 치수기입은 중복을 피하고 정투상(주투상)도에 가능한 한곳에서 모아서 기입한다.

18 척도의 표시방법에서 A : B로 나타낼 때 A가 의미하는 것은?

① 윤곽선의 굵기 ② 물체의 실체 크기

③ 도면에서의 크기 ④ 중심마크의 크기

해설 도면의 척도표시에서 A : B는 도면의 크기 : 실물의 크기로, 1/2과 같이 분수로 표시될 경우는 실물의 1/2 크기를 뜻한다.

19 45° 모따기의 기호는?

① SR ② R

③ C ④ t

해설 C : 모따기, R : 반지름, SR : 구의 반지름, t : 판두께

20 굵은 실선으로 나타내는 선의 명칭은?

① 외형선 ② 지시선

③ 중심선 ④ 피치선

해설 외형선은 사물의 외곽을 나타내고 굵은 실선을 사용한다.

2과목 ▶ **용접구조설계**

21 용접이음의 종류에 따라 분류한 것 중 틀린 것은?

① 맞대기용접 ② 모서리용접

③ 겹치기용접 ④ 후진법용접

해설 후진법용접은 용접방향에 따른 분류이다.

22 피복아크용접에서 발생한 용접결함 중 구조상의 결합이 아닌 것은?

① 기공   ② 변형

③ 언더컷   ④ 오버랩

> **해설** • 치수상 결함 : 변형, 치수불량, 형상불량
> • 구조상 결함 : 기공, 슬래그섞임, 융합불량, 용입불량, 언더컷, 오버랩, 용접균열, 표면결함
> • 성질상 결함 : 기계적 성질 부족, 화학적 성질 부족, 물리적 성질 부족

23 용접부 시험에는 파괴시험과 비파괴시험이 있다. 파괴시험 중에서 야금학적 시험방법이 아닌 것은?

① 파면시험   ② 물성시험

③ 매크로시험   ④ 현미경조직시험

> **해설** 물성시험은 파괴시험 중 물리적시험에 해당한다.

24 용접성을 저하시키며 적열취성을 일으키는 원소는?

① 망간   ② 규소

③ 구리   ④ 황

> **해설** • 적열취성(고온취성) : 황
> • 청열취성(저온취성) : 인

25 작은 강구나 다이아몬드를 붙인 소형추를 일정한 높이에서 시험편 표면에 낙하시켜 튀어 오르는 반발 높이로 경도를 측정하는 시험은?

① 쇼어경도시험   ② 브리넬경도시험

③ 로크웰경도시험   ④ 비커스경도시험

> **해설** 압입자국의 크기에 의한 경도 측정 : ②, ③, ④번의 시험은 압입자국이 크고 깊으면 경도가 약하고 작으면 경도가 크다는 의미의 시험이다.

26 재료의 크리프변형은 일정온도의 응력 하에서 진행하는 현상이다. 크리프곡선의 영역에 속하지 않는 것은?

① 강도크리프   ② 천이크리프

③ 정상크리프   ④ 가속크리프

27 레이저용접의 특징으로 틀린 것은?

① 좁고 깊은 용접부를 얻을 수 있다.

② 고속용접과 용접공정의 융통성을 부여할 수 있다.

③ 대입열용접이 가능하고, 열영향부의 범위가 넓다.

④ 접합되어야 할 부품의 조건에 따라서 한면용접으로 접합이 가능하다.

> **해설** 레이저용접 : 대입열용접이 가능하며 열영향부의 범위가 좁다.

28 길이가 긴 대형의 강관 원주부를 연속자동용접을 하고자 한다. 이때 사용하고자 하는 지그로 가장 적당한 것은?

① 엔드탭(end tap)

② 터닝롤러(turning roller)

③ 컨베이어(conveyor) 정반

④ 용접포지셔너(welding positioner)

> **해설** 파이프를 용접할 때 사용하는 기구를 터닝롤러라 한다.

29 용접지그(Jig)에 해당되지 않는 것은?

① 용접고정구

② 용접포지셔너

③ 용접핸드실드

④ 용접매니퓰레이터

> **해설** 용접핸드실드는 안전보호구이다.

정답 22 ②   23 ②   24 ④   25 ①   26 ①   27 ③   28 ②   29 ③

30 용접구조물조립 시 일반적인 고려사항이 아닌 것은?

① 변형제거가 쉽게 되도록 하여야 한다.
② 구조물의 형상을 유지할 수 있어야 한다.
③ 경제적이고 고품질을 얻을 수 있는 조건을 설정한다.
④ 용접변형 및 잔류응력을 상승시킬 수 있어야 한다.

해설 용접구조물 조립 시 용접변형이나 잔류응력이 생기지 않도록 한다.

31 용착금속의 최대인장강도가 σ=300MPa이다. 안전율을 3으로 할 때 강판의 허용응력은 몇 MPa인가?

① 50   ② 100
③ 150   ④ 200

해설 안전율(S)=극한(인장)강도(σ)/허용응력(σa)
∴ 허용응력(σa)=극한(인장)강도(σ)/안전율(S)=300/3=100

32 내마멸성을 가진 용접봉으로 보수용접을 하고자 할 때 사용하는 용접봉으로 적합하지 않은 것은?

① 망간강 계통의 심선
② 크롬강 계통의 심선
③ 규소강 계통의 심선
④ 크롬-코발트-텅스텐 계통의 심선

해설 규소는 강도를 크게 하는 원소가 아니라 전자기적 성질이나 탄성한도를 상승시키고 내산성을 증가시키는 원소이다.

33 처음길이가 340mm인 용접재료를 길이방향으로 인장시험한 결과 390mm가 되었다. 이 재료의 연신율은 약 몇 %인가?

① 12.8   ② 14.7
③ 17.2   ④ 87.2

해설 연신율(ε)=늘어난 길이−표점(원래)길이/표점(원래)길이×100=390−340/340×100=14.7

34 V형에 비하여 홈의 폭이 좁아도 작업성과 용입이 좋으며 한 쪽에서 용접하여 충분한 용입을 얻을 필요가 있을 때 사용하는 이음 현상은?

① U형   ② I형
③ X형   ④ K형

해설 X형이나 K형은 양면에서 용접하는 맞대기용접 홈이며, I형은 좀 두꺼운 판에서 용입불량 결함이 생길 수 있다.

35 용접이음의 피로강도에 대한 설명으로 틀린 것은?

① 피로강도란 정적인 강도를 평가하는 시험방법이다.
② 하중, 변위 또는 열응력이 반복되어 재료가 손상되는 현상을 피로라고 한다.
③ 피로강도에 영향을 주는 요소는 이음 형상, 하중상태, 용접부 표면상태, 부식환경 등이 있다.
④ S−N선도를 피로선도라 부르며, 응력 변동이 피로한도에 미치는 영향을 나타내는 선도를 말한다.

해설 피로강도는 피로시험에 의한 피로한도의 크기를 뜻한다. 즉 허용응력 이내의 작은 하중을 반복해서 가하여 파괴될 때의 한도를 의미한다.

36 그림과 같은 V형 맞대기용접에서 각부의 명칭 중 틀린 것은?

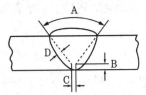

① A : 홈각도　　② B : 루트면

③ C : 루트간격　④ D : 비드높이

해설 D : 홈의 깊이

37 용접작업에서 지그 사용 시 얻어지는 효과로 틀린 것은?

① 용접변형을 억제한다.

② 제품의 정밀도가 낮아진다.

③ 대량생산의 경우 용접조립작업을 단순화시킨다.

④ 용접작업이 용이하고 작업능률이 향상된다.

해설 지그 사용 시 제품정밀도가 향상된다.

38 용접홈의 형상 중 V형홈에 대한 설명으로 옳은 것은?

① 판두께가 대략 6mm 이하의 경우 양면 용접에서 사용한다.

② 양쪽 용접에 의해 완전한 용입을 얻으려고 할 때 쓰인다.

③ 판두께 3mm 이하로 개선가공 없이 한쪽에서 용접할 때 쓰인다.

④ 보통 판두께 15mm 이하의 판에서 한쪽 용접으로 완전한 용입을 얻고자 할 때 쓰인다.

39 용접기에서 사용되는 전선(cable) 중 용접기에서 모재까지 연결하는 케이블은?

① 1차케이블　　② 입력케이블

③ 접지케이블　④ 비닐코드케이블

해설 용접기부터 모재까지의 케이블을 접지케이블이라 한다.

40 용접구조설계상의 주의사항으로 틀린 것은?

① 용착금속량이 적은 이음을 선택할 것

② 용접치수는 강도상 필요한 치수 이상으로 크게 하지 말 것

③ 용접성, 노치인성이 우수한 재료를 선택하여 시공이 쉽게 설계할 것

④ 후판을 용접할 경우는 용입이 얇고 용착량이 적은 용접법을 이용하여 층수를 늘릴 것

해설 용접층수를 많게 하며 용접시간도 많이 소요되고 변형도 증가한다.

3과목 ▶ **용접일반 및 안전관리**

41 가스용접에서 산소압력조정기의 압력조정 나사를 오른쪽으로 돌리면 밸브는 어떻게 되는가?

① 닫힌다.　　　② 고정된다.

③ 열리게 된다.　④ 중립상태로 된다.

해설 가스압력조정기는 조정기의 핸들을 시계방향(오른쪽)으로 돌리면 나사의 원리에 의해 나사가 안으로 들어가 호스 쪽으로 흐르는 입구의 스프링으로 받혀진 격판을 밀어 열리게 함으로써 가스가 호스 쪽으로 흐르게 된다.

42 가용접 시 주의사항으로 틀린 것은?

① 강도상 중요한 부분에는 가용접을 피한다.

② 본용접보다 지름이 굵은 용접봉을 사용하는 것이 좋다.

③ 용접의 시점 및 종점이 되는 끝 부분은 가용접을 피한다.

④ 본용접과 비슷한 기량을 가진 용접사에 의해 실시하는 것이 좋다.

해설 가용접은 가능한 한 지름이 가는 용접봉을 사용하여 가용접하며, 시점, 종점, 모서리, 중요한 부분 등에는 피하는 것이 좋다.

43 피복아크용접에서 용입에 영향을 미치는 원인이 아닌 것은?

① 용접속도　　② 용접홀더

③ 용접전류　　④ 아크의 길이

해설 용입은 어떤 열에 의해 모재가 녹은 깊이를 말하며, 전류가 높거나 속도가 느릴 때 아크의 길이가 짧을 때 등 단위면적당 입열량의 크기에 따라 결정된다. 용접홀더의 종류나 형상과는 무관하다.

44 직류아크용접기에서 발전형과 비교한 정류기형의 특징으로 틀린 것은?

① 소음이 적다.

② 보수점검이 간단하다.

③ 취급이 간편하고 가격이 저렴하다.

④ 교류를 정류하므로 완전한 직류를 얻는다.

해설 정류기형 직류용접기는 교류를 다이오드 등에 의해 직류로 변환한 용접기로 완전한 직류는 얻지 못한다.

45 저항용접에 의한 압접에서 전류 20A, 전기저항 30Ω, 통전시간 10sec일 때 발열량은 약 몇 cal인가?

① 14400　　② 24400

③ 28800　　④ 48800

해설 저항열J=0.24 I2RT=0.24×202×30×10=28,800

46 불활성가스 아크용접에서 비용극식, 비소모식인 용접의 종류는?

① TIG용접　　② MIG용접

③ 퓨즈아크법　　④ 아코스아크법

해설 비용극식(비소모식) : 전극이 아크를 발생하여 용융지를 형성하지만 녹지 않고 소모가 안 되므로 붙여진 이름이다. TIG용접은 텅스텐전극을 사용하는 비소모식, 비용극식 용접법이다.

47 가스용접의 특징으로 틀린 것은?

① 아크용접에 비해 불꽃온도가 높다.

② 응용범위가 넓고 운반이 편리하다.

③ 아크용접에 비해 유해광선의 발생이 적다.

④ 전원설비가 없는 곳에서는 용접이 가능하다.

해설 가스용접에서 가스불꽃의 최고온도는 3,420℃이며 피복아크용접은 최고 6,000℃, 보통 3,500~5,000℃이다.

48 산소-아세틸렌가스로 절단이 가장 잘 되는 금속은?

① 연강　　② 구리

③ 알루미늄　　④ 스테인리스강

해설 가스절단은 철의 연소반응(연소온도 보통 800~950℃)을 이용하여 연소시킨 후 고압으로 불어 절단하는 절단법으로 연강이 가장 잘 된다.

49 산소용기 취급 시 주의사항으로 틀린 것은?

① 산소병을 눕혀 두지 않는다.
② 산소병은 화기로부터 멀리한다.
③ 사용 전에 비눗물로 가스누설검사를 한다.
④ 밸브는 기름을 칠하여 항상 유연해야 한다.

해설 산소는 기름과 접촉하면 화학반응에 의해 폭발성 화합물을 형성하여 폭발할 위험이 크다.

50 지름이 3.2mm인 피복아크용접봉으로 연강판을 용접하고자 할 때 가장 적합한 아크의 길이는 몇 mm 정도인가?

① 3.2 ② 4.0
③ 4.8 ④ 5.0

해설 피복아크용접에서 아크 길이는 보통 심선지름 정도로 하는 것이 좋다.

51 다음 중 용사법의 종류가 아닌 것은?

① 아크용사법
② 오토콘용사법
③ 가스불꽃용사법
④ 플라스마제트용사법

52 가스용접토치의 취급상 주의사항으로 틀린 것은?

① 토치를 망치 등 다른 용도로 사용해서는 안 된다.
② 팁 및 토치를 작업장 바닥이나 흙 속에 방치하지 않는다.
③ 팁을 바꿔 끼울 때에는 반드시 양쪽밸브를 모두 열고 팁을 교체한다.

④ 작업 중 발생하기 쉬운 역류, 역화, 인화에 항상 주의하여야 한다.

해설 팁을 교환할 때는 토치의 밸브를 닫고 가스배출여부를 확인한 후에 교환해야 된다.

53 산소 및 아세틸렌용기 취급에 대한 설명으로 옳은 것은?

① 산소병은 60℃ 이하, 아세틸렌병은 30℃ 이하의 온도에서 보관한다.
② 아세틸렌병은 눕혀서 운반하되 운반 도중 충격을 주어서는 안 된다.
③ 아세틸렌충전구가 동결되었을 때는 50℃ 이상의 온수로 녹여야 한다.
④ 산소병 보관장소에 가연성가스를 혼합하여 보관해서는 안 되며 누설시험 시는 비눗물을 사용한다.

해설 산소병은 40℃ 이하에서 보관하며, 아세틸렌병은 눕힐 경우 아세톤이 유출될 수 있으므로 세워서 보관해야 되며, 용기충전구가 얼었을 때는 40℃ 이하의 온수로 녹여야 한다.

54 카바이드 취급 시 주의사항으로 틀린 것은?

① 운반 시 타격, 충격, 마찰 등을 주지 않는다.
② 카바이드 통을 개봉할 때는 정으로 따낸다.
③ 저장소 가까이에 인화성 물질이나 화기를 가까이 하지 않는다.
④ 카바이드는 개봉 후 보관 시는 습기가 침투하지 않도록 보관한다.

해설 카바이드는 전용가위로 개봉한다.

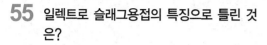

55 일렉트로 슬래그용접의 특징으로 틀린 것은?

① 용접입열이 낮다.

② 후판용접에 적당하다.

③ 용접능률과 용접품질이 우수하다.

④ 용접진행 중 직접아크를 눈으로 관찰할 수 없다.

해설 일렉트로 슬래그용접은 수직전용용접으로 고융점용접에 속하므로 입열이 매우 크다.

56 서브머지드 아크용접의 특징으로 틀린 것은?

① 유해광선발생이 적다.

② 용착속도가 빠르며 용입이 깊다.

③ 전류밀도가 낮아 박판용접에 용이하다.

④ 개선각을 작게 하여 용접의 패스수를 줄일 수 있다.

해설 서브머지드 아크용접은 고전류밀도와 대입열을 사용하는 용접으로 후판용접에 적합하다.

57 탄산가스 아크용접장치에 해당되지 않는 것은?

① 제어케이블   ② CO_2용접토치

③ 용접봉건조로   ④ 와이어송급장치

58 용착금속 중의 수소함유량이 다른 용접봉에 비해 약 1/10 정도로 현저하게 적어 용접성은 다른 용접봉에 비해 우수하나 흡습하기 쉽고, 비드시작점과 끝점에서 아크불안정으로 기공이 생기기 쉬운 용접봉은?

① E4301   ② E4316

③ E4324   ④ E4327

해설 저수소계 용접봉(E4316, E7016)은 건조해서 사용해야 되며, 건조 시 다른 용접봉에 비해 수소함유량이 1/10 정도이다.

59 AW300 용접기의 정격사용률이 40%일 때 200A로 용접을 하면 10분 작업 중 몇 분까지 아크를 발생해도 용접기에 무리가 없는가?

① 3분   ② 5분

③ 7분   ④ 9분

해설 허용사용률=정격전류²/사용전류²×정격사용률(%)=300²/200²×40=90%

60 가스용접에서 충전가스용기의 도색을 표시한 것으로 틀린 것은?

① 산소−녹색   ② 수소−주황색

③ 프로판−회색   ④ 아세틸렌−청색

해설 • 아세틸렌 : 황색
• CO_2 : 청색
• 아르곤가스 : 회색

정답 55 ① 56 ③ 57 ③ 58 ② 59 ④ 60 ④

1과목 용접야금 및 용접설비제도

01 용접전후의 변형 및 잔류응력을 경감시키는 방법이 아닌 것은?

① 억제법   ② 도열법
③ 역변형법   ④ 롤러에 거는 법

해설 롤러에 거는 법은 소성변형을 이용한 용접방법이다.

02 주철과 강을 분류할 때 탄소의 함량이 약 몇 %를 기준으로 하는가?

① 0.4%   ② 0.8%
③ 2.0%   ④ 4.3%

해설 탄소함유량 2%(2.11%)를 기준으로 강과 주철을 구분한다.

03 강의 연화 및 내부응력제거를 목적으로 하는 열처리는?

① 불림   ② 풀림
③ 침탄법   ④ 질화법

해설 풀림은 재료의 내부균열을 제거하고, 결정입자를 미세화하여 전연성을 높인다.

04 결정입자에 대한 설명으로 틀린 것은?

① 냉각속도가 빠르면 입자는 미세화 된다.
② 냉각속도가 빠르면 결정핵 수는 많아진다.
③ 과냉도가 증가하면 결정핵 수는 점차적으로 감소한다.
④ 결정핵의 수는 용융점 또는 응고점 바로 밑에서는 비교적 적다.

05 수소취성도를 나타내는 식으로 옳은 것은?(단, δ_H : 수소에 영향을 받은 시험편의 면적 δ_0 : 수소에 영향을 받지 않은 시험편의 면적이다)

① $\dfrac{\delta_H - \delta_0}{\delta_H}$ ② $\dfrac{\delta_0 - \delta_H}{\delta_H}$

③ $\dfrac{\delta_0 - \delta_H}{\delta_0}$ ④ $\dfrac{\delta_0 - \delta_H}{\delta_H}$

06 금속간화합물에 대한 설명으로 틀린 것은?

① 간단한 원자비로 구성되어 있다.
② Fe_3C는 금속간화합물이 아니다.
③ 경도가 매우 높고 취약하다.
④ 높은 용융점을 갖는다.

해설 Fe_3C는 금속간화합물이다.

07 용접금속의 응고 직후에 발생하는 균열로서 주로 결정입계에 생기며 300℃ 이상에서 발생하는 균열을 무슨 균열이라고 하는가?

① 저온균열   ② 고온균열
③ 수소균열   ④ 비드밑균열

해설 고온균열은 용접 중 또는 용접 직후에 용접부가 아직 고온일 때 발생하는 용접균열로 대부분은 입계균열로서, 용접비드 및 열영향부에도 발생한다.

정답 01 ④ 02 ③ 03 ② 04 ③ 05 ② 06 ② 07 ②

08 다음 중 슬래그생성 배합제로 사용되는 것은?

① $CaCO_3$ ② Ni

③ Al   ④ Mn

해설 슬래그생성제는 산화철, 일미나이트, 산화티탄(TiO_2), 이산화망간(MnO_2), 석회석($CaCO_3$), 규사(SiO_2), 장석, 형석 등이다.

09 철에서 채심입방격자인 α철이 A3점에서 γ철인 면심입방격자로, A4점에서 다시 δ철인 채심입방격자로 구조가 바뀌는 것은?

① 편석   ② 고용체

③ 동소변태   ④ 금속간화합물

해설 α철이 A3점에서 γ철인 면심입방격자로, A4점에서 다시 δ철인 체심입방격자로 구조가 바뀌는 것을 동소변태라 한다.

10 E4301로 표시되는 용접봉은?

① 일미나이트계   ② 고셀룰로오스계

③ 고산화티탄계   ④ 저수소계

해설 E4301 : 일미나이트계, E4311 : 고셀룰로오스계, E4313 : 고산화티탄계, E4316 : 저수소계

11 겹쳐진 부재에 홀(Hole) 대신 좁고 긴 홈을 만들어 용접하는 것은?

① 필릿용접   ② 슬롯용접

③ 맞대기용접   ④ 플러그용접

12 투상도의 배열에 사용된 제1각법과 제3각법의 대표기호로 옳은 것은?

① 제1각법 :

       제3각법 :

② 제1각법 :

       제3각법 :

③ 제1각법 :

       제3각법 :

④ 제1각법 :

       제3각법 :

13 핸들이나 바퀴 등의 암 및 리브, 훅, 축, 구조물의 부재 등의 절단면을 표시하는데 가장 적합한 단면도는?

① 부분단면도

② 한쪽단면도

③ 회전도시단면도

④ 조합에 의한 단면도

14 가는 1점쇄선의 용도에 의한 명칭이 아닌 것은?

① 중심선   ② 기준선

③ 피치선   ④ 숨은선

해설 가는 1점쇄선 : 중심선, 기준선, 피치선
∴ 숨은선은 가는 파선, 굵은 파선을 사용한다.

15 필릿용접 끝단부를 매끄럽게 다듬질하라는 보조기호는?

①   ②

③   ④

해설 ① : 오목필릿용접, ② : 평면 마감처리한 V형 맞대기용접, ④ : 평면 마감처리한 V형 맞대기용접

16 도면의 치수기입방법 중 지름을 나타내는 기호는?

① S ø   ② SR

③ ( )   ④ ø

17 KS에서 일반구조용 압연강재의 종류로 옳은 것은?

① SS400   ② SM45C

③ SM400A   ④ STKM

해설 일반구조용 압연강재는 앞에 'SS'를 붙여준다.

18 도면의 분류 중 내용에 따른 분류에 해당되지 않는 것은?

① 기초도   ② 스케치도

③ 계통도   ④ 장치도

해설 계통도는 표현형식에 따른 분류에 속한다.

19 다음 그림과 같이 경사부가 있는 물체를 경사면의 실제모양을 표시할 때 보이는 부분의 전체 또는 일부를 나타낸 투상도는?

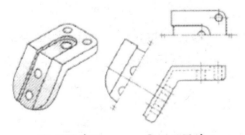

① 주투상도   ② 보조투상도

③ 부분투상도   ④ 회전투상도

20 도면에서 2종류 이상의 선이 같은 장소에서 중복될 경우 가장 우선이 되는 선은?

① 외형선   ② 숨은선

③ 절단선   ④ 중심선

해설 선이 겹칠 경우 외형선이 우선이다.

2과목 ▶ 용접구조설계

21 용접 길이를 짧게 나누어 간격을 두면서 용접하는 방법으로 피용접물 전체에 변형이나 잔류응력이 적게 발생하도록 하는 용착법은?

① 스킵법   ② 후진법

③ 전진블록법   ④ 캐스케이드법

해설 • 후진법 : 용접진행방향과 용착방향이 서로 반대가 되는 방법으로 잔류응력은 다소 적게 발생하나 작업능률이 떨어진다.
• 전진블록법 : 한 개의 용접봉으로 덧살을 붙일만한 길이로 구분해 홈을 한 부분씩 여러 층으로 쌓아 올린 다음, 다른 부분으로 진행하는 방법
• 캐스케이드법 : 한 부분의 몇 층을 용접하다가 이것을 다음 부분의 층으로 연속시켜 전체가 계단 형태의 단계를 이루도록 용착시켜 나가는 방법

22 용접구조물의 강도설계에 있어서 가장 주의해야 할 사항은?

① 용접봉   ② 용접기

③ 잔류응력   ④ 모재의 치수

해설 용접구조물의 잔류응력은 응력부식과 피로파괴의 원인이 될 수 있으므로 강도설계 시 유의한다.

23 맞대기용접이음에서 강판의 두께 6mm, 인장하중 60kN을 작용시키려 한다. 이때 필요한 용접 길이는?(단, 허용인장응력은 500MPa이다)

① 20mm ② 30mm
③ 40mm ④ 50mm

해설 $\sigma = W/hl = 60,000N/500 \times 6 = 20mm$

24 연강 판의 양면필릿(fillet)용접 시 용접부의 목길이는 판두께의 얼마 정도로 하는 것이 가장 좋은가?

① 25% ② 50%
③ 75% ④ 100%

25 맞대기용접이음의 덧살은 용접이음의 강도에 어떤 영향을 주는가?

① 덧살은 응력집중과 무관하다.
② 덧살을 작게 하면 응력집중이 커진다.
③ 덧살을 크게 하면 피로강도가 증가한다.
④ 덧살은 보강 덧붙임으로써 과대한 경우 피로강도를 감소시킨다.

해설 피로강도는 피로시험에 의한 피로한도의 크기를 뜻한다.

26 맞대기용접이음 홈의 종류가 아닌 것은?

① I형 홈 ② V형 홈
③ U형 홈 ④ T형 홈

해설 맞대기용접이음의 종류에는 I, V, U, J, X, K, H, 양면 J형 등이 있다.

27 용접부 결함의 종류가 아닌 것은?

① 가공 ② 비드
③ 융합 ④ 슬래그 섞임

28 용접결함 중 구조상의 결함이 아닌 것은?

① 균열 ② 언더컷
③ 용입불량 ④ 형상불량

해설
• 치수상 결함 : 변형, 치수불량, 형상불량
• 구조상 결함 : 기공, 슬래그섞임, 융합불량, 용입불량, 언더컷, 오버랩, 용접균열, 표면결함
• 성질상 결함 : 기계적 성질 부족, 화학적 성질 부족, 물리적 성질 부족

29 용접이음을 설계할 때 주의 사항으로 틀린 것은?

① 위보기자세용접을 많이 하게 한다.
② 강도상 중요한 이음에서는 완전용입이 되게 한다.
③ 용접이음을 한 곳으로 집중되지 않게 설계한다.
④ 맞대기용접에는 양면용접을 할 수 있도록 하여 용입부족이 없게 한다.

해설 용접이음설계 시 가급적 위보기자세용접을 피해야 한다.

30 용융금속의 용적이행형식인 단락형에 관한 설명으로 옳은 것은?

① 표면장력의 작용으로 이행하는 형식
② 전류소자 간 흡인력에 이행하는 형식
③ 비교적 미세용적이 단락되지 않고 이행하는 형식
④ 미세한 용적이 스프레이와 같이 날려 이행하는 형식

31 용접부의 피로강도향상법으로 옳은 것은?

① 덧붙이용접의 크기를 가능한 최소화한다.

② 기계적방법으로 잔류응력을 강화한다.

③ 응력집중부에 용접이음부를 설계한다.

④ 야금적변태에 따라 기계적인 강도를 낮춘다.

32 용접 후 구조물에서 잔류응력이 미치는 영향으로 틀린 것은?

① 용접구조물에 응력부식이 발생한다.

② 박판구조물에서는 국부좌굴을 촉진한다.

③ 용접구조물에서는 취성파괴의 원인이 된다.

④ 기계부품에서 사용 중에 변형이 발생되지 않는다.

33 비드 바로 밑에서 용접선과 평행되게 모재열영향부에 생기는 균열은?

① 층상균열　　　② 비드밑균열

③ 크레이트균열　④ 라미네이션균열

해설 비드밑균열은 용접비드의 바로 밑 열영향부에 생기는 균열이다.

34 완전용입된 평판맞대기이음에서 굽힘응력을 계산하는 식은?(단, σ : 용접부의 굽힘응력, M : 굽힘모멘트, ℓ : 용접유효길이, h : 모재의 두께로 한다)

① $\sigma = \dfrac{4M}{\ell h^2}$　　② $\sigma = \dfrac{4M}{\ell h^3}$

③ $\sigma = \dfrac{6M}{\ell h^2}$　　④ $\sigma = \dfrac{6M}{\ell h^3}$

35 용접부의 결함을 육안검사로 검출하기 어려운 것은?

① 피트　　　　② 언더컷

③ 오버랩　　　④ 슬래그혼입

해설 슬래그혼입은 용접금속의 내부 또는 모재와의 융합부에 슬래그가 남는 결함으로 비파괴검사로 파악 가능하다.

36 현장용접으로 판두께 15mm를 위보기자세로 20m 맞대기용접할 경우 환산용접길이는 몇 m인가?(단, 위보기 맞대기용접 환산계수는 4.8이다)

① 4.1　　　　② 24.8

③ 96　　　　④ 152

해설 환산용접길이=용접한 길이×환산계수=20×4.8=96m

37 다음 중 가장 얇은 판에 적용하는 용접홈형상은?

① H형　　　　② I형

③ K형　　　　④ V형

해설 I형은 판두께가 6mm 이하의 경우 사용되고 루트간격을 좁게 하면 용착금속의 양도 적어 경제적인 면에서 유리하나 판두께가 두꺼워지면 완전용입이 어렵다.

38 고셀룰로오스계(E4311)용접봉의 특징으로 틀린 것은?

① 슬래그생성량이 적다.

② 비드표면이 양호하고 스패터의 발생이 적다.

③ 아크는 스프레이형상으로 용입이 비교적 양호하다.

④ 가스실드에 의한 아크분위기가 환원성 이므로 용착금속의 기계적 성질이 양호하다.

해설 고셀룰로오스계는 비드표면이 거칠고 스패터 발생이 많은 것이 단점이다.

39 용접구조물의 수명과 가장 관련이 있는 것은?

① 작업률
② 피로강도
③ 작업태도
④ 아크타임률

40 비드가 끊어졌거나 용접봉이 짧아져서 용접이 중단될 때 비드 끝 부분이 오목하게 된 부분을 무엇이라고 하는가?

① 언더컷
② 앤드탭
③ 크레이터
④ 용착금속

해설 크레이터는 아크중단 시 비드 끝이 오목하게 되는 현상(용접결함 존재)이다.

3과목 ▶ **용접일반 및 안전관리**

41 피복아크용접에 사용되는 피복배합제의 성질을 작용면에서 분류한 것으로 틀린 것은?

① 아크안정제는 아크를 안정시킨다.
② 가스발생제는 용착금속의 냉각속도를 빠르게 한다.
③ 고착제는 피복제를 단단하게 심선에 고착시킨다.
④ 합금제는 용강 중에 금속원소를 첨가하여 용접금속의 성질을 개선한다.

42 피복아크용접에서 직류정극성의 설명으로 틀린 것은?

① 용접봉의 용융이 늦다.
② 모재의 용입이 얕아진다.
③ 두꺼운 판의 용접에 적합하다.
④ 모재를 +극에, 용접봉을 －극에 연결한다.

해설 정극성(DCSP)의 특징 : 모재용입이 깊고 용접봉의 용융이 느리며, 비드폭이 좁고 용접봉(－) 모재(+)에 연결한다.

43 전격방지기가 설치된 용접기의 가장 적당한 무부하전압은?

① 25V 이하
② 50V 이하
③ 75V 이하
④ 상관없다.

44 납땜에서 경납용으로 쓰이는 용제는?

① 붕사
② 인사
③ 연화아연
④ 염화암모니아

해설 경납땜의 용제로는 붕사를 가장 많이 사용한다.

45 브레이징(Brazing)은 용가재를 사용하여 모재를 녹이지 않고 용가재만 녹여 용접을 이행하는 방식인데, 몇 ℃ 이상에서 이행하는 방식인가?

① 150℃
② 250℃
③ 350℃
④ 450℃

46 피복아크용접봉 기호와 피복제계통을 각각 연결한 것 중 틀린 것은?

① E4324 – 라임티탄계
② E4301 – 일미나이트계
③ E4327 – 철분산화철계
④ E4313 – 고산화티탄계

정답 39 ② 40 ③ 41 ② 42 ② 43 ① 44 ① 45 ④ 46 ①

해설 E4324−철분산화티탄계, E4303−라임티탄계

47 용접하고자 하는 부위에 분말형태의 플럭스를 일정 두께로 살포하고, 그 속에 전극와이어를 연속적으로 송급하여 와이어선단과 모재 사이에 아크를 발생시키는 용접법은?

① 전자빔용접
② 서브머지드 아크용접
③ 불활성가스 금속아크용접
④ 불활성가스 텅스텐아크용접

해설 서브머지드용접은 플럭스(용제) 속에 와이어가 들어가 용접이 이루어진다.

48 탄산가스 아크용접에 대한 설명으로 틀린 것은?

① 용착금속에 포함된 수소량은 피복아크용접봉의 경우보다 적다.
② 박판용접은 단락이행용접법에 의해 가능하고, 전자세용접도 가능하다.
③ 피복아크용접처럼 용접봉을 갈아 끼우는 시간이 필요 없으므로 용접 생산성이 높다.
④ 용융지의 상태를 보면서 용접할 수가 없으므로 용접진행의 양·부 판단이 곤란하다.

해설 탄산가스용접은 용융상태를 볼 수 있는 가시용접이다.

49 고장력강용 피복아크용접봉 중 피복제의 계통이 특수계에 해당되는 것은?

① E5000   ② E5001
③ E5003   ④ E5026

해설 E5000, E8000 : 특수계, E5003 : 라임티탄계, E5001 : 일미나이트계, E5026 : 철분저수소계

50 TIG, MIG, 탄산가스 아크용접 시 사용하는 차광렌즈번호로 가장 적당한 것은?

① 4~5   ② 6~7
③ 8~9   ④ 12~13

해설 납땜작업 : 2~4, 가스용접 : 4~6, 피복아크용접 : 10~12, TIG 및 탄산가스 : 12~13

51 활성가스를 보호가스로 사용하는 용접법은?

① SAW용접   ② MIG용접
③ MAG용접   ④ TIG용접

해설 MAG용접은 활성가스용접이다.

52 피복아크용접 시 안전홀더를 사용하는 이유로 옳은 것은?

① 고무장갑대용
② 유해가스 중독방지
③ 용접작업 중 전격예방
④ 자외선과 적외선차단

해설 전격방지를 위해 안전홀더를 사용한다.

53 피복아크용접 시 전격방지에 대한 주의사항으로 틀린 것은?

① 작업을 장시간 중지할 때는 스위치를 차단한다.
② 무부하전압이 필요 이상 높은 용접기를 사용하지 않는다.
③ 가죽장갑, 앞치마, 발덮개 등 규정된 안전보호구를 착용한다.
④ 땀이 많이 나는 좁은 장소에서는 신체를 노출시켜 용접해도 된다.

해설 신체노출을 시켜서는 안 된다.

54 용해 아세틸렌가스를 충전하였을 때의 용기 전체의 무게가 65kgf이고, 사용 후 빈병의 무게가 61kgf였다면, 사용한 아세틸렌가스는 몇 리터(L)인가?

① 905
② 1810
③ 2715
④ 3620

해설 가스량 = 905×(65−61) = 3,620

55 금속원자 간에 인력이 작용하여 영구결합이 일어나도록 하기 위해서 원자 사이의 거리가 어느 정도 접근해야 하는가?

① 0.001mm
② 10^{-6}cm
③ 10^{-8}cm
④ 0.0001mm

56 불활성가스 텅스텐아크용접의 특징으로 틀린 것은?

① 보호가스가 투명하여 가시용접이 가능하다.
② 가열범위가 넓어 용접으로 인한 변형이 크다.
③ 용제가 불필요하고 깨끗한 비드외관을 얻을 수 있다.
④ 피복아크용접에 비해 용접부의 연성 및 강도가 우수하다.

해설 불활성가스 텅스텐아크용접은 전자세의 용접이 가능하고 고능률적이며 용접품질이 우수한 가시용접이다.

57 피복아크용접에서 용접부의 보호방식이 아닌 것은?

① 가스발생식
② 슬래그생성식
③ 반가스발생식
④ 스프레이발생식

58 교류아크용접기의 용접전류 조정범위는 정격2차전류의 몇 % 정도인가?

① 10~20%
② 20~110%
③ 110~150%
④ 160~200%

해설 교류아크용접기의 용접전류 조정범위는 정격 2차전류의 20~110% 범위이다.

59 불활성가스 텅스텐아크용접에서 일반교류전원에 비해 고주파교류전원이 갖는 장점이 아닌 것은?

① 텅스텐전극봉이 많은 열을 받는다.
② 텅스텐전극봉의 수명이 길어진다.
③ 전극을 모재에 접촉시키지 않아도 아크가 발생한다.
④ 아크가 안정되어 작업 중 아크가 약간 길어져도 끊어지지 않는다.

60 아크용접에서 피복배합제 중 탈산제에 해당되는 것은?

① 산성백토
② 산화티탄
③ 페로망간
④ 규산나트륨

해설 탈산제 : 망간, 페로망간, 크롬, 페로크롬, 알루미늄, 마그네슘 등

1과목 ▶ 용접야금 및 용접설비제도

01 예열 및 후열의 목적이 아닌 것은?

① 균열의 방지

② 기계적성질 향상

③ 잔류응력의 경감

④ 균열감수성의 증가

해설 예열·후열의 목적 : 균열 방지, 잔류응력 감소, 균열감수성 감소, 기계적성질 향상

02 강의 오스테나이트 상태에서 냉각속도가 가장 빠를 때 나타나는 조직은?

① 펄라이트   ② 소르바이트

③ 마르텐사이트   ④ 트루스타이트

해설 오스테나이트 상태에서 급냉하면 마르텐사이트 조직으로 변한다.

03 용착금속이 응고할 때 불순물이 한 곳으로 모이는 현상은?

① 공석   ② 편석

③ 석출   ④ 고용체

해설 편석 : 불순물이나 일부 원소가 한 곳으로 편중되어 응고한 것

04 6:4 황동에 1~2% Fe를 첨가한 것으로 강도가 크며 내식성이 좋아 광산기계, 선박용 기계, 화학기계 등에 이용되는 합금은?

① 톰백   ② 라우탈

③ 델타메탈   ④ 네이벌황동

해설 델타메탈은 6:4 황동에 Fe 1~2%를 함유한 것으로 결정입자가 미세하여 강도와 경도가 증가하고 대기 및 해수에 대해 내식성이 크다.

05 스테인리스강에서 용접성이 가장 좋은 계통은?

① 페라이트계   ② 펄라이트계

③ 마르텐사이트계   ④ 오스테나이트계

해설 스테인리스강에서 오스테나이트계가 용접성과 내식성이 가장 우수하다.

06 용접 시 수소원소에 의한 영향으로 옳은 것은?

① 수소는 용해도가 매우 높아 용접 시 쉽게 흡수된다.

② 용접 중에 흡수되는 대부분의 수소는 기체수소로부터 공급된다.

③ 수소는 용접 시 냉각 중에 균열 또는 은점형성의 원인이 된다.

④ 응력이 존재한 경우 격자결함은 원자 수소의 인력으로 작용하여 응력계(stress-system)를 증가시켜 탄성인자로 작용한다.

해설 철강의 용접 시 수소는 비드밑균열(저온균열), 은점, 헤어크랙 등의 원인이 된다.

07 적열취성에 가장 큰 영향을 미치는 것은?

① S   ② P

③ H_2 ④ N_2

해설 적열취성(고온취성) : S, 청열취성(저온취성) : P

정답 01 ④ 02 ③ 03 ② 04 ③ 05 ④ 06 ③ 07 ①

08 서브머지드 아크용접 시 용융지에서 금속 정련반응이 일어날 때 용접금속의 청정도 및 인성과 매우 깊은 관계가 있는 것은?

① 플럭스(flux)의 입도
② 플럭스(flux)의 염기도
③ 플럭스(flux)의 소결도
④ 플럭스(flux)의 용융도

해설 플럭스의 염기도가 높으면 내균열성이 커서 인성이 좋으며 염기도가 낮으면 인성이 낮아진다.

09 잔류응력제거법 중 잔류응력이 있는 제품에 하중을 주어 용접 부위에 약간의 소성변형을 일으킨 다음 하중을 제거하는 방법은?

① 피닝법
② 노내풀림법
③ 국부풀림법
④ 기계적 응력완화법

해설 잔류응력이 존재하는 구조물에 약간의 하중을 걸어 용접부를 소성변형시킨 후 하중을 제거하여 잔류응력을 감소시키는 것은 기계적 응력완화법이다.

10 알루미늄과 그 합금의 용접성이 나쁜 이유로 틀린 것은?

① 비열과 열전도도가 대단히 커서 수축량이 크기 때문
② 용융응고 시 수소가스를 흡수하여 기공이 발생하기 쉽기 때문
③ 강에 비해 용접 후의 변형이 커 균열이 발생하기 쉽기 때문
④ 산화알루미늄의 용융온도가 알루미늄의 용융온도보다 매우 낮기 때문

해설 산화알루미늄(Al_2O_3)의 용융점이 순알루미늄의 용융점보다 매우 높기 때문에 용접성이 나쁘다.

11 KS재료기호 중 SM45C의 설명으로 옳은 것은?

① 기계구조용강 중에 45종이다.
② 재질강도가 45MPa인 기계구조용 강이다.
③ 탄소함유량 4.5%인 기계구조용 주물이다.
④ 탄소함유량 0.45%인 기계구조용 탄소강재이다.

해설 S는 강을 표시하며, M은 기계구조용을 의미하고, 45는 탄소함유량 0.45%를 뜻한다.

12 도면으로 사용된 용지의 안쪽에 그려진 내용이 확실히 구분되도록 그리는 윤곽선은 일반적으로 몇 mm 이상의 실선으로 그리는가?

① 0.2mm
② 0.25mm
③ 0.3mm
④ 0.5mm

13 대상물이 보이지 않는 부분을 표시하는데 쓰이는 선의 종류는?

① 굵은 실선
② 가는 파선
③ 가는 실선
④ 가는 이점쇄선

해설 물체의 보이지 않는 부분을 표시하는 숨은선(응력)은 가는 파선(점선)으로 나타낸다. .

14 기계나 장치 등의 실체를 보고 프리핸드(free hand)로 그린 도면은?

① 스케치도
② 부품도
③ 배치도
④ 기초도

해설 스케치도는 부품이나 기계장치의 실체를 보고 프리핸드로 그린다.

15 도면의 크기 중 A0용지의 넓이는 약 얼마인가?

① $0.25m^2$ ② $0.5m^2$

③ $0.8m^2$ ④ $1.0m^2$

해설 A0용지 크기 = 841×1,189 = 999,949mm²
= 0.9999m² ≒ 1.0m²

16 실형의 물건에 광명단 등 도료를 발라 용지에 찍어 스케치하는 방법은?

① 본뜨기법   ② 프린트법

③ 사진촬영법   ④ 프리핸드법

해설 프린트법은 부품에 면이 평면이고, 복잡한 윤곽을 갖는 부품인 경우에 그 면에 광명단 등을 발라 스케치용지에 찍어 그 면의 실형을 얻는다.

17 선을 긋는 방법에 대한 설명으로 틀린 것은?

① 1점쇄선은 긴 쪽 선으로 시작하고 끝나도록 긋는다.

② 파선이 서로 평행할 때에는 서로 엇갈리게 그린다.

③ 실선과 파선이 서로 만나는 부분은 띄워지도록 그린다.

④ 평행선은 선간격을 선 굵기의 3배 이상으로 하여 긋는다.

해설 실선과 파선이 만나는 경우는 실선과 교차시킨다.

18 투상법에 대한 설명으로 틀린 것은?

① 투상 : 대상물의 형태를 평면상에 투영하는 것을 말한다.

② 시선 : 시점과 공간에 있는 점을 연결하는 선 및 그 연장선을 말한다.

③ 투상선 시점과 대상물의 각 점을 연결하고 대상물의 형태를 투상면에 찍어내기 위해서 사용하는 선이다.

④ 시점 : 공간에 있는 점을 시점과 다른 방향으로 무한정 멀리했을 경우에 시점과 투상면과의 교점이다.

해설 시점은 눈으로 대상물을 볼 때 눈에서의 투시 시작점이다.

19 가는 실선으로 사용하는 선이 아닌 것은?

① 지시선   ② 수준면선

③ 무게중심선   ④ 치수보조선

해설 가는 실선의 용도 : 치수보조선, 치수선, 지시선, 수준면선, 파단선

20 용접기호에 대한 명칭이 틀리게 짝지어진 것은?

① ⊖ : 스폿용접

② ⊔ : 플러그용접

③ ⌣ : 뒷면용접

④ ▶ : 현장용접

해설 ①번은 심용접기호이며, 스폿용접기호는 ○이다.

2과목 ▷ 용접구조설계

21 완전한 맞대기용접이음의 굽힘모멘트 Mb=12,000N·㎜가 작용하고 있을 때 최대굽힘응력은 약 몇 N/㎜²인가?(단, l=300㎜, t=25㎜)

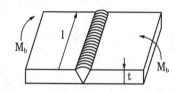

① 0.324 ② 0.344
③ 0.384 ④ 0.424

해설 굽힘응력 = 6×굽힘모멘트/단면계수 = 6×굽힘모멘트/용접선길이×두께² = (6×12,000)/(300×25²) = 0.384

22 용접의 내부결함이 아닌 것은?

① 은점 ② 피트
③ 선상조직 ④ 비금속 개재물

해설 표면결함은 언더컷, 오버랩, 피트 등이 있다.

23 용접지그에 대한 설명으로 틀린 것은?

① 잔류응력을 제거하기 위한 것이다.
② 모재를 용접하기 쉬운 상태로 놓기 위한 것이다.
③ 작업을 용이하게 하고 용접능률을 높이기 위한 것이다.
④ 용접제품의 치수를 정확하게 하기 위해 변형을 억제하는 것이나.

해설 용접지그는 대량생산 시 작업능률을 높이기 위해 사용되나 구속으로 인하여 잔류응력은 증가한다.

24 용접이음의 내식성에 영향을 미치는 요인이 아닌 것은?

① 슬래그 ② 용접자세
③ 잔류응력 ④ 용접이음현상

해설 잔류응력이 있는 경우 응력부식을 일으키며, 용접자세와 내식성과는 무관하다.

25 강판의 맞대기용접이음에서 두꺼운 판에 사용할 수 있으며 양면용접에 의해 충분한 용입을 얻으려고 할 때 사용하는 홈의 형상은?

① V형 ② U형
③ I형 ④ H형

해설 판두께별 홈 형상의 순서 : I형 〈 V형 〈 U형 〈 X형 〈 H형

26 불활성가스 텅스텐아크용접에서 직류역극성(DCRP)으로 용접할 경우 비드폭과 용입에 대한 설명으로 옳은 것은?

① 용입이 깊고 비드폭이 넓다.
② 용입이 깊고 비드폭이 좁다.
③ 용입이 얕고 비드폭이 넓다.
④ 용입이 얕고 비드폭이 좁다.

해설 직류역극성은 모재에 (−), 토치에 (+)를 연결한 상태로, 양극에서 70%, 음극에서 30%의 열이 발생하며, 모재의 용용은 얕고 비드폭이 넓어진다.

27 용접 후 실시하는 잔류응력완화법으로 틀린 것은?

① 도열법
② 저온응력완화법
③ 응력제거풀림법
④ 기계적 응력완화법

해설 도열법은 용접부에 구리로 된 덮개판이나, 뒷면에서 용접부를 살수하는 수냉 또는 용접부 근처에 물에 젖은 석면이나 천 등을 두어 모재에 용접입열을 막는 변형방지법으로 용접 중에 실시한다.

28 가용접작업 시 주의사항으로 틀린 것은?

① 가용접작업도 본용접과 같은 온도로 예열을 한다.

② 가용접 시 용접봉은 본용접보다 굵은 것을 사용하여 견고하게 접합시키는 것이 좋다.

③ 중요 부분은 용접 홈 내에 가접하는 것은 피한다. 부득이한 경우 본용접 전 깎아내도록 한다.

④ 가용접의 위치는 부품의 끝, 모서리, 각 등과 같이 단면이 급변하여 응력이 집중되는 곳은 피한다.

해설 가용접 시 용접봉은 본용접보다 가는 용접봉을 사용한다.

29 결함에코형태로 결함을 판정하는 방법으로 초음파검사법의 종류 중 가장 많이 사용하는 방법은?

① 투과법   ② 공진법

③ 타격법   ④ 펄스반사법

해설 용접부 초음파검사에는 주로 펄스반사법을 적용한다.

30 자기비파괴검사에서 사용하는 자화방법이 아닌 것은?

① 형광법   ② 극간법

③ 관통법   ④ 축통전법

해설 자기비파괴검사에서 형광법은 자화방법이 아니고 검출이 용이하도록 자분에 형광물질을 함유시켜 검사하는 방법을 의미한다.

31 재료절약을 위한 용접설계요령으로 틀린 것은?

① 안전하고 외관상 모양이 좋아야 한다.

② 용접조립시간을 줄이도록 설계를 한다.

③ 가능한 용접할 조각의 수를 늘려야 한다.

④ 가능한 표준규격의 부품이나 재료를 이용한다.

해설 재료절약을 위한 용접설계는 용착금속의 양이 적게 하며, 조각수를 줄이고 표준규격의 재료나 부품을 이용한다.

32 용착금속의 인장 또는 파면시험을 했을 경우 파단면에 나타나는 고기 눈 모양의 취약한 은백색 파면의 결함은?

① 기공   ② 은점

③ 오버랩   ④ 크레이터

해설 은점(fish eye)의 원인은 수소이며 파단면에 물고기 눈과 같은 모양을 나타낸다.

33 서브머지드 아크용접이음부 설계를 설명한 것으로 틀린 것은?

① 자동용접으로 정확한 이음부 홈 가공이 요구된다.

② 용접부 시작점과 끝점에는 엔드탭을 부착하여 용접한다.

③ 가로수축량이 크므로 스트롱백을 이용하여야 한다.

④ 루트간격이 규정보다 넓으면 뒷댐판을 사용한다.

34 방사선투과 검사의 장점에 대한 설명으로 틀린 것은?

① 모든 재질의 내부결함검사에 적용할 수 있다.

② 검사결과를 필름에 영구적으로 기록할 수 있다.

③ 미세한 표면균열이나 라미네이션도 검출할 수 있다.

④ 주변재질과 비교하여 1% 이상의 흡수차를 나타내는 경우도 검출할 수 있다.

해설 방사선투과검사는 라미네이션(층상균열, 라멜라테어) 등은 검출이 어렵다.

35 용접이음에서 피로강도에 영향을 미치는 인자가 아닌 것은?

① 이음형상 　② 용접결함

③ 하중상태 　④ 용접기 종류

해설 피로파괴는 이음형상에서 단면적의 급변, 결함, 하중의 크기 등에 영향이 크며 용접기 종류와는 전혀 무관하다.

36 맞대기용접이음에서 모재의 인장강도가 50N/mm²으로 나타났을 때 이음효율은?

① 40% 　② 50%

③ 60% 　④ 70%

해설 이음효율=용접시험편 인장강도/모재 인장강도×100=25/50×100=50%

37 석회석이나 형석을 주성분으로 사용한 것으로 용착금속 중의 수소 함유량이 다른 용접봉에 비해 약 1/10 정도로 현저하게 적은 용접봉은?

① 저수소계 　② 고산화티탄계

③ 일미나이트계 　④ 철분산화티탄계

38 접합하려는 두 모재를 겹쳐놓고 한 쪽의 모재에 드릴이나 밀링머신으로 둥근 구멍을 뚫고 그곳을 용접하는 이음은?

① 필릿용접 　② 플레어용접

③ 플러그용접 　④ 맞대기홈용접

39 용착법 중 단층용착법이 아닌 것은?

① 스킵법 　② 전진법

③ 대칭법 　④ 빌드업법

해설 빌드업법은 비드를 쌓아 올리는 다층용접법이다.

40 필릿용접의 이음강도를 계산할 때 목 길이가 10mm라면 목두께는?

① 약 7mm 　② 약 10mm

③ 약 12mm 　④ 약 15mm

해설 목두께는 목길이의 0.707%, 즉 목두께는 루트부에서 45° 경사진 부분의 길이이므로 cos45°=0.707이므로 10mm×0.707≒7mm이다.

3과목 ▶ 용접일반 및 안전관리

41 일반적으로 가스용접에서 사용하는 가스의 종류와 용기의 색상이 옳게 짝지어진 것은?

① 산소-황색

② 수소-주황색

③ 탄산가스-녹색

④ 아세틸렌가스-백색

해설 산소 : 녹색, 탄산가스 : 청색, 아세틸렌가스 : 황색

42 AW 300의 교류아크용접기로 조정할 수 있는 2차전류(A)값의 범위는?

① 30~220A ② 40~330A

③ 60~330A ④ 120~480A

해설 2차전류는 정격전류의 20~110% 정도이므로 60~330A이다.

43 가스절단작업에서 프로판가스와 사용하였을 경우를 비교한 사항으로 틀린 것은?

① 포갬절단속도는 프로판가스를 사용하였을 때가 빠르다.

② 슬래그제거가 쉬운 것은 프로판가스를 사용하였을 경우이다.

③ 후판절단 시 절단속도는 프로판가스를 사용하였을 때가 빠르다.

④ 점화가 쉽고 중성불꽃을 만들기 쉬운 것은 프로판가스를 사용하였을 경우이다.

해설 점화나 중성불꽃을 만들기 쉬운 때는 아세틸렌가스를 사용하였을 경우이다.

44 피복아크용접봉의 고착제에 해당되는 것은?

① 석면 ② 망간

③ 규소철 ④ 규산나트륨

해설 규산나트륨은 고착제로 사용한다.

45 피복아크용접작업의 기초적인 용접조건으로 가장 거리가 먼 것은?

① 오버랩 ② 용접속도

③ 아크길이 ④ 용접전류

해설 오버랩은 용접결함으로 기초적 용접조건과 무관하다.

46 MIG용접법의 특징에 대한 설명으로 틀린 것은?

① 전자세용접이 불가능하다.

② 용접속도가 빠르므로 모재의 변형이 적다.

③ 피복아크용접에 비해 빠른 속도로 용접할 수 있다.

④ 후판에 적합하고 각종 금속용접에 다양하게 적용할 수 있다.

해설 MIG용접법은 전자세용접이 가능하다.

47 아크빛으로 인해 눈에 급성염증증상이 발생하였을 때 우선 조치해야 할 사항으로 옳은 것은?

① 온수로 씻은 후 작업한다.

② 소금물로 씻은 후 작업한다.

③ 냉습포를 눈 위에 얹고 안정을 취한다.

④ 심각한 사안이 아니므로 계속 작업한다.

48 구리 및 구리합금의 가스용접용 용제에 사용되는 물질은?

① 붕사 ② 염화칼슘

③ 황산칼륨 ④ 중탄산소다

49 피복아크용접에서 자기불림(magnetic blow)의 방지책으로 틀린 것은?

① 교류용접을 한다.

② 접지점을 2개로 연결한다.

③ 접지점을 용접부에 가깝게 한다.

④ 용접부가 긴 경우는 후퇴용접법으로 한다.

정답 42 ③ 43 ④ 44 ④ 45 ① 46 ① 47 ③ 48 ① 49 ③

해설 자기쏠림은 아크쏠림이라고도 하며, 직류용접 시 자력의 형성으로 아크가 한쪽으로 쏠리는 현상이며, 접지점을 용접부에서 멀리하는 것이 좋다.

50 텅스텐전극봉을 사용하는 용접은?

① TIG용접

② MIG용접

③ 피복아크용접

④ 산소-아세틸렌용접

해설 TIG용접은 텅스텐전극을 사용하는 비소모식, 비용극식 용접법이다.

51 용접자동화에 대한 설명으로 틀린 것은?

① 생산성이 향상된다.

② 용접봉의 손실이 많아진다.

③ 외관이 균일하고 양호하다.

④ 용접부의 기계적 성질이 향상된다.

해설 용접자동화 : 용접봉 손실감소, 품질의 균일성, 생산성 증가

52 티그(TIG)용접 시 보호가스로 쓰이는 아르곤과 헬륨의 특징을 비교할 때 틀린 것은?

① 헬륨은 용접입열이 많으므로 후판용접에 적합하다.

② 헬륨은 열영향부(HAZ)가 아르곤보다 좁고 용입이 깊다.

③ 아르곤은 헬륨보다 가스소모량이 적고 수동용접에 많이 쓰인다.

④ 헬륨은 위보기자세나 수직자세용접에서 아르곤보다 효율이 떨어진다.

해설 헬륨은 아르곤보다 가벼워서 아래보기자세에서는 보호능력이 떨어지나 위보기자세나 수직자세에서는 아르곤보다 효율이 더 높다.

53 가스절단을 할 때 사용되는 예열가스 중 최고불꽃온도가 가장 높은 것은?

① CH_4

② C_2H_2

③ H_2

④ C_3H_8

해설 아세틸렌(C_2H_2)은 불꽃온도가 3,420℃로 가장 높다.

54 이음부의 루트간격치수에 특히 유의하여야 하며, 아크가 보이지 않는 상태에서 용접이 진행된다고 하여 잠호용접이라고도 부르는 용접은?

① 피복아크용접

② 탄산가스 아크용접

③ 서브머지드 아크용접

④ 불활성가스 금속아크용접

해설 서브머지드 아크용접은 아크가 보이지 않아 불가시용접, 잠호용접 또는 개발회사의 이름을 따서 유니언 멜트용접이라고도 한다.

55 가스용접에 쓰이는 가연성가스의 조건으로 옳은 것은?

① 발열량이 적어야 한다.

② 연소속도가 느려야 한다.

③ 불꽃의 온도가 낮아야 한다.

④ 용융금속과 화학반응을 일으키지 않아야 한다.

해설 가연성가스는 발열량이 높고, 연소속도가 빠르며, 불꽃온도가 높을수록 좋다.

56 탄소전극과 모재와의 사이에 아크를 발생시켜 고압의 공기로 용융금속을 불어내어 홈을 파는 방법은?

① 불꽃가우징

② 기계적가우징

③ 아크에어가우징

④ 산소·수소가우징

정답 50 ① 51 ② 52 ④ 53 ② 54 ③ 55 ④ 56 ③

해설 탄소전극에서 발생하는 아크열로 모재를 용융시키고 고압의 공기로 용융금속을 불어내는 것을 아크에어가우징이라 한다.

57 용접기의 전원스위치를 넣기 전에 점검해야 할 사항으로 틀린 것은?

① 냉각팬의 회전부에는 윤활유를 주입해서는 안 된다.
② 용접기가 전원에 잘 접속되어 있는지 점검한다.
③ 용접기의 케이스에서 접지선이 이어져 있는지 점검한다.
④ 결선부의 나사가 풀어진 곳이나 케이블의 손상된 곳은 없는지 점검한다.

해설 냉각팬 등의 회전부에는 윤활유(그리스)를 주입한다.

58 가스용접에서 황동은 무슨 불꽃으로 용접하는 것이 가장 좋은가?

① 탄화불꽃　　② 산화불꽃
③ 중성불꽃　　④ 약한 탄화불꽃

해설 중성불꽃은 탄소강, 주철, 주강 등의 용접에 적합하며 구리합금 등은 산화불꽃을 사용한다.

59 수소가스분위기에 있는 2개의 텅스텐 전극봉 사이에서 아크를 발생시키는 용접법은?

① 스터드용접
② 레이저용접
③ 전자빔용접
④ 원자수소 아크용접

60 Aw-240용접기로 180A를 이용하여 용접한다면, 허용사용률은 약 몇 %인가?(단, 정격사용율은 40%이다)

① 51　　　　② 61
③ 71　　　　④ 81

해설 허용사용률 = 정격2차전류^2/실제용접전류^2 × 정격사용률(%) = $240^2/180^2 × 40 ≒ 71\%$

1과목 ▶ 용접야금 및 용접설비제도

01 다음 스테인리스강 중 용접성이 가장 우수한 것은?

① 페라이트 스테인리스강

② 펄라이트 스테인리스강

③ 마르텐사이트계 스테인리스강

④ 오스테나이트계 스테인리스강

해설 오스테나이트계 스테인리스강이 용접성과 내식성이 가장 우수하다.

02 용접균열 중 일반적인 고온균열의 특징으로 옳은 것은?

① 저합금강의 비드균열, 루트균열 등이 있다.

② 대입열량의 용접보다 소입열량의 용접에서 발생하기 쉽다.

③ 고온균열은 응고과정에서 발생하지 않고, 응고 후에 많이 발생한다.

④ 용접금속 내에서 종균열, 횡균열, 크레이터균열 형태로 많이 나타난다.

해설 크레이터균열은 비드표면에 나타난다.

03 Fe-C 평행상태도에서 나타나는 불변반응이 아닌 것은?

① 포석반응   ② 포정반응

③ 공석반응   ④ 공정반응

해설 포석반응이란 2원계합금의 변태의 일종으로, 상이한 두 고상이 냉각할 때 반응하여 하나의 전혀 새로운 고상을 생성하는 반응이다.

04 다음 중 전기전도율이 가장 높은 것은?

① Cr   ② Zn

③ Cu   ④ Mg

해설 전기전도율의 크기 : 은 〉 구리 〉 금 〉 알루미늄 〉 마그네슘 〉 아연 〉 니켈 〉 철 〉 납 〉 안티몬

05 청열취성이 발생하는 온도는 약 몇 ℃인가?

① 250   ② 450

③ 650   ④ 850

해설 탄소강이 200~300℃ 부근에서 수소가 주원인으로 발생한다.

06 다음 중 재질을 연화시키고 내부응력을 줄이기 위해 실시하는 열처리방법으로 가장 적합한 것은?

① 풀림   ② 담금질

③ 크로마이징   ④ 세라다이징

해설
• 뜨임 : 인성부여
• 불림 : 조직의 균일화
• 풀림 : 재료의 연화, 응력제거

07 다음 중 황의 함유량이 많을 경우 발생하기 쉬운 취성은?

① 적열취성   ② 청열취성

③ 저온취성   ④ 뜨임취성

해설 적열취성 : 황, 청열취성 : 인

정답 01 ④ 02 ④ 03 ① 04 ③ 05 ① 06 ① 07 ①

08 다음 중 일반적인 금속재료의 특징으로 틀린 것은?

① 전성과 연성이 좋다.

② 열과 전기의 양도체이다.

③ 금속 고유의 광택을 갖는다.

④ 이온화하면 음(−)이온이 된다.

해설 금속재료의 특징
- 상온에서 고체이며 결정체(예외 : Hg, Na, K, Li)비중이 크고 금속마다 고유의 광택을 갖는다.
- 결정면에서 슬립이 용이하여 가공이 용이하고 연성·전성이 좋다.
- 열과 전기의 양도체이다.
- 이온화하면 양(+)이온이 된다.
- 모든 금속은 전자, 양자, 중성자를 가지고 있다.
- 대부분의 금속은 고체상태에서 빠르게 배열되어 있다.

09 강의 내부에 모재표면과 평행하게 층상으로 발생하는 균열로, 주로 T이음, 모서리이음에서 볼 수 있는 것은?

① 토우균열   ② 설퍼균열

③ 크레이터균열   ④ 라멜라티어균열

해설 라멜라티어균열은 모재표면과 평행하게 층상으로 발생하는 균열이다.

10 다음 중 용접 후 잔류응력을 제거하기 위한 열처리방법으로 가장 적합한 것은?

① 담금질   ② 노내풀림법

③ 실리코나이징   ④ 서브제로처리

해설 노내풀림법은 제품을 가열로 안에 넣고 적정 온도에서 일정시간 유지한 다음, 노 내에서 서냉시켜 잔류응력을 제거하는 방법이다.

11 사투상도에 있어서 경사축의 각도로 가장 적합하지 않은 것은?

① 20°   ② 30°

③ 45°   ④ 60°

해설 사투상도에서 경사축과 수평선이 이루는 각은 30°, 45°, 60°등이 사용된다.

12 제3각법의 투상도 배치에서 정면도의 위쪽에는 어느 투상면이 배치되는가?

① 배면   ② 저면도

③ 평면도   ④ 우측면도

해설 3각법에서 정면도를 중심으로 우측면도는 정면도 우측, 평면도는 정면도의 위쪽에 배치한다.

13 일부를 도시하는 것으로 충분한 경우에는 그 필요 부분만을 표시하는 투상도는?

① 부분투상도   ② 등각투상도

③ 부분확대도   ④ 회전투상도

해설 물체의 일부를 도시하는 것으로 충분한 경우에는 그 필요 부분만은 부분투상도로 표시한다.

14 다음 선의 종류 중 특수한 가공을 하는 부분 등 특별한 요구사항을 적용할 수 있는 범위를 표시하는데 사용하는 선은?

① 굵은 실선   ② 굵은 1점쇄선

③ 가는 1점쇄선   ④ 가는 2점쇄선

해설
- 굵은 실선 : 외형선
- 굵은 1점쇄선 : 특수지정선
- 가는 1점쇄선 : 중심선, 기준선, 피치선
- 가는 2점쇄선 : 가상선

15 다음 중 기계를 나타내는 KS 부분별 분류 기호는?

① KS A ② KS B

③ KS C ④ KS D

> **해설** ①번 기본, ②번 기계, ③번 전기, ④번 금속

16 복사한 도면을 접을 때 그 크기는 원칙적으로 어느 사이즈로 하는가?

① A1 ② A2

③ A3 ④ A4

> **해설** A3 이상의 용지에 작도한 도면을 접을 경우 A4 크기로 접어서 보관한다.

17 탄소강 단강품인 SF 340A에서 340이 의미하는 것은?

① 종별번호 ② 탄소함유량

③ 열처리 상황 ④ 최저인장강도

> **해설** S : 스틸, F : 단조, 340 : 최저인장강도, A : A종

18 용접부 보조기호 중 영구적인 덮개판을 사용하는 기호는?

① ② M

③ MR ④

> **해설** ① 표면을 매끄럽게 함, ③ 제거가능한 이면판재사용, ④ 평면마감처리

19 KS 용접기호 중 Z◁n×L(e)에서 n이 의미하는 것은?

① 피치 ② 목길이

③ 용접부 수 ④ 용접길이

> **해설** Z : 목길이, L : 용접부길이, e : 인접용접부와의 간격

20 다음 용접기호 중 가장자리 용접에 해당되는 기호는?

① ②

③ ④

> **해설** ①번 표면육성, ②번 표면접합부, ④번 겹침접합부

2과목 용접구조설계

21 용접균열의 발생원인이 아닌 것은?

① 수소에 의한 균열

② 탈산에 의한 균열

③ 변태에 의한 균열

④ 노치에 의한 균열

> **해설** 용접균열은 급열, 급냉에 따른 팽창과 수축이 발생원인이며, 수소나 노치 부분의 균열도 발생원인이 된다.

22 그림과 같은 용접이음에서 굽힘응력을 σ_b라 하고, 굽힘단면계수를 W_b라 할 때, 굽힘모멘트 M_b를 구하는 식은?

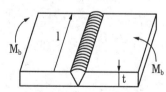

① $M_b = \dfrac{\sigma_b}{W_b}$

② $M_b = \sigma_b \cdot W_b$

③ $M_b = \dfrac{\sigma_b \cdot W_b}{\ell}$

④ $M_b = \dfrac{\sigma_b \cdot W_b}{t}$

> **해설** 굽힘응력(σ_b)=굽힘모멘트(M_b)/단면계수(W_b)
> ∴ $M_b = \sigma_b \times W_b$

23 두께가 5㎜인 강판을 가지고 다음 그림과 같이 완전용입의 맞대기용접을 하려고 한다. 이 때 최대인장하중을 50000N 작용시키려면 용접길이는 얼마인가?(단, 용접부의 허용인장응력은 100MPa이다)

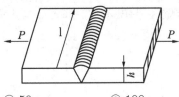

① 50㎜　　　　② 100㎜
③ 150㎜　　　　④ 200㎜

해설 σ=P/A=P/t×L, L=50,000N/100×5=100mm

24 용접부의 변형교정방법으로 틀린 것은?

① 롤러에 의한 방법
② 형재에 대한 직선수축법
③ 가열 후 해머링하는 방법
④ 후판에 대하여 가열 후 공냉하는 방법

해설 후판에 대하여 가열 후 해머링이나 롤러에 의해 교정한다.

25 용접이음을 설계할 때 주의사항으로 틀린 것은?

① 국부적인 열의 집중을 받게 한다.
② 용접선의 교차를 최대한으로 줄여야 한다.
③ 가능한 아래보기자세로 작업을 많이 하도록 한다.
④ 용접작업에 지장을 주지 않도록 공간을 두어야 한다.

해설 용접이음에 있어서 국부적인 열의 집중은 열응력 발생에 의한 균열, 변형, 응력집중, 조직 변화가 발생될 수 있으므로 가급적 피해야 한다.

26 용접부 이음강도에서 안전율을 구하는 식은?

① 안전율 = $\dfrac{허용응력}{전단응력}$

② 안전율 = $\dfrac{인장강도}{허용응력}$

③ 안전율 = $\dfrac{전단응력}{2 \times 허용응력}$

④ 안전율 = $\dfrac{2 \times 인장강도}{허용응력}$

27 맞대기용접부의 접합면에 홈(groove)을 만드는 가장 큰 이유는?

① 용접변형을 줄이기 위하여
② 제품의 치수를 맞추기 위하여
③ 용접부의 완전한 용입을 위하여
④ 용접결함발생을 적게 하기 위하여

해설 용접홈은 모재두께전체가 완전용입이 되는 것이 목적이다.

28 용접비용을 줄이기 위한 방법으로 틀린 것은?

① 용접지그를 활용한다.
② 대기시간을 길게 한다.
③ 재료의 효과적인 사용계획을 세운다.
④ 용접이음부가 적은 경제적인 설계를 한다.

해설 대기시간이 길어지면 작업이 빠르게 진행되지 못하므로 비용이 증가한다.

29 용접결함 중 기공의 발생원인으로 틀린 것은?

① 용접이음부가 서냉될 경우
② 아크분위기 속에 수소가 많을 경우
③ 아크분위기 속에 일산화탄소가 많을 경우
④ 이음부에 기름, 페인트 등 이물질이 있을 경우

해설 용착금속이 서냉될 경우 가스배출이 발생되므로 기공발생이 적어진다.

30 용접부의 결함 중 구조상의 결함에 속하지 않는 것은?

① 기공   ② 변형
③ 오버랩   ④ 융합불량

해설 • 치수상 결함 : 변형, 치수불량, 형상불량
• 구조상 결함 : 기공, 슬래그섞임, 융합불량, 용입불량, 언더컷, 오버랩, 용접균열, 표면결함
• 성질상 결함 : 기계적 성질 부족, 화학적 성질 부족, 물리적 성질 부족

31 용접시험에서 금속학적 시험에 해당하지 않는 것은?

① 파면시험   ② 피로시험
③ 현미경시험   ④ 매크로조직시험

해설 피로시험은 기계적 파괴시험이다.

32 용접전류가 120A, 용접전압이 12V, 용접속도가 분당 18cm/min일 경우에 용접부의 입열량은 몇 Joule/cm인가?

① 3500   ② 4000
③ 4800   ④ 5100

해설 $H = 60EI/V = 60 \times 12 \times 120/18 = 4800 J/cm$

33 레이저용접장치의 기본형에 속하지 않는 것은?

① 반도체형   ② 에너지형
③ 가스방전형   ④ 고체금속형

해설 레이저는 고체나 가스, 반도체 등을 진동시킬 때 만들어진다.

34 강판을 가스전단할 때 절단열에 의하여 생기는 변형을 방지하기 위한 방법이 아닌 것은?

① 피절단재를 고정하는 방법
② 절단부에 역변형을 주는 방법
③ 절단 후 절단부를 수냉에 의하여 열을 제거하는 방법
④ 여러 대의 절단토치로 한꺼번에 평행 절단하는 방법

해설 역변형법은 용접변형의 방지법으로 용접에 의한 변형을 미리 예측하여 용접하기 전 미리 변형을 주는 방법이다.

35 용접시공 시 엔드탭(end tab)을 붙여 용접하는 가장 주된 이유는?

① 언더컷의 방지
② 용접변형의 방지
③ 용접목두께의 증가
④ 용접시작점과 종점의 용접결함 방지

해설 엔드탭(end tab)은 서브머지드 아크용접에서 본용접시점과 끝나는 부분에 용접결함을 방지하기 위해 사용하는 것으로 모재와 동일한 재질을 사용한다.

정답 29 ① 30 ② 31 ② 32 ③ 33 ② 34 ② 35 ④

36 다음 중 접합하려고 하는 부재 한쪽에 둥근 구멍을 뚫고 다른 쪽 부재와 겹쳐서 구멍을 완전히 용접하는 것은?

① 가용접   ② 심용접

③ 플러그용접   ④ 플레어용접

> **해설** 플러그용접은 겹쳐진 판재의 한쪽 구멍을 이용하여 구멍 안쪽과 다른 모재의 표면을 용접하는 방법이다.

37 용접시공 전에 준비해야 할 사항 중 틀린 것은?

① 용접부의 녹 부분은 그대로 둔다.

② 예열, 후열의 필요성 여부를 검토한다.

③ 제작도면을 확인하고 작업내용을 검토한다.

④ 용접전류, 용접순서, 용접조건을 미리 정해둔다.

> **해설** 용접 전에 용접부의 녹, 이물질 등을 제거해야 한다.

38 용접균열의 종류 중 맞대기용접, 필릿용접 등의 비드표면과 모재와의 경계부에 발생하는 균열은?

① 토균열   ② 설퍼균열

③ 헤어균열   ④ 크레이터균열

> **해설** 토균열은 비드표면과 모재부 경계에서 모재에 균열, 용접부위 옆쪽에 발생하는 저온균열이다.

39 가용접(tack welding)에 대한 설명으로 틀린 것은?

① 가용접에는 본용접보다도 지름이 약간 가는 용접봉을 사용한다.

② 가용접은 쉬운 용접이므로 기량이 좀 떨어지는 용접사에 의해 실시하는 것이 좋다.

③ 가용접은 본용접을 하기 전에 좌우의 홈 부분을 잠정적으로 고정하기 위한 짧은 용접이다.

④ 가용접은 슬래그섞임, 기공 등의 결함을 수반하기 때문에 이음의 끝 부분, 모서리 부분을 피하는 것이 좋다.

> **해설** 가용접은 본용접보다 지름이 가는 용접봉을 사용한다. 본용접을 하기 전에 좌우의 홈 부분을 잠정적으로 고정하기 위한 짧은 용접이다. 본용접과 동일한 기량을 가진 용접사에 의해 실시한다. 가용접은 슬래그섞임, 기공 등의 결함을 수반하기 때문에 강도상 중요한 곳(응력이 집중하는 곳)과 용접의 시점 및 종점은 피한다.

40 용접부 초음파검사법의 종류에 해당되지 않는 것은?

① 투과법   ② 공진법

③ 펄스반사법   ④ 자기반사법

> **해설** 초음파검사법의 종류는 투과법, 펄스반사법, 공진법 등이 있다.

3과목 ▶ **용접일반 및 안전관리**

41 가스용접에서 판두께를 t(㎜)라고 하면 용접봉의 지름(㎜)를 구하는 식으로 옳은 것은?(단, 모재의 두께는 1㎜ 이상인 경우이다)

① $D = +1$

② $D = \dfrac{t}{2} + 1$

③ $D = \dfrac{t}{3} + 1$

④ $D = \dfrac{t}{4} + 1$

> **해설** 가스용접봉의 지름은 판두께의 절반에 1을 더하여 계산한다.

42 연강판 가스절단 시 가장 적합한 예열온도는 약 몇 ℃인가?

① 100~200
② 300~400
③ 400~500
④ 800~900

해설 연강판 절단은 900℃ 정도의 예열 후 고압산소를 분출시키면서 절단한다.

43 직류역극성(reverse polarity)을 이용한 용접에 대한 설명으로 옳은 것은?

① 모재의 용입이 깊다.
② 용접봉의 용융속도가 느려진다.
③ 용접봉을 음극(−), 모재의 양극(+)에 설치한다.
④ 얇은 판의 용접에서 용락을 피하기 위하여 사용한다.

해설 직류역극성은 모재를 (−)에 전극, 토치에 (+) 전극을 연결한 극성이다. (+)에서 70%, (−)에서 30%의 열이 발생하며, 모재의 용융은 얕고 비드폭이 넓어진다.

44 다음 중 열전도율이 가장 높은 것은?

① 구리
② 아연
③ 알루미늄
④ 마그네슘

해설 열전도율 : 은(Ag) 〉 구리(Cu) 〉 백금(Pt) 〉 알루미늄(Al) 〉 아연(Zn) 〉 니켈(Ni) 〉 철(Fe)

45 다음 연료가스 중 발열량($kcal/m^2$)이 가장 많은 것은?

① 수소
② 메탄
③ 프로판
④ 아세틸렌

해설 • 수소 : 2420$kcal/m^2$
• 메탄 : 8080$kcal/m^2$
• 프로판 : 20750$kcal/m^2$
• 아세틸렌 : 12690$kcal/m^2$

46 아크용접기로 정격2차전류를 사용하여 4분간 아크를 발생시키고 6분을 쉬었다면 용접기의 사용률은?

① 20%
② 30%
③ 40%
④ 60%

해설 사용률=아크발생시간/아크발생시간+정지시간×100=4/4+6×100=40%

47 용접자동화에서 자동제어의 특징으로 틀린 것은?

① 위험한 사고의 방지가 불가능하다.
② 인간에게는 불가능한 고속작업이 가능하다.
③ 제품의 품질이 균일화되어 불량품이 감소된다.
④ 적정한 작업을 유지할 수 있어서 원자재, 원료 등이 절약된다.

해설 로봇 등을 이용한 자동화용접은 위험한 사고의 방지가 가능하다.

48 강재표면의 흠이나 개재물, 탈탄층 등을 제거하기 위하여 얇게 타원형 모양으로 표면을 깎아내는 가공법은?

① 스카핑
② 피닝법
③ 가스가우징
④ 겹치기절단

해설 • 가우징 : 홈을 파는 작업이다.
• 피닝법 : 둥근 작은 해머 등으로 용접부를 두드려서 응력을 제거하고 기계적 성질을 좋게 하는 작업이다.

49 불활성가스 텅스텐아크용접을 할 때 주로 사용하는 가스는?

① H_2
② Ar
③ CO_2
④ C_2H_2

정답 42 ④ 43 ④ 44 ① 45 ③ 46 ③ 47 ① 48 ① 49 ②

해설 불활성가스 텅스텐아크용접의 보호가스는 아르곤(Ar), 헬륨(He) 등이다

50 용접에 사용되는 산소를 산소용기에 충전시키는 경우 가장 적당한 온도와 압력은?

① 35℃, 15Mpa ② 35℃, 30Mpa

③ 45℃, 15Mpa ④ 45℃, 18Mpa

해설 산소용접기는 35℃, 150kgf/cm²(15MPa)으로 충전되어 있다.

51 서브머지드 아크용접(SAW)의 특징에 대한 설명으로 틀린 것은?

① 용융속도 및 용착속도가 빠르며 용입이 깊다.

② 특수한 지그를 사용하지 않는 한 아래보기자세에 한정된다.

③ 용접선이 짧거나 불규칙한 경우 수동용접에 비하여 능률적이다.

④ 불가시용접으로 용접 도중 용접상태를 육안으로 확인할 수가 없다.

해설 서브머지드 아크용접은 주로 직선 및 용접선이 긴 경우 사용효율이 높다.

52 다음 중 압점에 속하지 않는 것은?

① 마찰용접 ② 저항용접

③ 가스용접 ④ 초음파용접

해설 가스용접은 융접이다.

53 일반적인 용접의 특징으로 틀린 것은?

① 작업공정이 단축되며 경제적이다.

② 재질의 변형이 없으며 이음효율이 낮다.

③ 제품의 성능과 수명이 향상되며 이종재료도 접합할 수 있다.

④ 소음이 적어 실내에서의 작업이 가능하며 복잡한 구조물 제작이 쉽다.

해설 용접은 이음효율이 높다.

54 피복아크용접에서 피복제의 역할로 틀린 것은?

① 용착효율을 높인다.

② 전기절연작용을 한다.

③ 스패터의 발생을 적게 한다.

④ 용착금속의 냉각속도를 빠르게 한다.

해설 **피복제의 역할**
- 아크를 안정하게 한다.
- 중성 또는 환원성 분위기로 용착금속을 보호한다.
- 용적을 미세화하여 용착효율을 향상시킨다.
- 용착금속의 냉각속도를 느리게 하여 급냉을 방지한다.
- 용착금속의 탈산정련작용을 한다.
- 슬래그를 제거하기 쉽게 하고, 파형이 고운 비드를 형성한다.
- 용착금속에 필요한 합금원소를 첨가하고 전기절연작용을 한다.

55 직류용접기와 비교한 교류용접기의 특징으로 틀린 것은?

① 무부하전압이 높다.

② 자기쏠림이 거의 없다.

③ 아크의 안전성이 우수하다.

④ 직류보다 감전의 위험이 크다.

해설 아크안전성은 직류가 우수하다

56 다음 중 피복아크용접기 설치장소로 가장 부적절한 곳은?

① 진동이나 충격이 없는 장소

② 주위온도가 −10℃ 이하인 장소

③ 유해한 부식성가스가 없는 장소

④ 폭발성가스가 존재하지 않는 장소

해설 너무 추운 장소는 용접기 설치에 부적합하다.

57 레일의 접합, 차축, 선박의 프레임 등 비교적 큰 단면을 가진 주조나 단조품의 맞대기 용접과 보수용접에 사용되는 용접은?

① 가스용접   ② 전자빔용접

③ 테르밋용접   ④ 플라스마용접

해설 테르밋용접은 알루미늄분말과 산화철분말을 1:3~4 정도 혼합하여 화학반응에 의한 용접이다.

58 용접 시 필요한 안전보호구가 아닌 것은?

① 안전화   ② 용접장갑

③ 핸드실드   ④ 핸드그라인더

59 산소 및 아세틸렌용기와 취급 시 주의사항으로 틀린 것은?

① 용기는 가연성물질과 함께 뉘어서 보관할 것

② 통풍이 잘 되고 직사광선이 없는 곳에 보관할 것

③ 산소용기의 운반 시 밸브를 닫고 캡을 씌워서 이동할 것

④ 용기의 운반 시 가능한 운반기구를 이용하고, 넘어지지 않게 주의할 것

해설 산소용기는 가연성물질과 함께 보관하지 않으며 용기는 반드시 세워서 보관해야 한다.

60 불활성가스 금속아크용접에서 이용하는 와이어송급방식이 아닌 것은?

① 풀방식   ② 푸시방식

③ 푸시−풀방식   ④ 더블−풀방식

해설 MIG용접에서 와이어송급방식에는 푸시방식, 풀방식, 푸시−풀방식, 더블푸시방식이 있다.

1과목 용접야금 및 용접설비제도

01 탄소강에서 탄소의 함유량이 증가할 경우에 나타나는 현상은?

① 경도증가, 연성감소

② 경도감소, 연성감소

③ 경도증가, 연성증가

④ 경도감소, 연성증가

해설 탄소함유량이 증가하면 인장강도, 항복강도, 전기저항은 증가하고 연신율, 단면수축률, 충격값, 전기전도도, 비중, 용융점은 감소한다.

02 담금질 시 재료의 두께에 따라 내·외부의 냉각속도차이로 인하여 경화되는 깊이가 달라져 경도차이가 발생하는 현상을 무엇이라고 하는가?

① 시효경화   ② 질량효과

③ 노치효과   ④ 담금질효과

해설 두꺼운 재료의 냉각속도로 인하여 내·외부의 경도차이가 발생하는 것은 질량효과이다.

03 다음 중 펄라이트의 조성으로 옳은 것은?

① 페라이트+소르바이트

② 페라이트+시멘타이트

③ 시멘타이트+오스테나이트

④ 오스테나이트+트루스타이트

해설 펄라이트는 시멘타이트와 페라이트의 층상구조이다.

04 다음 중 금속조직에 따라 스테인리스강을 3종류로 분류하였을 때 옳은 것은?

① 마르텐사이트계, 페라이트계, 펄라이트계

② 페라이트계, 오스테나이트계, 펄라이트계

③ 마르텐사이트계, 페라이트계, 오스테나이트계

④ 페라이트계, 오스테나이트계, 시멘타이트계

해설 금속조직에 따라 스테인리스강을 구분하면 페라이트계, 마르텐사이트계, 오스테나이트계이다.

05 용접작업에서 예열을 실시하는 목적으로 틀린 것은?

① 열영향부와 용착금속의 경화를 촉진하고 연성을 감소시킨다.

② 수소의 방출을 용이하게 하여 저온균열을 방지한다.

③ 용접부의 기계적 성질을 향상시키고 경화조직의 석출을 방지시킨다.

④ 온도분포가 완만하게 되어 열응력의 감소로 변형과 잔류응력의 발생을 적게 한다.

해설 예열의 목적
• 열영향부의 경도를 낮추고 연성을 증가시킨다.
• 수소의 방출을 용이하게 하여 저온균열을 방지한다.
• 용접부의 기계적 성질을 향상시키고 경화조직의 석출을 방지시킨다.
• 온도분포가 완만하게 되어 열응력의 감소로 변형과 잔류응력의 발생을 적게 한다.

정답 01 ① 02 ② 03 ② 04 ③ 05 ①

06 강의 조직을 개선 또는 연화시키기 위해 가장 흔히 쓰이는 방법이며, 주조조직이나 고온에서 조대화된 입자를 미세화시키기 위해 Ac3점 또는 Ac1점 이상 20~50℃로 가열 후 노냉시키는 풀림방법은?

① 연화풀림   ② 완전풀림

③ 항온풀림   ④ 구상화풀림

해설 • 완전풀림 : A3변태점 또는 A1변태점 이상 20~50℃로 가열 후 노냉시키는 풀림
  • 저온풀림: A1변태점 이하에서 내부응력제거, 재질을 연화시킬 목적으로 하는 풀림

07 일반적인 고장력강 용접 시 주의해야 할 사항으로 틀린 것은?

① 용접봉은 저수소계를 사용한다.

② 위빙폭을 크게 하지 말아야 한다.

③ 아크길이는 최대한 길게 유지한다.

④ 용접 전 이음부 내부를 청소한다.

해설 아크길이는 가능한 한 짧게 유지한다.

08 다음 중 용접성이 가장 좋은 강은?

① 1.2%C 강   ② 0.8%C 강

③ 0.5%C 강   ④ 0.2%C 이하의 강

해설 탄소함량이 많을수록 용접성이 나빠지고, 균열이 생길 가능성이 크다. 또한 탄소(C)가 0.2% 이하일 때 용접성이 가장 좋다.

09 담금질한 강을 실온까지 냉각한 다음, 다시 계속하여 실온 이하의 마르텐사이트 변태종료온도까지 냉각하여 잔류 오스테나이트를 마르텐사이트로 변화시키는 열처리는?

① 심랭처리

② 하드페이싱

③ 금속용사법

④ 연속냉각변태처리

해설 잔류 오스테나이트를 마르텐사이트로 변화시키는 열처리를 심랭처리라 한다.

10 다음 중 건축구조용 탄소강관의 KS기호는?

① SPS 6   ② SGT 275

③ SRT 275   ④ SNT 275E

해설 **구조용 강관의 KS기호**
  • 일반구조용 탄소강관 : SGT275, SGT365, SGT410, SGT450, SGT550
  • 일반구조용 각형강관 : SRT275, SRT355, SRT410, SRT450, SRT550
  • 건축구조용 탄소강관 : SNT275E, SNT355E, SNT460E, SNT274A, SNT355A, SNT460A

11 다음 선의 용도 중 가는 실선을 사용하지 않는 것은?

① 지시선   ② 치수선

③ 숨은선   ④ 회전단면선

해설 가는 실선 : 치수선, 치수보조선, 지시선, 회전단면선, 중심선, 수준면선

12 용접부 표면의 형상과 기호가 올바르게 연결된 것은?

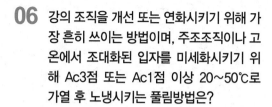

① 토우를 매끄럽게 함 :

② 동일평면으로 다듬질 :

③ 영구적인 덮개판을 사용 :

④ 제거가능한 이면판재 사용 :

해설 • ⌄ : 넓은 루트면이 있는 한면개선형 맞대기용접
  • ⌴ : 일면개선형 맞대기용접
  • M : 영구적인 이면판재사용
  • MR : 제거가능한 이면판재사용
  • U : 오목형

13 다음 중 치수기입의 원칙으로 틀린 것은?

① 치수는 중복기입을 피한다.

② 치수는 되도록 주투상도에 집중시킨다.

③ 치수는 계산하여 구할 필요가 없도록 기입한다.

④ 관련되는 치수는 되도록 분산시켜서 기입한다.

해설 관련되는 치수는 한 곳에 모아서 기입한다.

14 다음 용접의 명칭과 기호가 맞지 않는 것은?

① 심용접 : ⊖

② 이면용접 : ⌣

③ 겹침접합부 : ⋁

④ 가장자리용접 : |||

해설 ⋁ : 개선각이 급격한 V형 맞대기용접이다.

15 다음 중 SM45C의 명칭으로 옳은 것은?

① 기계구조용 탄소강재

② 일반구조용 각형강관

③ 저온배관용 탄소강관

④ 용접용 스테인리스강 선재

해설 SM45C : 탄소함유량 0.42~0.47%의 기계구조용 탄소강

16 치수기입의 방법을 설명한 것으로 틀린 것은?

① 구의 반지름 치수를 기입할 때는 구의 반지름기호인 Sø를 붙인다.

② 정사각형 변의 크기치수기입 시 치수 앞에 정사각형 기호 □를 붙인다.

③ 판재의 두께치수기입 시 치수 앞에 두께를 나타내는 기호 t를 붙인다.

④ 물체의 모양이 원형으로서 그 반지름 치수를 표시할 때는 치수 앞에 R을 붙인다.

해설 구의 반지름은 SR로 표기한다.

17 다음 중 각기둥이나 원기둥을 전개할 때 사용하는 전개도법으로 가장 적합한 것은?

① 사진전개도법 ② 평행선전개도법

③ 삼각형전개도법 ④ 방사선전개도법

해설 방사선전개도법은 원추형전개 시 적합하다.

18 다음 중 가는 1점쇄선의 용도가 아닌 것은?

① 중심선 ② 외형선

③ 기준선 ④ 피치선

해설 가는 일점쇄선 : 중심선, 기준선, 피치선

19 다음 중 스케치방법이 아닌 것은?

① 프린트법 ② 투상도법

③ 본뜨기법 ④ 프리핸드법

해설 스케치방법은 프린트법, 본뜨기법, 프리핸드법이 있다.

20 KS의 부문별 기호연결이 잘못된 것은?

① KS A-기본 ② KS B-기계

③ KS C-전기 ④ KS D-건설

해설 KS D-금속

2과목 용접구조설계

21 다음 중 용접균열시험법은?

① 킨젤시험　　　　② 코머렐시험
③ 슈나트시험　　　④ 리하이구속시험

22 중판 이상의 용접을 위한 홈 설계요령으로 틀린 것은?

① 루트반지름은 가능한 크게 한다.
② 홈의 단면적을 가능한 한 작게 한다.
③ 적당한 루트면과 루트간격을 만들어 준다.
④ 전후좌우 5° 이하로 용접봉을 운봉할 수 없는 홈 각도를 만든다.

해설 전후좌우 10° 이하로 용접봉을 운봉할 수 없는 홈 각도를 만들어야 한다.

23 용착부의 인장응력이 5kgf/mm² 용접선 유효길이가 80mm이며, V형 맞대기로 완전용입인 경우 하중 8000kgf에 대한 판두께는 몇 mm인가?(단, 하중은 용접선과 직각방향이다)

① 10　　　　② 20
③ 30　　　　④ 40

해설 $\sigma=P/A=P/t \times L$, $t=8,000kgf/5kgf/mm^2 \times 80mm=20mm$

24 일반적인 용접의 장점으로 틀린 것은?

① 수밀, 기밀이 우수하다.
② 이종재료접합이 가능하다.
③ 재료가 절약되고 무게가 가벼워진다.
④ 자동화가 가능하며 제작공정수가 많아진다.

해설 제작공정수가 줄어든다.

25 용접 전 길이를 적당한 구간으로 구분한 후 각 구간을 한 칸씩 건너뛰어서 용접한 후 다시금 비어 있는 곳을 차례로 용접하는 방법으로 잔류응력이 가장 적은 용착법은?

① 후퇴법　　　　② 대칭법
③ 비석법　　　　④ 교호법

해설 비석법(스킵법)은 용접 길이를 짧게 나누어 간격을 두고 한 칸씩 건너뛰면서 용접하는 방법으로 피용접물 전체에 변형이나 잔류응력이 적게 발생하도록 하는 용착방법이다.

26 다음 중 용접부 예열의 목적으로 틀린 것은?

① 용접부의 기계적 성질을 향상시킨다.
② 열응력의 감소로 잔류응력의 발생이 적다.
③ 열영향부와 용착금속의 경화를 방지한다.
④ 수소의 방출이 어렵고, 경도가 높아져 인성이 저하한다.

해설 예열은 열영향부의 경도를 낮추고 연성을 증가, 수소의 방출을 용이하게 하여 저온균열을 방지, 기계적 성질을 향상시키고 석출방지, 열응력의 감소로 변형과 잔류응력의 발생을 감소시킨다.

27 V형 맞대기용접에서 판두께가 10mm, 용접선의 유효길이가 200mm일 때, 5N/mm²의 인장응력이 발생한다면 이 때 작용하는 인장하중은 몇 N인가?

① 3000　　　　② 5000
③ 10000　　　④ 12000

해설 $\sigma=P/A$, $P=5 \times 10 \times 200=10000N$

28 용접작업 시 용접지그를 사용했을 때 얻는 효과로 틀린 것은?

① 용접변형을 증가시킨다.
② 작업능률을 향상시킨다.
③ 용접작업을 용이하게 한다.
④ 제품의 마무리 정도를 향상시킨다.

해설 용접지그사용 효과는 동일제품을 대량생산, 제품의 정밀도 향상, 작업을 용이하게 하고 작업능률을 높인다.

29 강자성체인 철강 등의 표면결함검사에 사용되는 비파괴검사방법은?

① 누설비파괴검사
② 자기비파괴검사
③ 초음파비파괴검사
④ 방사선비파괴검사

해설 강자성체인 철판은 자기검사법을 적용한다.

30 다음 용착법 중 각 층마다 전체 길이를 용접하며 쌓는 방법은?

① 전진법   ② 후진법
③ 스킵법   ④ 빌드업법

해설 빌드업법은 각 층마다 전체의 길이를 용접하면서 쌓아 올리는 방법이다.

31 용접부의 결함 중 구조상 결함이 아닌 것은?

① 변형   ② 기공
③ 언더컷   ④ 오버랩

해설 • 치수상 결함 : 변형, 치수불량, 형상불량
• 구조상 결함 : 기공, 슬래그섞임, 융합불량, 용입불량, 언더컷, 오버랩, 용접균열, 표면결함
• 성질상 결함 : 기계적 성질 부족, 화학적 성질 부족, 물리적 성질 부족

32 가접 시 주의해야 할 사항으로 옳은 것은?

① 본용접자보다 용접기량이 낮은 용접자가 가용접을 실시한다.
② 용접봉은 본용접작업 시에 사용하는 것보다 가는 것을 사용한다.
③ 가용접 간격은 일반적으로 판두께의 60~80배 정도로 하는 것이 좋다.
④ 가용접 위치는 부품의 끝 모서리나 각 등과 같이 응력이 집중되는 곳에 가접한다.

해설 본용접 시와 동일한 기량을 가진 용접사에 의해 실시한다.

33 용접구조물을 조립하는 순서를 정할 때 고려사항으로 틀린 것은?

① 용접변형을 쉽게 제거할 수 있어야 한다.
② 작업환경을 고려하여 용접자세를 편하게 한다.
③ 구조물의 형상을 고정하고 지지할 수 있어야 한다.
④ 용접진행은 부재의 구속단을 향하여 용접한다.

해설 용접진행은 부재의 구속단 반대방향으로 용접한다.

34 연강판용접을 하였을 때 발생한 용접변형을 교정하는 방법이 아닌 것은?

① 롤러에 의한 방법
② 기계적 응력완화법
③ 가열 후 해머링하는 법
④ 얇은 판에 대한 점수축법

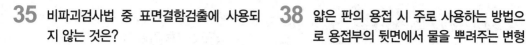

35 비파괴검사법 중 표면결함검출에 사용되지 않는 것은?

① PT　　　　② MT
③ UT　　　　④ ET

해설 • UT : 초음파탐상법으로 내부결함검사에 주로 사용되는 비파괴검사법
• PT : 침투탐상법
• MT : 자분탐상법
• ET : 와류탐상법
• RT : 반사선투과검사법

36 용접부에 잔류응력을 제거하기 위하여 응력제거 풀림처리를 할 때 나타나는 효과로 틀린 것은?

① 충격저항의 증대
② 크리프강도의 향상
③ 응력부식에 대한 저항력의 증대
④ 용착금속 중의 수소제거에 의한 경도 증대

해설 용착금속 중 수소와 경도는 관계가 없다.

37 맞대기용접이음에서 이음효율을 구하는 식은?

① 이음효율 $= \dfrac{허용응력}{사용응력} \times 100(\%)$

② 이음효율 $= \dfrac{사용응력}{허용응력} \times 100(\%)$

③ 이음효율 $= \dfrac{모재의 인장강도}{용접시험편의 인장강도} \times 100(\%)$

④ 이음효율 $= \dfrac{용접시험편의 인장강도}{모재의 인장강도} \times 100(\%)$

38 얇은 판의 용접 시 주로 사용하는 방법으로 용접부의 뒷면에서 물을 뿌려주는 변형 방지법은?

① 살수법　　　　② 도열법
③ 석면포사용법　④ 수냉동판사용법

해설 **냉각법**
• 수냉동판사용법 : 수냉동판(구리판)을 뒷면에 대어 열을 식히는 방법
• 살수법 : 용접부 뒷면에 물을 뿌려 주는 방법
• 석면포사용법 : 물에 적신 석면포를 용접선의 옆면에 대어 열을 식히는 방법

39 다음 중 비파괴시험법에 해당되는 것은?

① 부식시험　　　② 굽힘시험
③ 육안시험　　　④ 충격시험

해설 부식시험은 화학검사이다.

40 판두께 25mm 이상인 연강판을 0℃ 이하에서 용접할 경우 예열하는 방법은?

① 이음의 양쪽 폭 100mm 정도를 40~75℃로 예열하는 것이 좋다.
② 이음의 양쪽 폭 150mm 정도를 150~200℃로 예열하는 것이 좋다.
③ 이음의 한쪽 폭 100mm 정도를 40~75℃로 예열하는 것이 좋다.
④ 이음의 한쪽 폭 150mm 정도를 150~200℃로 예열하는 것이 좋다.

해설 연강을 0℃ 이하에서 용접할 경우 이음의 양쪽 폭 100mm 정도를 40~75℃로 예열하고, 고장력강, 저합금강, 주철의 경우 용접홈을 50~350℃로 예열한다.

41 불활성가스 텅스텐아크용접에 대한 설명으로 틀린 것은?

① 직류역극성으로 용접하면 청정작용을 얻을 수 있다.

② 가스노즐은 일반적으로 세라믹노즐을 사용한다

③ 불가시용접으로 용접 중에는 용접부를 확인할 수 없다.

④ 용접용토치는 냉각방식에 따라 수냉식과 공냉식으로 구분된다.

해설 불활성가스 텅스텐아크용접은 TIG용접이라고도 하며, 용접 중에 용접부를 볼 수 있으므로 가시용접이다.

42 다음 중 아크용접 시 발생되는 유해한 광선에 해당되는 것은?

① X-선　　　　② 자외선

③ 감마선　　　　④ 중성자선

해설 용접 중에 발생하는 자외선, 적외선은 반드시 보안경 착용 후 용접한다.

43 다음 중 교류아크용접기에 해당되지 않는 것은?

① 발전기형 아크용접기

② 탭전환형 아크용접기

③ 가동코일형 아크용접기

④ 가동철심형 아크용접기

해설 아크용접기의 종류
- 직류용접기 : 발전기형(모터형,엔진형),정류기형
- 교류용접기 : 가동철심형, 가동코일형, 탭전환형, 가포화리액터형

44 가스절단에서 예열불꽃이 약할 때 일어나는 현상으로 가장 거리가 먼 것은?

① 드래그가 증가한다.

② 절단면이 거칠어진다.

③ 절단속도가 늦어진다.

④ 절단이 중단되기 쉽다.

해설 가스절단 예열불꽃이 약할 때 드래그가 증가하고, 절단속도가 저하되며, 절단이 중단되기 쉽다.

45 모재 두께가 다른 경우에 전극의 과열을 피하기 위하여 전류를 단속하여 용접하는 점용접법은?

① 맥동점용접　　　② 단극식점용접

③ 인터랙점용접　　④ 다전극점용접

해설 모재 두께가 다른 경우에 전극의 과열을 피하기 위해 전류를 단속하여 용접하는 것을 맥동점용접이라 한다.

46 U형, H형의 용접 홈을 가공하기 위하여 슬로우 다이버전트로 설계된 팁을 사용하여 깊은 홈을 파내는 가공법은?

① 스카핑　　　　② 수중절단

③ 가스가우징　　④ 산소창절단

해설 용접 부분의 뒷면을 따내든지 U형, H형의 용접홈을 가공할 때 가우징을 실시한다.

47 피복제 중에 석회석이나 형석을 주성분으로 사용한 것으로 용착금속 중의 수소함유량이 다른 용접봉에 비해 약 1/10 정도로 현저하게 적은 피복아크용접봉은?

① E4301　　　　② E4311

③ E4313　　　　④ E4316

해설 E4316(저수소계) : 석회석이나 형석을 주성분으로 한 용접봉이다. 내균열성이 대단히 양호하고 강력한 탈산작용을 하며 인성이 양호하다.

정답 41 ③　42 ②　43 ①　44 ②　45 ①　46 ③　47 ④

48 일반적인 가동철심형 교류아크용접기의 특성으로 틀린 것은?

① 미세한 전류조정이 가능하다.
② 광범위한 전류조정이 어렵다.
③ 조작이 간단하고 원격제어가 된다.
④ 가동철심으로 누설자속을 가감하여 전류를 조정한다.

해설 원격제어는 가포화리액터형에서 가능하다.

49 자동 및 반자동용접이 수동아크용접에 비해 우수한 점이 아닌 것은?

① 용입이 깊다.
② 와이어송급속도가 빠르다.
③ 위보기용접자세에 적합하다.
④ 용착금속의 기계적 성질이 우수하다.

해설 위보기자세는 수동용접이 유리하다.

50 산소-아세틸렌가스용접의 특징으로 틀린 것은?

① 용접변형이 적어 후판용접에 적합하다.
② 아크용접에 비해서 불꽃의 온도가 낮다.
③ 열집중성이 나빠서 효율적인 용접이 어렵다.
④ 폭발의 위험성이 크고 금속이 탄화 및 산화될 가능성이 많다.

해설 산소-아세틸렌가스용접은 용접변형이 크다.

51 다음 용접자세의 기호 중 수평자세를 나타낸 것은?

① F   ② H
③ V   ④ O

해설 F : 아래보기자세, H : 수평자세, V : 수직자세, O : 위보기자세

52 가스용접에서 탄산나트륨 15%, 붕사 15%, 중탄산나트륨 70%가 혼합된 용제는 어떤 금속용접에 가장 적합한가?

① 주철   ② 연강
③ 알루미늄   ④ 구리합금

해설 주철용접 시 탄산나트륨 15%, 붕사 15%, 중탄산나트륨 70%의 용제를 사용한다.

53 탄산가스 아크용접에 대한 설명으로 틀린 것은?

① 전자세용접이 가능하다.
② 가시아크이므로 시공이 편리하다.
③ 용접전류의 밀도가 낮아 용입이 얕다.
④ 용착금속의 기계적, 야금적 성질이 우수하다.

해설 탄산가스아크용접(CO_2용접)은 전류밀도가 높아 후판용접에 유리하다.

54 다음 중 압접에 해당하는 것은?

① 전자빔용접
② 초음파용접
③ 피복아크용접
④ 일렉트로 슬래그용접

해설 압접의 종류 : 단접, 냉간압접, 저항용접(겹치기, 맞대기), 유도가열용접, 초음파용접마찰용접, 가압테르밋용접, 가스압접

55 피복아크용접봉의 피복배합제 중 아크안정제에 속하지 않는 것은?

① 석회석   ② 마그네슘
③ 규산칼륨   ④ 산화티탄

해설 아크안정제 : 규산칼륨, 산화티탄, 탄산바륨, 석회석

정답 48 ③ 49 ③ 50 ① 51 ② 52 ① 53 ③ 54 ② 55 ②

56 가스용접에서 가변압식 토치의 팁(B형) 250번을 사용하여 표준불꽃으로 용접하였을 때의 설명으로 옳은 것은?

① 독일식 토치의 팁을 사용한 것이다.
② 용접가능한 판두께가 250mm이다.
③ 1시간 동안에 산소소비량이 25리터이다.
④ 1시간 동안에 아세틸렌가스의 소비량이 250리터 정도이다.

해설 B형토치는 가변압식(프랑스식) 토치를 말하며 팁번호는 1시간 동안에 표준불꽃을 이용하여 용접할 경우 소비되는 아세틸렌가스 양이다.

57 정격2차전류가 300A, 정격사용률 50%인 용접기를 사용하여 100A의 전류로 용접을 할 때 허용사용률은?

① 5.6%　　　　② 150%
③ 450%　　　　④ 550%

해설 허용사용률 = 정격2차전류²/실제용접전류² × 정격사용률(%) = $300^2/100^2 \times 50$ = 450%

58 불활성가스 텅스텐아크용접에서 전극을 모재에 접촉시키지 않아도 아크발생이 되는 이유로 가장 적합한 것은?

① 전압을 높게 하기 때문에
② 텅스텐의 작용으로 인해서
③ 아크안정제를 사용하기 때문에
④ 고주파발생장치를 사용하기 때문에

해설 고주파발생장치를 사용하여 전극이 모재에 접촉하지 않아도 아크가 발생한다.

59 연강용 피복아크용접봉의 종류에서 E4303 용접봉의 피복제계통은?

① 특수계
② 저수소계
③ 일루미나이트계
④ 라임티탄계

해설 E4303(라임티탄계) : 산화티탄을 30% 이상 포함한 슬래그 생성계이다. 슬래그의 유동성이 좋고 비드 외관이 깨끗하고 언더컷이 적다.

60 용접작업자의 전기적 재해를 줄이기 위한 방법으로 틀린 것은?

① 절연상태를 확인한 후 사용한다.
② 용접 안전보호구를 완전히 착용한다.
③ 무부하전압이 낮은 용접기를 사용한다.
④ 직류용접기보다 교류용접기를 많이 사용한다.

해설 교류용접기의 무부하전압은 70~80V, 직류용접기의 무부하전압은 40~60V로 감전의 위험은 교류용접기가 더 높다.

2017년 8월 26일 시행
용접산업기사 필기시험

1과목 ▶ 용접야금 및 용접설비제도

01 다음 원소 중 강의 담금질효과를 증대시키며, 고온에서 결정립 성장을 억제시키고, S의 해를 감소시키는 것은?

① C ② Mn
③ P ④ Si

[해설] Mn : 강도 · 경도 · 인성 증가, 유동성 향상, 탈산제, 황의 해를 감소

02 일반적인 금속의 특성으로 틀린 것은?

① 열과 전기의 양도체이다.
② 이온화하면 양(+)이온이 된다.
③ 비중이 크고, 금속적 광택을 갖는다.
④ 소성변형성이 있어 가공하기 어렵다.

[해설] 금속은 소성변형을 이용하여 가공한다.

03 용접부의 저온균열은 약 몇 ℃ 이하에서 발생하는가?

① 200 ② 450
③ 600 ④ 750

[해설] 저온균열은 300℃ 이하의 비교적 낮은 온도에서 발생하는 균열이다.

04 용접 시 발생하는 일차결함으로 응고온도 범위 또는 그 직하의 비교적 고온에서 용접부의 자기수축과 외부구속 등에 의한 인장스트레인과 균열에 민감한 조직이 존재하면 발생하는 용접부의 균열은?

① 루트균열 ② 저온균열
③ 고온균열 ④ 비드밑균열

[해설] 고온균열은 500℃ 이상에서 발생되는 균열로 크레이터균열, 재열균열, 응고균열 등이 있다.

05 다음 중 열전도율이 가장 높은 것은?

① Ag ② Al
③ Pb ④ Fe

[해설] 열전도율 : 은(Ag) 〉 구리(Cu) 〉 백금(Pt) 〉 알루미늄(Al) 〉 니켈(Ni) 〉 철(Fe)

06 다음 재료의 용접작업 시 예열을 하지 않았을 때 용접성이 가장 우수한 강은?

① 고장력강
② 고탄소강
③ 마르텐사이트계 스테인리스강
④ 오스테나이트계 스테인리스강

[해설] 오스테나이트계 스테인리스강은 내식성, 용접성, 가공성이 우수하며 예열 없이 작업한다.

07 체심입방격자의 슬립면과 슬립방향으로 맞는 것은?

① (110)−[110] ② (110)−[111]
③ (111)−[110] ④ (111)−[111]

08 피복아크용접봉의 피복배합제의 성분 중 용착금속의 산화, 질화를 방지하고 용착금속의 냉각속도를 느리게 하는 것은?

① 탈산제 ② 가스발생제
③ 아크안정제 ④ 슬래그생성제

[해설] 슬래그생성제는 용착금속의 산화, 질화를 방지하고 용착금속의 냉각속도를 느리게 한다.

정답 01 ② 02 ④ 03 ① 04 ③ 05 ① 06 ④ 07 ② 08 ④

2017년 3회 • 187

09 용접부의 잔류응력을 경감시키기 위한 방법으로 틀린 것은?

① 예열을 할 것
② 용착금속량을 증가시킬 것
③ 적당한 용착법, 용접순서를 선정할 것
④ 적당한 포지셔너 및 회전대 등을 이용할 것

해설 잔류응력을 경감시키기 위해서는 용착금속량을 적게 하며, 예열하고 적절한 용착법을 선정해야 한다.

10 응력제거 풀림처리 시 발생하는 효과가 아닌 것은?

① 잔류응력이 제거된다.
② 응력부식에 대한 저항력이 증가한다.
③ 충격저항성과 크리프강도가 감소한다.
④ 용착금속 중의 수소가스가 제거되어 연성이 증가된다.

해설 풀림처리의 효과 : 용접잔류응력의 제거, 응력부식에 대한 저항력 증가, 수소방출에 의한 용접부의 연성 증가, 노치인성 및 강도 증가

11 다음 용접부기호의 설명으로 옳은 것은?(단, 네모박스 안의 영문자는 MR이다)

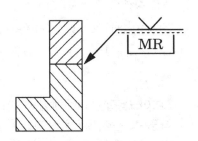

① 화살표 반대쪽에 필릿용접한다.
② 화살표 쪽에 V형 맞대기용접한다.
③ 화살표 쪽에 토우를 매끄럽게 한다.
④ 화살표 반대쪽에 영구적인 덮개판을 사용한다.

해설 MR은 제거가능한 덮개판을 의미하며 화살표 쪽에 제거가능한 덮개판을 사용하는 V형 맞대기용접을 의미한다.

12 KS의 부문별 분류기호 중 "B"에 해당하는 분야는?

① 기본   ② 기계
③ 전기   ④ 조선

해설 A : 기본, B : 기계, C : 전기, V : 조선

13 다음 용접기호 중 플러그용접을 표시한 것은?

① ○   ② ∨
③ ∨   ④ ⊏

해설 ① 점(스폿)용접, ② 개선각이 급격한 V형 맞대기용접, ③ 개선각이 급격한 일면개선형 맞대기용접, ④ 플러그용접

14 다음 용접기호 표시를 바르게 설명한 것은?

$$C \, \ominus \, n \times l(e)$$

① 지름이 c이고 용접길이 l 인 스폿용접이다.
② 지름이 c이고 용접길이 l 인 플러그용접이다.
③ 용접부너비가 c이고 용접부 수가 n인 심용접이다.
④ 용접부너비가 c이고 용접부 수가 n인 스폿용접이다.

해설 ○ : 스폿용접, ⊏ : 플러그용접, ⊖ : 심용접

15 도면에 치수를 기입할 때 유의해야 할 사항으로 틀린 것은?

① 치수는 중복기입을 피한다.
② 관련되는 치수는 되도록 분산하여 기입한다.
③ 치수는 되도록 계산해서 구할 필요가 없도록 기입한다.
④ 치수는 필요에 따라 점, 선 또는 면을 기준으로 하여 기입한다.

해설 관련되는 치수는 되도록 한 곳에 모아서 기입한다.

16 그림과 같이 치수를 둘러싸고 있는 사각틀(□)이 뜻하는 것은?

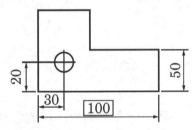

① 참고 치수
② 판두께의 치수
③ 이론적으로 정확한 치수
④ 정사각형 한 변의 길이

해설 사각틀은 이론적으로 정확한 치수를 나타낸다.

17 치수보조기호로 사용되는 기호가 잘못 표기된 것은?

① 구의 지름 : S
② 45° 모떼기 : C
③ 원의 반지름 : R
④ 정사각형의 한 변 : □

해설 구의지름 : SΦ

18 용접기본기호 중 "⌒⌐" 기호의 명칭으로 옳은 것은?

① 표면육성   ② 표면접합부
③ 경사접합부   ④ 겹침접합부

19 일반적으로 부품의 모양을 스케치하는 방법이 아닌 것은?

① 판화법   ② 프린트법
③ 프리핸드법   ④ 사진촬영법

해설 판화법은 불규칙한 곡선부분이 있는 부품의 윤곽을 본뜨는 직접본뜨기와 간접본뜨기법이 있다.

20 선의 종류에 의한 용도에서 가는 실선으로 사용하지 않는 것은?

① 치수선   ② 외형선
③ 지시선   ④ 치수보조선

해설 가는 실선 : 치수선, 치수보조선, 지시선, 회전단면선, 중심선, 수준면선

2과목 ▶ **용접구조설계**

21 가용접 시 주의해야 할 사항으로 틀린 것은?

① 본용접과 같은 온도에서 예열을 한다.
② 본용접사와 동등한 기량을 갖는 용접사로 하여금 가용접을 하게 한다.
③ 가용접의 위치는 부품의 끝, 모서리, 각 등과 같이 단면이 급변하여 응력이 집중되는 곳은 가능한 피한다.
④ 용접봉은 본용접작업에 사용하는 것보다 큰 것을 사용하며, 간격은 판두께의 5~10배 정도로 하는 것이 좋다.

해설 용접봉은 본용접작업에 사용하는 것보다 가는 것을 사용한다.

22 침투탐상검사의 특징으로 틀린 것은?

① 제품의 크기, 형상 등에 크게 구애를 받지 않는다.

② 주변 환경이나 특히 온도에 민감하여 제약을 받는다.

③ 국부적시험과 미세한 균열도 탐상이 가능하다.

④ 시험표면이 침투제 등과 반응하여 손상을 입은 제품도 검사할 수 있다.

해설 시험표면이 침투제 등과 반응하여 손상을 입은 제품은 검사할 수 없다.

23 필릿용접에서 다리길이가 10mm인 용접부의 이론목두께는 약 몇 mm인가?

① 0.707　　② 7.07

③ 70.7　　④ 707

해설 이론목두께=다리 길이×cos45°=10× 0.707=7.07

24 피닝(peening)의 목적으로 가장 거리가 먼 것은?

① 수축변형의 증가

② 잔류응력의 완화

③ 용접변형의 방지

④ 용착금속의 균열방지

해설 피닝의 목적은 잔류응력의 완화, 용접변형의 방지, 용착금속의 균열방지이다.

25 다음 중 플레어용접부의 형상으로 맞는 것은?

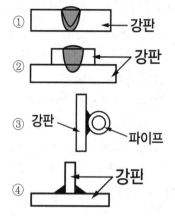

26 다음 맞대기용접이음 홈의 종류 중 가장 두꺼운 판의 용접이음에 적용하는 것은?

① H형　　② I형

③ U형　　④ V형

해설 두꺼운 판은 X, U, H형을 사용하며, 가장 두꺼운 판에는 H형을 적용한다.

27 주로 비금속 개재물에 의해 발생되며, 강의 내부에 모재표면과 평행하게 층상으로 형성되는 균열은?

① 토균열　　② 힐균열

③ 재열균열　　④ 라멜라테어균열

해설 라멜라테어균열은 비금속개재물이 원인이며 모재표면과 나란히 층상으로 형성된다.

28 응력제거풀림에 의해 얻어지는 효과로 틀린 것은?

① 충격저항이 증대된다.

② 크리프강도가 향상된다.

③ 용착금속 중의 수소가 제거된다.

④ 강도는 낮아지고 열영향부는 경화된다.

해설 응력제거풀림의 효과 : 용접잔류응력 제거, 응력부식에 대한 저항력 증대, 수소방출에 의한 취성의 방지, 용접부의 연성 증가, 노치인성 및 강도 변화

29 다음 중 용접홈을 설계할 때 고려하여야 할 사항으로 가장 거리가 먼 것은?

① 용접방법　　　② 아크쏠림
③ 모재의 두께　　④ 변형 및 수축

해설 용접이음 시 고려사항 : 하중의 종류, 크기, 용접방법, 판두께, 구조물의 종류, 형상, 재질, 변형도 및 용접의 난이도, 이음의 준비 및 경제성

30 용접구조설계상의 주의사항으로 틀린 것은?

① 용접이음의 집중, 접근 및 교차를 피할 것
② 용접치수는 강도상 필요한 치수 이상으로 크게 하지 말 것
③ 용접성, 노치인성이 우수한 재료를 선택하여 시공하기 쉽게 설계할 것
④ 후판을 용접할 경우에는 용입이 얕은 용접법을 이용하여 층수를 늘릴 것

해설 용접층수를 많게 하면 용접시간과 변형이 증가한다.

31 구조물용접에서 조립순서를 정할 때의 고려사항으로 틀린 것은?

① 변형제거가 쉽게 되도록 한다.
② 잔류응력을 증가시킬 수 있게 한다.
③ 구조물의 형상을 유지할 수 있어야 한다.
④ 작업환경의 개선 및 용접자세 등을 고려한다.

해설 구조물조립은 구조물의 변형이나 잔류응력을 최소화하는 용접순서를 고려하여 결정한다.

32 다음 용접봉 중 내압용기, 철골 등의 후판 용접에서 비드하층용접에 사용하는 것으로 확산성 수소량이 적고 우수한 강도와 내균열성을 갖는 것은?

① 저수소계　　　② 일미나이트계
③ 고산화티탄계　④ 라임티타니아계

해설 저수소계(E4316)는 아크가 불안정하나 우수한 강도와 내균열성을 갖는다.

33 다음 중 용접구조물의 이음설계방법으로 틀린 것은?

① 반복하중을 받는 맞대기이음에서 용접부의 덧붙이를 필요 이상 높게 하지 않는다.
② 용접선이 교차하는 곳이나 만나는 곳의 응력집중을 방지하기 위하여 스캘롭을 만든다.
③ 용접 크레이터 부분의 결함을 방지하기 위하여 용접부 끝단에 돌출부를 주어 용접한 후 돌출부를 절단한다.
④ 굽힘응력이 작용하는 겹치기 필릿용접의 경우 굽힘응력에 대한 저항력을 크게 하기 위하여 한쪽 부분만 용접한다.

해설 겹치기 필릿용접에서 굽힘응력에 대한 저항력을 크게 하기 위하여 양쪽 모두 용접한다.

34 강판의 두께가 7mm, 용접길이가 12mm인 완전용입된 맞대기용접부위에 인장하중을 3444kgf로 작용시켰을 때, 용접부에 발생하는 인장응력은 약 몇 kgf/mm²인가?

① 0.024　　　② 41
③ 82　　　　④ 2009

해설 인장응력=인장하중/두께×용접길이=3444/7×12=41

35 모재 및 용접부의 연성을 조사하는 파괴시험 방법으로 가장 적합한 것은?

① 경도시험   ② 피로시험

③ 굽힘시험   ④ 충격시험

해설 굽힘시험은 용접부의 연성을 조사하기 위한 파괴시험의 한 종류이다.

36 다음 중 용접비용절감요소에 해당되지 않는 것은?

① 용접대기시간의 최대화

② 합리적이고 경제적인 설계

③ 조립정반 및 용접지그의 활용

④ 가공불량에 의한 용접손실최소화

해설 용접비용절감을 위해서는 용접대기시간을 최소화하여야 한다.

37 두께 4mm인 연강판을 I형 맞대기이음용접을 한 결과 용착금속의 중량이 3kg이었다. 이때 용착효율이 60%라면 용접봉의 사용 중량은 몇 kg인가?

① 4   ② 5

③ 6   ④ 7

해설 용접봉소요량=순수용착금속중량/용착효율
=3/0.6=5

38 다음 중 직류아크용접기가 아닌 것은?

① 정류기식 직류아크용접기

② 엔진구동식 직류아크용접기

③ 가동철심형 직류아크용접기

④ 전동발전식 직류아크용접기

해설 직류아크용접기 : 발전기형(모터형, 엔진구동형), 정류기형

39 다음 그림과 같은 순서로 용접하는 용착법을 무엇이라고 하는가?

① 전진법   ② 후퇴법

③ 스킵법   ④ 캐스케이드법

해설 스킵법은 용접길이를 짧게 나누어 간격을 두고 용접하는 방법으로 모재에 변형이나 잔류응력이 적게 발생한다.

40 용접부의 부식에 대한 설명으로 틀린 것은?

① 틈새부식은 틈 사이의 부식을 말한다.

② 용접부의 잔류응력은 부식과 관계없다.

③ 용접부의 부식은 전면부식과 국부부식으로 분류한다.

④ 입계부식은 용접 열영향부의 오스테나이트입계에 Cr 탄화물이 석출될 때 발생한다.

해설 재료에 잔류응력이 존재하면 재료의 응력부식을 일으킨다.

3과목 ▶ **용접일반 및 안전관리**

41 일반적인 탄산가스 아크용접의 특징으로 틀린 것은?

① 용접속도가 빠르다.

② 전류밀도가 높으므로 용입이 깊다.

③ 가시아크이므로 용융지의 상태를 보면서 용접할 수 있다.

---

④ 후판용접은 단락이행방식으로 가능하고, 비철금속용접에 적합하다.

해설 단락이행방식으로 박판용접도 가능하다.

42 다음 중 허용사용률을 구하는 공식은?

① 허용사용률 $= \dfrac{(정격2차전류)^2}{(실제용접전류)} \times 정격사용률(\%)$

② 허용사용률 $= \dfrac{(정격2차전류)}{(실제용접전류)^2} \times 정격사용률(\%)$

③ 허용사용률 $= \dfrac{(실제용접전류)^2}{(정격2차전류)^2} \times 정격사용률(\%)$

④ 허용사용률 $= \dfrac{(정격2차전류)^2}{(실제용접전류)^2} \times 정격사용률(\%)$

해설
- 사용률(%) = 아크발생시간/아크발생시간+정지시간×100
- 허용사용률(%) = 정격2차전류^2/실제용접전류^2×정격사용률
- 역률(%) = 소비전력(kW)/전원입력(kVA)×100
- 효율(%) = 아크출력(kW)/소비전력(kW)×100

43 다음 중 모재를 녹이지 않고 접합하는 용접법으로 가장 적합한 것은?

① 납땜
② TIG용접
③ 피복아크용접
④ 일렉트로 슬래그용접

해설 납땜은 모재를 녹이지 않고 납을 이용하여 접합하는 방법이다.

44 다음 중 불활성가스 금속아크용접(MIG)의 특징으로 틀린 것은?

① 후판용접에 적합하다.
② 용접속도가 빠르므로 변형이 적다.

③ 피복아크용접보다 전류밀도가 크다.
④ 용접토치가 용접부에 접근하기 곤란한 경우에도 용접하기가 쉽다.

해설 MIG용접의 특징
- 후판용접에 적합하다.
- 용접속도가 빠르므로 변형이 적다.
- 전류밀도가 피복아크용접보다 6~8배, TIG용접에 비해 2배 정도로 크다.

45 가스절단이 곤란한 주철, 스테인리스강 및 비철금속의 절단부에 철분 또는 용제를 공급하며 절단하는 방법은?

① 스카핑
② 분말절단
③ 가스가우징
④ 플라스마절단

해설 분말절단은 절단할 부분에 철분이나 용제의 미세한 분말을 압축공기 또는 압축질소와 같이 팁을 통해서 분출시키고 가스불꽃으로 가열하여 절단하는 방법이다.

46 가스용접작업 시 역화가 생기는 원인과 가장 거리가 먼 것은?

① 팁의 과열
② 산소압력과대
③ 팁과 모재의 접촉
④ 팁구멍에 이물질 부착

해설 역화는 팁 끝이 모재에 닿는 순간 팁 끝이 막히거나 과열, 가스압력이 부적당할 때 발생한다.

47 용접전류 200A, 전압 40V일 때 1초 동안에 전달되는 일률을 나타내는 전력은?

① 2kW
② 4kW
③ 6kW
④ 8kW

해설 전력=전압×전류=40×200=8000W=8kW

48 가스용접장치 중 압력조정기의 취급상 주의사항으로 틀린 것은?

① 압력지시계가 잘 보이도록 설치한다.

② 압력용기의 설치구 방향에는 아무런 장애물이 없어야 한다.

③ 조정기를 취급할 때는 기름이 묻은 장갑을 착용하고 작업해야 한다.

④ 조정기를 견고하게 설치한 다음 조정나사를 풀고 밸브를 천천히 열어야 하며 가스누설여부를 비눗물로 점검한다.

해설 조정기를 취급할 때에는 기름이 묻은 장갑 등을 사용해서는 안 된다.

49 아크용접기에 핫스타트(hot start)장치를 사용함으로써 얻어지는 장점이 아닌 것은?

① 기공을 방지한다.

② 아크발생이 쉽다.

③ 크레이터처리가 용이하다.

④ 아크발생초기의 용입을 양호하게 한다.

해설 핫스타트장치 사용의 장점 : 기공을 방지한다. 아크발생이 쉽다. 아크발생초기의 비드용입을 양호하게 한다. 비드 모양을 개선한다.

50 다음 중 전격의 위험성이 가장 적은 것은?

① 젖은 몸에 홀더 등이 닿았을 때

② 땀을 흘리면서 전기용접을 할 때

③ 무부하전압이 낮은 용접기를 사용할 때

④ 케이블의 피복이 파괴되어 절연이 나쁠 때

해설 무부하전압이 낮아야 감전의 위험이 적다.

51 연강의 가스절단 시 드래그(drag)길이는 주로 어떤 인자에 의해 변화하는가?

① 후열과 절단팁의 크기

② 토치각도와 진행방향

③ 절단속도와 산소소비량

④ 예열불꽃 및 백심의 크기

해설 드래그길이는 절단속도, 산소소비량 등에 의하여 변화한다.

52 연납땜과 경납땜을 구분하는 온도는?

① 350℃   ② 450℃

③ 550℃   ④ 650℃

해설 • 연납땜 : 융점이 450℃ 이하인 납땜
• 경납땜 : 융점이 450℃ 이상인 납땜

53 아크전류 200A, 무부하전압 80V, 아크전압 30V인 교류용접기를 사용할 때 효율과 역률은 얼마인가?(단, 내부손실을 4kW라고 한다)

① 효율 60%, 역률 40%

② 효율 60%, 역률 62.5%

③ 효율 62.5%, 역률 60%

④ 효율 62.5%, 역률 37.5%

해설 • 전원입력 = 무부하 전압×아크전류=80× 200=16000VA = 16KA
• 아크출력=아크전압×아크전류 = 30×200 = 6000 = 6KA
• 소비전력 = 아크출력+내부손실 = 6+4 = 10kW
• 효율(%) = 아크출력/소비전력×100 = 6/10×100 = 60%
• 역률(%) = 소비전력/전원입력×100 = 10/16×100 = 62.5%

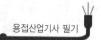

54 다음 용접법 중 전기에너지를 에너지원으로 사용하지 않는 것은?

① 마찰용접
② 피복아크용접
③ 서브머지드 아크용접
④ 불활성가스 아크용접

해설 마찰용접은 금속과 금속의 마찰열을 이용하는 용접이다.

55 가스절단에서 예열불꽃이 약할 때 나타나는 현상을 가장 적절하게 설명한 것은?

① 드래그가 증가한다.
② 절단속도가 빨라진다.
③ 절단면이 거칠어진다.
④ 모서리가 용융되어 둥글게 된다.

해설 예열불꽃이 너무 약하면 드래그가 증가한다.

56 가스용접에 쓰이는 토치의 취급상 주의사항으로 틀린 것은?

① 토치를 함부로 분해하지 말 것
② 팁을 모래나 먼지 위에 놓지 말 것
③ 토치에 기름, 그리스 등을 바를 것
④ 팁을 바꿀 때에는 반드시 양쪽 밸브를 잘 닫고 할 것

해설 토치에 기름, 그리스 등이 묻지 않도록 한다.

57 일반적인 용접의 특징으로 틀린 것은?

① 품질검사가 곤란하다.
② 변형과 수축이 발생한다.
③ 잔류응력이 발생하지 않는다.
④ 저온취성이 발생할 우려가 있다.

해설 용접은 잔류응력이 발생한다.

58 용접의 분류에서 압접에 속하지 않는 용접은?

① 저항용접 ② 마찰용접
③ 스터드용접 ④ 초음파용접

해설 스터드용접은 융접에 속한다.

59 일반적인 정류기형 직류아크용접기의 특성에 관한 설명으로 틀린 것은?

① 소음이 거의 없다.
② 보수점검이 간단하다.
③ 완전한 직류를 얻을 수 있다.
④ 정류기 파손에 주의해야 한다.

해설 정류기형 직류아크용접기는 소음이 거의 없고 보수점검과 취급이 간단하고 가격이 저렴하다. 그러나 완전한 직류를 얻지 못하며 정류기 파손에 주의해야 한다.

60 불가시아크용접, 잠호용접, 유니언멜트용접, 링컨용접 등으로 불리는 용접법은?

① 전자빔용접
② 가압테르밋용접
③ 서브머지드 아크용접
④ 불활성가스 아크용접

해설 서브머지드 아크용접은 아크가 보이지 않는 상태에서 용접이 진행되어 잠호용접이라고도 하며, 유니언멜트용접법, 링컨용접법이라고도 한다.

1과목 ▶ 용접야금 및 용접설비제도

01 저온균열의 발생에 관한 내용으로 옳은 것은?

① 용융금속의 응고직후에 일어난다.
② 오스테나이트계 스테인리스강에서 자주 발생한다.
③ 용접금속이 약 300℃ 이하로 냉각되었을 때 발생한다.
④ 입계가 충분히 고상화되지 못한 상태에서 응력이 작용하여 발생한다.

해설 저온균열은 용접금속이 300℃ 이하의 비교적 낮은 온도에서 발생한다.

02 일반적인 금속의 결정격자 중 전연성이 가장 큰 것은?

① 면심입방격자　② 체심입방격자
③ 조밀육방격자　④ 체심정방격자

해설 면심입방격자(FCC)는 전연성이 크고 전기전도도 및 가공성이 우수하다.

03 탄소와 질소를 동시에 강의 표면에 침투, 확산시켜 강의 표면을 경화시키는 방법은?

① 침투법　　　② 질화법
③ 침탄질화법　④ 고주파담금질

해설 탄소와 질소를 동시에 강의 표면에 침투, 확산시켜 강의 표면을 경화시키는 방법을 침탄질화법이라 한다.

04 킬드강(killed steel)을 제조할 때 탈산작용을 하는 가장 적합한 원소는?

① P　　　　　② S
③ Ar　　　　 ④ Si

해설 킬드강은 규소 또는 알루미늄과 같은 탈산제를 사용한다.

05 연강을 0℃ 이하에서 용접할 경우 예열하는 요령으로 옳은 것은?

① 연강은 예열이 필요 없다.
② 용접이음부를 약 500~600℃로 예열한다.
③ 용접이음부의 홈 안을 700℃ 전후로 예열한다.
④ 용접이음의 양쪽 폭 100mm 정도를 40~75℃로 예열한다.

해설 연강을 0℃ 이하에서 용접할 경우 이음의 양쪽 폭 100mm 정도를 약 40~70℃ 정도로 예열하는 것이 좋다.

06 스테인리스강 중 내식성, 내열성, 용접성이 우수하며 대표적인 조성이 18Cr-8Ni인 계통은?

① 페라이트계　　② 소르바이트계
③ 마르텐사이트계　④ 오스테나이트계

해설 오스테나이트계 스테인리스강은 내식성, 내열성, 용접성이 우수하며 성분이 18%Cr-8%Ni이다.

정답 01 ③　02 ①　03 ③　04 ④　05 ④　06 ④

07 다음 중 용착금속의 샤르피흡수에너지를 가장 높게 할 수 있는 용접봉은?

① E4303   ② E4311

③ E4316   ④ E4327

해설 E4316(저수소계)용접봉은 강인성, 기계적 성질, 내균열성, 내충격성이 우수하다.

08 Fe–C합금에서 6.67%C를 함유하는 탄화철의 조직은?

① 페라이트   ② 시멘타이트

③ 오스테나이트   ④ 트루스타이트

해설 시멘타이트는 강이 고온에서 생성하는 탄화철로 백색의 단단하고 부서지기 쉬운 결정조직으로 탄소함유량은 6.67%이다.

09 일반적인 피복아크용접봉의 편심률은 몇 % 이내인가?

① 3%   ② 5%

③ 10%   ④ 20%

해설 편심률은 3% 이내여야 한다.

10 슬래그를 구성하는 산화물 중 산성산화물에 속하는 것은?

① FeO   ② SiO_2

③ TiO_2 ④ Fe_2O_3

해설 슬래그의 산성산화물은 SiO_2, P_2O_5이다.

11 다음 용접자세 중 수직자세를 나타내는 것은?

① F   ② O

③ V   ④ H

해설 F : 아래보기, O : 위보기, V : 수직자세, H : 수평자세

12 다음 중 도면의 크기에 대한 설명으로 틀린 것은?

① A0의 넓이는 약 $1m^2$이다.

② A4의 크기는 210mm×297mm이다.

③ 제도용지의 세로와 가로비는 $1 : \sqrt{2}$ 이다.

④ 복사한 도면이나 큰 도면을 접을 때는 A3의 크기로 접는 것을 원칙으로 한다.

해설 복사한 도면이나 큰 도면을 접을 때는 A4의 크기로 한다.

13 다음 중 얇은 부분의 단면도를 도시할 때 사용하는 선은?

① 가는 실선   ② 가는 파선

③ 가는 1점쇄선   ④ 아주 굵은 실선

해설 얇은 부분의 단면도를 도시할 때는 아주 굵은 실선을 사용한다.

14 다음 중 치수보조기호의 의미가 틀린 것은?

① C : 45° 모떼기

② SR : 구의 반지름

③ t : 판의 두께

④ (   ) : 이론적으로 정확한 치수

해설 (   )는 참고치수를 나타낼 때 사용한다.

15 일반적인 판금전개도를 그릴 때 전개방법이 아닌 것은?

① 사각형 전개법   ② 평행선 전개법

③ 방사선 전개법   ④ 삼각형 전개법

16 상, 하 또는 좌, 우 대칭인 물체의 중심선을 기준으로 내부와 외부 모양을 동시에 표시하는 단면도법은?

① 온단면도

② 한쪽단면도

③ 계단단면도

④ 부분단면도

해설 대칭일 경우 한쪽만 나타낸다.

17 다음은 KS기계제도의 모양에 따른 선의 종류를 설명한 것이다. 틀린 것은?

① 실선 : 연속적으로 이어진 선

② 파선 : 짧은 선을 불규칙한 간격으로 나열한 선

③ 일점쇄선 : 길고 짧은 두 종류의 선을 번갈아 나열한 선

④ 이점쇄선 : 긴 선과 두 개의 짧은 선을 번갈아 나열한 선

해설 파선은 짧은 선을 일정한 간격으로 나열한 선

18 제도에서 사용되는 선의 종류 중 가는 2점쇄선의 용도를 바르게 나타낸 것은?

① 대상물의 실제 보이는 부분을 나타낸다.

② 도형의 중심선을 간략하게 나타내는데 쓰인다.

③ 가공 전 또는 가공 후의 모양을 표시하는데 쓰인다.

④ 특수한 가공을 하는 부분 등 특별한 요구사항을 적용할 수 있는 범위를 표시하는데 쓰인다.

해설 2점쇄선은 가상선의 용도로 사용된다.

19 도면에서 2종류 이상의 선이 같은 장소에서 중복될 경우 도면에 우선적으로 그어야 하는 선은?

① 외형선　　　　② 중심선

③ 숨은선　　　　④ 무게중심선

해설 도면에서 2종류 이상의 선이 같은 장소에 중복되는 경우 외형선, 숨은선, 절단선, 중심선, 무게중심선, 치수보조선 순으로 한다.

20 다음 중 가는 실선을 사용하지 않는 선은?

① 치수선　　　　② 지시선

③ 숨은선　　　　④ 치수보조선

해설 숨은선은 가는 파선 또는 굵은 파선을 사용한다.

2과목 ▶ 용접구조설계

21 각 변형의 방지대책에 관한 설명 중 틀린 것은?

① 구속지그를 활용한다.

② 용접속도가 빠른 용접법을 이용한다.

③ 개선각도는 작업에 지장이 없는 한도 내에서 작게 하는 것이 좋다.

④ 판두께와 개선형상이 일정할 때 용접봉 지름이 작은 것을 이용하여 패스의 수를 늘린다.

해설 패스수를 줄이는 것이 용접변형방지에 유리하다.

22 용접시점이나 종점부분의 결함을 줄이는 설계방법으로 가장 거리가 먼 것은?

① 주부재와 2차부재를 전둘레용접하는 경우 틈새를 10mm 정도로 둔다.

② 용접부의 끝단에 돌출부를 주어 용접한 후에 엔드탭(end tab)은 제거한다.

③ 양면에서 용접 후 다리길이 끝에 응력이 집중되지 않게 라운딩을 준다.

④ 엔드탭(end tab)을 붙이지 않고 한 면에 V형홈으로 만들어 용접 후 라운딩한다.

23 용접부 윗면이나 아래면이 모재의 표면보다 낮게 되는 것으로 용접사가 충분히 용착금속을 채우지 못하였을 때 생기는 결함은?

① 오버랩 　　　② 언더필

③ 스패터 　　　④ 아크 스트라이크

> **해설** 용접부 윗면이나 아래면이 모재의 표면보다 낮게 되는 것을 언더필이라 한다.

24 용접구조물에서 파괴 및 손상의 원인으로 가장 거리가 먼 것은?

① 재료불량 　　　② 포장불량

③ 설계불량 　　　④ 시공불량

25 T이음 등에서 강의 내부에 강판표면과 평행하게 층상으로 발생되는 균열로 주요원인이 모재의 비금속개재물인 것은?

① 토균열 　　　② 재열균열

③ 루트균열 　　　④ 라멜라테어

> **해설** 라멜라테어는 모재표면에 직각방향으로 강한 인장구속응력이 형성되는 이음에서 모재표면과 평행하게 발생하는 균열이다.

26 아래 그림과 같은 필릿용접부의 종류는?

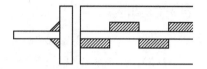

① 연속필릿용접

② 단속병렬필릿용접

③ 연속병렬필릿용접

④ 단속지그재그 필릿용접

> **해설** 단속지그재그 필릿용접은 용접이 한 곳에 집중하지 않도록 지그재그로 배치한다.

27 응력제거풀림의 효과에 대한 설명으로 틀린 것은?

① 치수틀림의 방지

② 충격저항의 감소

③ 크리프강도의 향상

④ 열영향부의 템퍼링 연화

28 다음 중 용접용 공구가 아닌 것은?

① 앞치마

② 치핑해머

③ 용접집게

④ 와이어브러시

> **해설** 앞치마는 개인보호구이다.

29 판두께 8mm를 아래보기자세로 15m, 판두께 15mm를 수직자세로 8m 맞대기용접하였다. 이 때 환산용접길이는 얼마인가?(단, 아래보기 맞대기용접의 환산계수는 1.32이고, 수직 맞대기용접의 환산계수는 4.32이다)

① 44.28m ② 48.56m
③ 54.36m ④ 61.24m

해설 환산용접길이=용접한 길이×환산계수=(15×1.32)+(8×4.32)=54.36m

30 용접변형의 일반적특성에서 홈용접 시 용접진행에 따라 홈간격이 넓어지거나 좁아지는 변형은?

① 종변형 ② 횡변형
③ 각변형 ④ 회전변형

해설 용접진행에 따라 용접되지 않는 부분의 홈간격이 넓어지거나 좁아지는 회전변형이 발생한다.

31 다음 중 용착금속내부에 발생된 기공을 적출하는데 가장 적합한 검사법은?

① 누설검사 ② 육안검사
③ 침투탐상검사 ④ 방사선투과검사

해설 방사선투과검사는 내부결함검출에 적용되며 검사가 비교적 정확하다.

32 모세관현상을 이용하여 표면결함을 검사하는 방법은?

① 육안검사 ② 침투검사
③ 자분검사 ④ 전자기적검사

해설 침투검사는 표면결함검출에 적용하며 모세관현상을 이용한 검사법이다.

33 맞대기용접 시에 사용되는 엔드탭(end tab)에 대한 설명으로 틀린 것은?

① 모재와 다른 재질을 사용해야 한다.
② 용접시작부와 끝부분의 결함을 방지한다.
③ 모재와 같은 두께와 홈을 만들어 사용한다.
④ 용접시작부와 끝부분에 가접한 후 용접한다.

해설 엔드탭은 모재와 같은 재질을 사용해야 한다.

34 어떤 용접구조물을 시공할 때 용접봉이 0.2톤이 소모되었는데, 170kgf의 용착금속중량이 산출되었다면 용착효율은 몇 %인가?

① 7.6 ② 8.5
③ 76 ④ 85

해설 용착효율=용착금속중량/용접봉소모량×100%=170/0.2×1000×100% = 85%

35 본용접의 용착법에서 용접방향에 따른 비드배치법이 아닌 것은?

① 전진법 ② 펄스법
③ 대칭법 ④ 스킵법

해설 펄스법은 용접전류를 조절하는 방법 중 하나이다.

36 인장시험기로 인장·파단하여 측정할 수 없는 것은?

① 연신율 ② 인장강도
③ 굽힘응력 ④ 단면수축률

해설 굽힘응력은 굽힘시험을 통하여 측정한다.

37 용착금속의 인장강도가 40kgf/mm²이고 안전율이 5라면 용접이음의 허용응력은 몇 kgf/mm²인가?

① 8   ② 20

③ 40   ④ 200

해설 허용응력 = 인장강도/안전율 = 40/5 = 8

38 용접구조설계 시 주의사항으로 틀린 것은?

① 용접이음의 집중, 접근 및 교차를 피한다.

② 리벳과 용접의 혼용 시에는 충분히 주의를 한다.

③ 용착금속은 가능한 다듬질 부분에 포함되게 한다.

④ 후판용접의 경우 용입이 깊은 용접법을 이용하여 층수를 줄인다.

해설 용접금속은 가능하면 다듬질 부분에 포함되지 않도록 한다.

39 똑같은 두께의 재료를 용접할 때 냉각속도가 가장 빠른 이음은?

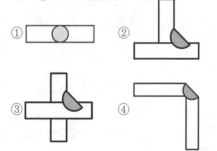

40 용접이음부의 형태를 설계할 때 고려하여야 할 사항으로 틀린 것은?

① 최대한 깊은 홈을 설계한다.

② 적당한 루트간격과 홈각도를 선택한다.

③ 용착금속량이 적게 되는 이음모양을 선택한다.

④ 용접봉이 쉽게 접근되도록 하여 용접하기 쉽게 한다.

해설 홈의 깊이는 얕으면서 완전용착이 되도록 한다.

3과목 ▶ 용접일반 및 안전관리

41 불활성가스 텅스텐아크용접에서 일반교류전원을 사용하지 않고, 고주파교류전원을 사용할 때의 장점으로 틀린 것은?

① 텅스텐전극의 수명이 길어진다.

② 텅스텐전극봉이 많은 열을 받는다.

③ 전극봉을 모재에 접촉시키지 않아도 아크가 발생한다.

④ 아크가 안정되어 작업 중 아크가 약간 길어져도 끊어지지 않는다.

해설 고주파교류전원은 전극봉을 모재에 접촉시키지 않아도 아크가 발생한다.

42 공업용 아세틸렌가스용기의 색상은?

① 황색   ② 녹색

③ 백색   ④ 주황색

해설 아세틸렌 : 황색, 산소 : 녹색, 암모니아 : 백색, 수소 : 주황색

43 피복아크용접작업에서 아크쏠림의 방지대책으로 틀린 것은?

① 짧은 아크를 사용할 것

② 직류용접 대신 교류용접을 사용할 것

③ 용접봉 끝을 아크쏠림 반대방향으로 기울일 것

④ 접지점을 될 수 있는 대로 용접부에 가까이 할 것

해설 접지점은 가능한 용접부에서 멀리해야 한다.

44 아크용접과 가스용접을 비교할 때, 일반적인 가스용접의 특징으로 옳은 것은?

① 아크용접에 비해 불꽃의 온도가 높다.

② 열집중성이 좋아 효율적인 용접이 된다.

③ 금속이 탄화 및 산화될 가능성이 많다.

④ 아크용접에 비해서 유해광선의 발생이 많다.

해설 가스용접은 금속이 탄화 및 산화될 가능성이 높다.

45 CO_2가스아크용접에 대한 설명으로 틀린 것은?

① 전류밀도가 높아 용입이 깊고, 용접속도를 빠르게 할 수 있다.

② 용접장치, 용접전원 등 장치로서는 MIG용접과 같은 점이 많다.

③ CO_2가스아크용접에서는 탈산제로 Mn 및 Si를 포함한 용접와이어를 사용한다.

④ CO_2가스아크용접에서는 보호가스로 CO_2에 다량의 수소를 혼합한 것을 사용한다.

해설 CO_2, 아르곤 또는 산소와 아르곤가스의 혼합가스를 사용한다.

46 용접작업에서 전격의 방지대책으로 틀린 것은?

① 무부하전압이 높은 용접기를 사용한다.

② 작업을 중단하거나 완료 시 전원을 차단한다.

③ 안전홀더 및 완전절연된 보호구를 착용한다.

④ 습기 찬 작업복 및 장갑 등을 착용하지 않는다.

해설 무부하전압이 낮은 용접기를 사용한다.

47 가스용접봉에 관한 내용으로 틀린 것은?

① 용접봉을 용가재라고도 한다.

② 인이나 황의 성분이 많아야 한다.

③ 용융온도가 모재와 동일하여야 한다.

④ 가능한 모재와 같은 재질이어야 한다.

해설 인이나 황 등의 유해성분이 적은 저탄소강이 사용된다.

48 돌기용접(projection welding)의 특징으로 틀린 것은?

① 점용접에 비해 작업속도가 매우 느리다.

② 작은 용접점이라도 높은 신뢰도를 얻을 수 있다.

③ 점용접에 비해 전극의 소모가 적어 수명이 길다.

④ 용접된 양쪽의 열용량이 크게 다를 경우라도 양호한 열평형이 얻어진다.

해설 프로젝션용접은 여러 개의 점용접이 한 번에 이루어진다.

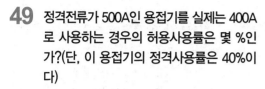

49 정격전류가 500A인 용접기를 실제는 400A로 사용하는 경우의 허용사용률은 몇 %인가?(단, 이 용접기의 정격사용률은 40%이다)

① 60.5   ② 62.5

③ 64.5   ④ 66.5

해설 허용사용률=정격2차전류²/실제용접전류²×정격사용률= $500^2/400^2 × 40 = 62.5\%$

50 저수소계 용접봉의 피복제에 30~50% 정도의 철분을 첨가한 것으로 용착속도가 크고 작업능률이 좋은 용접봉은?

① E4326   ② E4313

③ E4324   ④ E4327

해설 철분저수소계(E4326)는 용착금속의 기계적 성질은 저수소계와 비슷하나 슬래그박리성이 우수하다.

51 아크에어가우징에 대한 설명으로 틀린 것은?

① 가우징봉은 탄소전극봉을 사용한다.

② 가스가우징보다 작업능률이 2~3배 높다.

③ 용접결함부 제거 및 홈의 가공 등에 이용된다.

④ 사용하는 압축공기의 압력은 20kgf/cm² 정도가 좋다.

해설 압축공기압력은 5~7kgf/cm² 정도가 좋다.

52 물활성가스 금속아크용접의 특징으로 틀린 것은?

① 가시아크이므로 시공이 편리하다.

② 전류밀도가 낮기 때문에 용입이 얕고, 용접재료의 손실이 크다.

③ 바람이 부는 옥외에서는 별도의 방풍장치를 설치하여야 한다.

④ 용접토치가 용접부에 접근하기 곤란한 조건에서는 용접이 불가능한 경우가 있다.

해설 전류밀도가 크기 때문에 용입이 깊다.

53 표피효과(skin effect)와 근접효과(proximity effect)를 이용하여 용접부를 가열용접하는 방법은?

① 폭발압접 (explosive welding)

② 초음파용접 (ultrasonic welding)

③ 마찰용접 (friction pressure welding)

④ 고주파용접 (hight-frequency welding)

54 다음 용착법 중 각 층마다 전체의 길이를 용접하면서 쌓아 올리는 다층용착법은?

① 스킵법   ② 대칭법

③ 빌드업법   ④ 캐스케이드법

해설 빌드업법은 각 층마다 전체의 길이를 용접하면서 쌓아 올리는 방법이다.

55 가스용접에서 압력조정기(pressure regulator)의 구비조건으로 틀린 것은?

① 동작이 예민해야 한다.

② 빙결되지 않아야 한다.

③ 조정압력과 방출압력과의 차이가 커야 한다.

④ 조정압력은 용기 내의 가스량이 변화하여도 항상 일정해야 한다.

해설 조정압력과 방출압력은 차이가 없어야 한다.

56 용접법의 분류에서 경납땜의 종류가 아닌 것은?

① 가스납땜 ② 마찰납땜
③ 노내납땜 ④ 저항납땜

해설 납땜에는 가스, 담금, 저항, 노내, 유도가열납땜이 있다.

57 다음 중 용접작업자가 착용하는 보호구가 아닌 것은?

① 용접장갑 ② 용접헬멧
③ 용접차광막 ④ 가죽앞치마

58 용접기의 아크발생시간을 6분, 휴식시간을 4분이라 할 때 용접기의 사용률은 몇 %인가?

① 20 ② 40
③ 60 ④ 80

해설 사용률=아크시간/(아크시간+휴식시간)×100%=6/6+4×100%=60%

59 TIG용접 시 직류정극성을 사용하여 용접하면 비드 모양은 어떻게 되는가?

① 비극성 비드와는 관계없다.
② 비드폭이 역극성과 같아진다.
③ 비드폭이 역극성보다 좁아진다.
④ 비드폭이 역극성보다 넓어진다.

해설 직류정극성은 용접기의 양극에 모재를, 음극에 토치를 연결하는 방식으로 비드폭이 좁고 용입이 깊다.

60 실드가스로써 주로 탄산가스를 사용하여 용융부를 보호하고 탄산가스분위기 속에서 아크를 발생시켜 그 아크열로 모재를 용융시켜 용접하는 방법은?

① 실드용접
② 테르밋용접
③ 전자빔용접
④ 일렉트로가스 아크용접

해설 일렉트로가스 아크용접은 탄산가스를 사용하여 용융부를 보호하고 탄산가스분위기 속에서 아크를 발생시켜 그 아크열로 모재를 용융시켜 용접한다.

정답 56 ② 57 ③ 58 ③ 59 ③ 60 ④

1과목 ▶ 용접야금 및 용접설비제도

01 풀림의 방법에 속하지 않는 것은?

① 질화   ② 항온

③ 완전   ④ 구상화

해설 풀림방법은 항온풀림, 완전풀림, 구상화풀림, 응력제거풀림 등이 있다. 질화는 강에 질소를 침투시키는 표면경화법이다.

02 Fe−C 평형상태도에 없는 반응은?

① 편정반응   ② 공정반응

③ 공석반응   ④ 포정반응

03 강에 함유된 원소 중 강의 담금질효과를 증대시키며, 고온에서 결정립성장을 억제시키는 것은?

① 황   ② 크롬

③ 탄소   ④ 망간

해설 망간은 강의 담금질효과를 증대시키고 결정립의 성장을 억제한다.

04 γ고용체와 α고용체에서 나타나는 조직은?

① γ고용체 : 페라이트조직
    α고용체 : 오스테나이트조직

② γ고용체 : 페라이트조직
    α고용체 : 시멘타이트조직

③ γ고용체 : 시멘타이트조직
    α고용체 : 페라이트조직

④ γ고용체 : 오스테나이트조직
    α고용체 : 페라이트조직

해설 오스테나이트: γ고용체로 면심입방격자, 페라이트 : α고용체로 체심입방격자

05 마르텐사이트계 스테인리스강은 지연균열 감수성이 높다. 이를 방지하기 위한 적정한 예열온도범위는?

① 100~200℃   ② 200~400℃

③ 400~500℃   ④ 500~650℃

06 일반적으로 탄소의 함유량이 0.025~0.8% 사이의 강을 무슨 강이라 하는가?

① 공석강   ② 공정강

③ 아공석강   ④ 과공석강

해설 0.8%C 이하 아공석강, 0.8%C 공석강, 0.8%C 이상 과공석강

07 다음 중 강의 5대원소에 속하지 않는 것은?

① P   ② S

③ Cr   ④ Mn

해설 강의 5대 원소 : 탄소(C), 규소(Si), 망간(Mn), 인(P), 황(S)

08 비드밑균열에 대한 설명으로 틀린 것은?

① 주로 200℃ 이하 저온에서 발생한다.

② 용착금속 속의 확산성수소에 의해 발생한다.

③ 오스테나이트에서 마르텐사이트 변태 시 발생한다.

④ 담금질 경화성이 약한 재료를 용접했 을 때 발생하기 쉽다.

[해설] 담금질 경화성이 클수록 비드밑균열이 발생 하기 쉽다.

09 주철용접에서 예열을 실시할 때 얻는 효과 중 틀린 것은?

① 변형의 저감

② 열영향부 경도의 증가

③ 이종재료용접 시 온도기울기 감소

④ 사용 중인 주조의 탄수화물 오염저감

[해설] 예열을 실시하여 열영향부의 경화를 방지 한다.

10 다음 중 탈황을 촉진하기 위한 조건으로 틀린 것은?

① 비교적 고온이여야 한다.

② 슬래그의 염기도가 낮아야 한다.

③ 슬래그의 유동성이 좋아야 한다.

④ 슬래그 중의 산화철분 함유량이 낮아 야 한다.

[해설] 피복제 염기도가 높을수록 내균열성이 증가 한다.

11 도면에서 해칭을 하는 경우는?

① 단면도의 절단된 부분을 나타낼 때

② 움직이는 부분을 나타내고자 할 때

③ 회전하는 물체를 나타내고자 할 때

④ 대상물의 보이는 부분을 표시할 때

[해설] 단면도의 절단된 부분에 빗금을 친 것이 해칭 선이다.

12 도면의 양식 및 도면접기에 대한 설명 중 틀린 것은?

① 척도는 표면의 표제란에 기입한다.

② 복사한 도면을 접을 때 그 크기는 원 칙적으로 210×297mm(A4) 크기로 한다.

③ 도면의 중심마크는 사용하기 편리한 크기와 양식으로 임의의 위치에 설치 한다.

④ 도면의 크기치수에 따라 굵기 0.5mm 이상의 실선으로 윤곽선을 그린다.

[해설] 중심마크는 제도용지윤곽의 중앙으로부터 윤 곽선의 안쪽으로 약 5mm까지가 적당하다.

13 다음 용접기본기호의 명칭으로 맞는 것은?

① 필릿용접

② 가장자리용접

③ 일면개선형 맞대기용접

④ 개선각이 급격한 V형 맞대기용접

[해설] 일면개선형 맞대기용접이다.

14 도형 내의 특정한 부분이 평면이라는 것을 표시할 경우 맞는 기입방법은?

① 은선으로 대각선을 기입

② 가는 실선으로 대각선을 기입

③ 가는 1점쇄선으로 사각형을 기입

④ 가는 2점쇄선으로 대각선을 기입

15 도면에 치수를 기입할 때 유의 사항으로 틀린 것은?

① 치수는 가급적 주투상도에 집중해서 기입한다.

② 치수는 가급적 계산할 필요가 없도록 기입한다.

③ 치수는 가급적 공정마다 배열을 분리하여 기입한다.

④ 참고치수를 기입할 때는 원을 먼저 그린 후 원 안에 치수를 넣는다.

해설 참고치수는 괄호 안에 기입한다.

16 용접부표면 및 용접부형상 보조기호 중 영구적인 이면판재사용을 나타내는 기호는?

① ——   ② ⌐M⌐

③ ⌐MR⌐   ④ ‿‿

해설 ② 영구적인 이면판재사용, ③ : 제거가능한 이면판재사용, ④ : 표면을 매끄럽게 함

17 다음 도면에서 ①로 표시된 선의 명칭은?

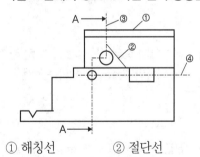

① 해칭선   ② 절단선

③ 외형선   ④ 치수보조선

해설 외형선은 사물의 외곽을 나타내고 굵은 실선을 사용한다.

18 KS재료기호 중 'SPLT 390'은 어떤 재료를 의미하는가?

① 내열강판

② 저온배관용 탄소강관

③ 일반구조용 탄소강관

④ 보일러, 영교환기용 합금강강관

해설 SPLT(steel pipe low temperature) : 저온배관용 탄소강관

19 그림과 같은 용접도시기호에 의하여 용접할 경우 설명으로 틀린 것은?

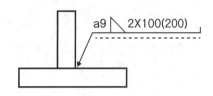

① 목두께는 9mm이다.

② 용접부의 개수는 2개이다.

③ 화살표 쪽에 필릿용접한다.

④ 용접부 길이는 200mm이다.

해설 100mm 용접비드 2개와의 사이가 200mm임을 나타낸다. a9는 목두께를 나타낸다.

20 도면관리에 필요한 사항과 도면내용에 관한 중요한 사항을 정리하여 도면에 기입하는 것은?

① 표제란   ② 윤곽선

③ 중심마크   ④ 비교눈금

21 다음 중 용접부에서 방사선투과시험법으로 검출하기 가장 곤란한 결함은?

① 기공
② 용입불량
③ 슬래그섞임
④ 라미네이션균열

해설 라미네이션균열은 층상결함으로 방사선투과시험으로는 검출이 어렵다.

22 다음 금속 중 열전도율이 낮은 금속은?

① 연강
② 구리
③ 알루미늄
④ 18-8스테인리스강

해설 열전도율 순서 : 구리 〉 알루미늄 〉 연강 〉 18-8스테인리스강

23 아크용접 시 용접이음의 용융부 밖에서 아크를 발생시킬 때 아크열에 의해 모재 표면에 생기는 결함은?

① 은점(fish eye)
② 언더필(under fill)
③ 스케터링(scatttering)
④ 아크스트라이크(arc strike)

해설 피복아크용접봉으로 아크발생 시 모재에 긁어내릴 때 아크에 의해 모재에 나타난 자국을 아크스트라이크라 하며, 표면결함의 일종이다.

24 다음 용접기호가 뜻하는 것은?

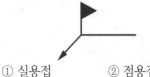

① 실용접
② 점용접
③ 현장용접
④ 일주용접

해설 현장용접의 경우 깃발기호로 표시된다.

25 그라인더를 사용하여 용접부의 표면비드를 모재의 표면 높이와 동일하게 잘 다듬질하는 가장 큰 이유는?

① 용접부의 인성을 낮추기 위해
② 용접부의 잔류응력을 증가시키기 위해
③ 용접부의 응력집중을 감소시키기 위해
④ 용접부의 내부결함의 크기를 증대시키기 위해

해설 응력집중은 급격한 단면변화가 일어난 부분에 응력이 집중되는 현상이며, 가급적 단면변화가 완만하도록 한다.

26 잔류응력이 남아있는 용접제품에 소성변형을 주어 용접잔류응력을 제거(완화)하는 방법을 무엇이라고 하는가?

① 노내풀림법
② 국부 풀림법
③ 저온응력완화법
④ 기계적 응력완화법

해설 기계적 응력완화법은 잔류응력이 있는 제품에 하중을 주고 용접부 약간의 소성변형을 일으킨 다음 하중을 제거하는 방법이다.

27 용접모재의 뒤편을 강하게 받쳐 주어 구속에 의하여 변형을 억제하는 것은?

① 포지셔너
② 회전지그
③ 스트롱백
④ 매니퓰레이터

해설 스트롱백은 용접모재의 뒤편을 강하게 받쳐 주어 변형을 억제한다.

28 다음 중 용접부를 검사하는데 이용하는 비파괴검사법이 아닌 것은?

① 누설시험
② 충격시험
③ 침투탐상법
④ 초음파탐상법

정답 21 ④ 22 ④ 23 ④ 24 ③ 25 ③ 26 ④ 27 ③ 28 ②

해설 충격시험은 재료의 인성을 알아보는 기계적 파괴시험이다.

③ 고셀룰로오스계   ④ 고산화티탄계

해설 내균열성 : 저수소계 > 일미나이트계 > 고셀룰로오스계 > 고산화티탄계

29 잔류응력측정법에는 정성적방법과 정량적 방법이 있다. 다음 중 정성적방법에 속하는 것은?

① X-선법

② 자기적 방법

③ 충격이완법

④ 광탄성에 의한 방법

33 그림과 같이 완전용입 T형 맞대기용접이음에 굽힘모멘트 M=9000kgf · cm가 작용할 때 최대굽힘응력(kgf/cm²)은? (단, L=400mm, h=300mm, t=20mm, P(kgf)는 하중이다.)

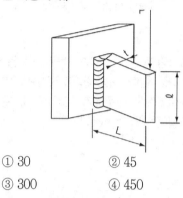

① 30   ② 45

③ 300   ④ 450

해설 최대굽힘응력 = 6×M/t×h² = 6×9000/2× 30² = 30(kgf/cm²)

30 20kg의 피복아크용접봉을 가지고 두께 9mm 연강판구조물을 용접하여 용착되고 남은 피복중량, 스패터, 잔봉, 연소에 의한 손실 등의 무게가 4kg였다면 이 때 피복아크용접봉의 용착효율은?

① 60%   ② 70%

③ 80%   ④ 90%

해설 용접효율 = (20-4/20)×100 = 80%

31 본용접에서 그림과 같은 순서로 용접하는 용착법은?

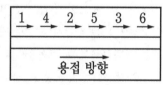

① 대칭법   ② 스킵법

③ 후퇴법   ④ 살수법

34 서브머지드 아크용접 이음설계에서 용접부의 시작점과 끝점에 모재와 같은 재질의 판 두께를 사용하여 충분한 용입을 얻기 위하여 사용하는 것은?

① 앤드탭   ② 실링비드

③ 플레이트정반   ④ 알루미늄판 받침

35 끝이 구면인 특수한 해머로 용접부를 연속적으로 때려 용착금속부의 인장응력을 완화하는데 큰 효과가 있는 잔류응력제거법은?

① 피닝법   ② 국부풀림법

③ 케이블커넥터법   ④ 저온응력완화법

32 다음 용접봉 중 제품의 인장강도가 요구될 때 사용하는 것으로 내균열성이 가장 우수한 용접봉은?

① 저수소계   ② 라임티탄계

36 용접구조물의 재료절약 설계요령으로 틀린 것은?

① 가능한 표준규격의 재료를 이용한다.
② 용접할 조각의 수를 가능한 많게 한다.
③ 재료는 쉽게 구입할 수 있는 것으로 한다.
④ 고장이 발생했을 경우 수리할 때의 편의도 고려한다.

해설 용접조각수가 많은 만큼 용접양이 많아지고 시간도 더 오래 걸린다.

37 그림과 같은 겹치기이음의 필릿용접을 하려고 한다. 허용응력이 50MPa, 인장하중이 50kN, 판두께가 12mm일 때 용접유효길이는 약 몇 mm인가?

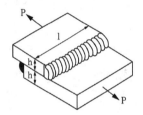

P=50[kN] h=12mm

① 59   ② 73
③ 69   ④ 83

해설 응력 = √2×인장하중/(두께×2)×용접유효길이에서 용접유효길이 = √2×50,000/50×(12×2) = 58.92

38 구조물 용접작업 시 용접순서에 관한 설명으로 틀린 것은?

① 용접물의 중심에서 대칭으로 용접을 해나간다.
② 용접작업이 불가능한 곳이나 곤란한 곳이 생기지 않도록 한다.

③ 수축이 작은 이음을 먼저 용접하고 수축이 큰 이음을 나중에 용접한다.
④ 용접구조물의 중심축을 기준으로 용접 수축력의 모멘트합이 0이 되게 하면 용접선방향에 대한 굽힘을 줄일 수 있다.

해설 수축이 큰 맞대기이음을 먼저 하고 수축이 적은 필릿이음을 나중에 한다.

39 다음 중 용접이음성능에 영향을 주는 요소로 거리가 먼 것은?

① 용접결함
② 용접홀더
③ 용접이음의 위치
④ 용접변형 및 잔류응력

해설 용접홀더는 이음성능과 무관하다.

40 용접제품을 제작하기 위한 조립 및 가용접에 대한 일반적인 설명으로 틀린 것은?

① 조립순서는 용접순서 및 용접작업의 특성을 고려하여 계획한다.
② 불필요한 잔류응력이 남지 않도록 미리 검토하여 조립순서를 정한다.
③ 강도상 중요한 곳과 용접의 시점과 종점이 되는 끝부분에 주로 가용접한다.
④ 가용접시에는 본용접보다도 지름이 약간 가는 용접봉을 사용하는 것이 좋다.

해설 가용접은 강도상 중요한 부분이나 시점, 종점은 피한다.

3과목 용접일반 및 안전관리

41 금속원자 사이에 작용하는 인력으로 원자를 서로 결합하기 위해서는 원자간의 거리가 어느 정도 되어야 하는가?

① 10^{-4}cm ② 10^{-6}cm

③ 10^{-7}cm ④ 10^{-8}cm

해설 원자간 거리를 1억분의 1cm(10^{-8}cm)만큼 가까이 하면 인력이 발생한다.

42 다음 재료 중 용제 없이 가스용접을 할 수 있는 것은?

① 주철 ② 황동

③ 연강 ④ 알루미늄

해설 연강 : 거의 사용하지 않음

43 다음 〈보기〉 중 용접의 자동화에서 자동제어의 장점을 모두 고른 것은?

> ㉠ 제품의 품질이 균일화되어 불량품이 감소한다.
> ㉡ 원자재, 원가 등의 증가한다.
> ㉢ 인간에게는 불가능한 고속작업이 가능하다.
> ㉣ 위험한 사고의 방지가 불가능하다.
> ㉤ 연속작업이 가능하다.

① ㉠, ㉡, ㉣

② ㉠, ㉢, ㉤

③ ㉠, ㉡, ㉢, ㉤

④ ㉠, ㉡, ㉢, ㉣, ㉤

44 가스절단에서 판두께가 12.7mm일 때 표

준드래그의 길이로 가장 적당한 것은?

① 2.4mm ② 5.2mm

③ 5.6mm ④ 6.4mm

해설 표준드래그의 길이는 판두께의 20%가 적당하다.

45 용접법의 종류 중 압접법이 아닌 것은?

① 마찰용접 ② 초음파용접

③ 스터드용접 ④ 업셋맞대기용접

해설 스터드용접은 융접이다.

46 두 개의 모재에 압력을 가해 접촉시킨 후 회전시켜 발생하는 열과 가압력을 이용하여 접합하는 용접법은?

① 단조용접 ② 마찰용접

③ 확산용접 ④ 스터드용접

해설 스핀들의 회전 시 발생하는 열로 용접하는 것은 마찰용접이다.

47 유전, 습지대에서 분출되는 메탄이 주성분인 가스는?

① 수소가스 ② 천연가스

③ 아르곤가스 ④ 프로판가스

해설 천연가스의 주성분은 메탄가스이다.

48 피복아크용접에서 정극성과 역극성의 설명으로 옳은 것은?

① 박판의 용접은 주로 정극성을 이용한다.

② 용접봉에 (−)극을, 모재에 (+)극을 연결하는 것을 정극성이라 한다.

③ 정극성일 때 용접봉의 용융도는 빠르고 모재의 용입은 얕아진다.

정답 41 ④ 42 ③ 43 ② 44 ① 45 ③ 46 ② 47 ② 48 ②

④ 역극성일 때 용접봉의 용융속도는 빠르고 모재의 용입은 깊어진다.

해설 직류역극성은 모재에 음극(−)을 토치에 양극(+)을 연결한 전원특성이다. 모재의 용융은 적고 비드폭이 넓어진다.

49 다음 중 용접기의 설치 및 정비 시 주의해야 할 사항으로 틀린 것은?

① 습도가 높은 곳에 설치해야 한다.
② 먼지가 많은 장소에는 가급적 용접기 설치를 피한다.
③ 용접케이블 등의 파손된 부분은 절연 테이프로 감아야 한다.
④ 2차측단자의 한쪽과 용접기케이스는 접지를 확실히 해둔다.

해설 아크용접기는 전기를 사용하므로 습도가 높을 경우 감전의 위험도 있으며, 용접기가 손상될 수 있다.

50 가스용접토치의 종류가 아닌 것은?

① 저압식토치   ② 중압식토치
③ 고압식토치   ④ 등압식토치

해설 가스용접토치는 아세틸렌압력에 따라 저압, 중압, 고압으로 분류한다.

51 아크용접 시 차광유리를 선택할 경우 용접 전류가 400A 이상일 때 가장 적합한 차광도번호는?

① 5   ② 8
③ 10   ④ 14

해설 피복아크용접에서 전류가 높을 경우 14번을 사용한다.

52 진공상태에서 용접을 행하게 되므로 텅스텐, 몰리브덴과 같이 대기에서 반응하기 쉬운 금속도 용접하기 용이하게 접합할 수 있는 용접은?

① 스터드용접   ② 테르밋용접
③ 전자빔용접   ④ 원자수소용접

해설 전자빔용접은 고진공 속에서 융점이 높거나 일반적인 용접으로 접합이 어려운 용접에 적합하다.

53 강인성이 풍부하고 기계적 성질, 내균열성이 가장 좋은 피복아크용접봉은?

① 저수소계
② 고산화티탄계
③ 철분산화티탄계
④ 고셀룰로오스계

해설 저수소계는 아크가 불안정하나, 용착금속은 강인성이 풍부하고 기계적 성질, 내균열성이 좋다.

54 다음 용접법 중 가장 두꺼운 판을 용접할 수 있는 것은?

① 전자빔용접
② 불활성가스 아크용접
③ 서브머지드 아크용접
④ 일렉트로 슬래그용접

해설 일렉트로 슬래그용접이나 일렉트로 가스용접은 후판수직 상진용접에 적합하다.

55 무부하전압 80V, 아크전압 30V, 아크전류 300A, 내부손실이 4kW인 경우 아크용접기의 효율은 약 몇 %인가?

① 59   ② 69
③ 75   ④ 80

해설 효율 = 아크출력/소비전력 = 30×300/(30× 200)+4000×100 = 69.23

56 서브머지드 아크용접법의 설명 중 틀린 것은?

① 비소모식이므로 비드의 외관이 거칠다.

② 용접선이 수직인 경우 적용이 곤란하다.

③ 모재 두께가 두꺼운 용접에서 효율적이다.

④ 용융속도와 용착속도가 빠르며, 용입이 깊다.

해설 서브머지드 아크용접은 소모식(용극식)용접이며 용제 속에서 아크가 발생되며 용접이 이루어지며 직선에 유리하고 비드 외관이 미려한 후판용접이다.

57 리벳이음과 비교하여 용접의 장점을 설명한 것으로 틀린 것은?

① 작업공정이 단축된다.

② 기밀, 수밀이 우수하다

③ 복잡한 구조물 제작에 용이하다.

④ 열영향으로 이음부의 재질이 변하지 않는다.

해설 용접은 가열과 냉각에 의해 팽창과 수축이 일어나므로 이음부 재질이 변하게 된다.

58 다음 분말소화기의 종류 중 A, B, C급 화재에 모두 사용할 수 있는 것은?

① 제1종분말소화기

② 제2종분말소화기

③ 제3종분말소화기

④ 제4종분말소화기

59 냉간압접의 일반적인 특징으로 틀린 것은?

① 용접부가 가공경화된다.

② 압접에 필요한 공구가 간단하다.

③ 접합부의 열영향으로 숙련이 필요하다.

④ 접합부의 전기저항은 모재와 거의 동일하다.

해설 냉간압접은 열영향이 크지 않고 조작이 간단하므로 숙련이 필요하지 않다.

60 다음 중 연소의 3요소에 해당하지 않는 것은?

① 가연물   ② 점화원

③ 충진제   ④ 산소공급원

해설 연소의 3요소는 가연성물, 산소공급원, 점화원이다.

1과목 용접야금 및 용접설비제도

01 강자성체인 Fe, Ni, Co의 자기변태온도가 낮은 것에서 높은 순으로 바르게 배열된 것은?

① Fe → Ni → Co ② Fe → Co → Ni

③ Ni → Fe → Co ④ Ni → Co → Fe

02 일반적인 탄소강에 함유된 5대원소에 속하지 않는 것은?

① Mn ② Si

③ P ④ Cr

해설 철강의 5원소 : 탄소(C), 규소(Si), 망간(Mn), 인(P), 황(S)

03 탄소강의 표준조직이 아닌 것은?

① 페라이트 ② 마르텐사이트

③ 펄라이트 ④ 시멘타이트

해설 마르텐사이트는 강철을 고온의 오스테나이트 상태에서 담금질하였을 때 얻어지는 조직이다.

04 다음 중 탈황을 촉진하기 위한 조건으로 틀린 것은?

① 비교적 고온이어야 한다.

② 슬래그의 염기도가 낮아야 한다.

③ 슬래그의 유동성이 좋아야 한다.

④ 슬래그 중의 산화철분이 낮아야 한다.

05 습기제거를 위한 용접봉의 건조 시 건조온도가 가장 높은 것은?

① 저수소계 ② 라임티탄계

③ 셀룰로오스계 ④ 고산화티탄계

해설 저수소계는 습기제거를 목적으로 300~350℃ 정도로 1~2시간 건조시켜 사용한다.

06 알루미늄 계열의 분류에서 번호대와 첨가 원소가 바르게 짝지어진 것은?

① 1000계 : 순금속 알루미늄(순도 > 99.0%)

② 3000계 : 알루미늄-Si계합금

③ 4000계 : 알루미늄-Mg계합금

④ 5000계 : 알루미늄-Mn계합금

해설 1000계열은 순알루미늄이다.

07 다음 원소 중 황(S)의 해를 방지할 수 있는 것으로 가장 적합한 것은?

① Mn ② Si

③ Al ④ Mo

해설 Mn : 강도·경도·인성 증가, 유동성 향상, 탈산제, 황의 해를 감소

08 다음 균열 중 모재의 열팽창 및 수축에 의한 비틀림이 주원인이며, 필릿용접이음부의 루트 부분에 생기는 균열은?

① 횡균열 ② 설퍼균열

③ 크레이터균열 ④ 라미네이션균열

해설 횡균열 : 필릿용접에서 비드길이방향과 직각으로 생기는 균열

정답 01 ③ 02 ④ 03 ② 04 ② 05 ① 06 ① 07 ① 08 ①

09 용접하기 전 예열하는 목적이 아닌 것은?

① 수축변형을 감소한다.

② 열영향부의 경도를 증가시킨다.

③ 용접금속 및 열영향부에 균열을 방지한다.

④ 용접금속 및 열영향부의 연성 또는 노치인성을 개선한다.

해설 예열은 열영향부의 경도와는 크게 관계가 없다.

10 강을 연하게 하여 기계가공성을 향상시키거나, 내부응력을 제거하기 위해 실시하는 열처리는?

① 불림(normalizing)

② 뜨임(tempering)

③ 담금질(quenching)

④ 풀림(annealing)

해설 풀림은 금속재료의 내부균열을 제거하고, 결정입자를 미세화하여 전연성을 높인다.

11 다음 중 가는 실선으로 표시되는 것은?

① 외형선   ② 숨은선

③ 절단선   ④ 회전단면선

해설 가는 실선 : 치수선, 치수보조선, 지시선, 회전단면선, 중심선, 수준면선에 표시한다.

12 다음 중 판의 맞대기용접에서 위보기자세를 나타내는 것은?

① H   ② V

③ O   ④ AP

해설 아래보기(F), 수직(V), 수평(H), 위보기(O, OH), 수직필릿(V-Fi), 수평필릿(H-Fi)

13 다음 치수기입방법의 일반형식 중 잘못 표시된 것은?

① 각도치수 :

② 호의 길이치수 :

③ 현의 길이치수 :

④ 변의 길이치수 :

14 핸들이나 바퀴의 암 및 리브훅, 축구조물의 부재 등에 절단면을 90° 회전하여 그린 단면도는?

① 회전단면도   ② 부분단면도

③ 한쪽단면도   ④ 온단면도

해설 회전단면도는 핸들이나 바퀴의 암 및 리브훅, 축구조물의 부재 등에 절단면을 90° 회전하여 그린 단면도이다.

15 아래 그림의 화살표 쪽의 인접부분을 참고로 표시하는 데 사용하는 선의 명칭은?

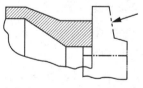

① 가상선   ② 숨은선

③ 외형선   ④ 파단선

해설 가상선은 인접 부분의 참고, 공구, 지그 등의 위치를 나타내는데 사용한다.

16 다음 중 심(Seam)용접 이음기호로 맞는 것은?

① ◯ ② ⌣
③ ⦵ ④ ◠◡

> **해설** ① 점용접, ② 이면용접, ③ 심용접, ④ 표면육성

17 X, Y, Z방향의 축을 기준으로 공간상에 하나의 점을 표시할 때 각 축에 대한 X, Y, Z에 대응하는 좌표값으로 표시하는 CAD시스템의 좌표계의 명칭은?

① 극좌표계
② 직교좌표계
③ 원통좌표계
④ 구면좌표계

> **해설** 서로 직교하여 평면을 이루는 x축(수평방향)과 y축(수직방향) 그리고 z축에 대응하는 좌표값으로 표시하는 좌표계를 직교좌표계라 한다.

18 도면에 치수를 기입할 때의 유의사항으로 틀린 것은?

① 치수는 계산할 필요가 없도록 기입하여야 한다.
② 치수는 중복기입하여 도면을 이해하기 쉽게 한다.
③ 관련되는 치수는 가능한 한 곳에 보아서 기입한다.
④ 치수는 될 수 있는 대로 주투상도에 기입해야 한다.

> **해설** 치수는 중복을 피해서 기입해야 한다.

19 다음 KS용접기호에서 C가 의미하는 것은?

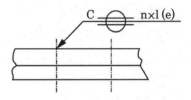

① 용접강도 ② 용접길이
③ 루트간격 ④ 용접부의 너비

> **해설** C : 용접의 폭(너비), l : 용접길이

20 기계제도에 사용하는 문자의 종류가 아닌 것은?

① 한글 ② 알파벳
③ 상형문자 ④ 아라비아숫자

> **해설** 기계제도에는 한글, 알파벳, 아라비아숫자를 사용한다.

2과목 ▷ 용접구조설계

21 잔류응력측정법의 분류에서 정량적방법에 속하는 것은?

① 부식법 ② 자기적방법
③ 응력이완법 ④ 경도에 의한 방법

> **해설** 정량적 방법 : 응력이완법, X-선법, 광탄성에 의한 빔

22 저온균열의 발생에 가장 큰 영향을 주는 것은?

① 피닝
② 후열처리
③ 예열처리
④ 용착금속의 확산성수소

해설 확산성수소는 기공, 용접균열 등에 영향을 준다.

23 그림의 용착방법종류로 옳은 것은?

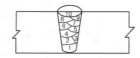

① 전진법　② 후진법　③ 비석법　④ 덧살올림법

해설 덧살올림법은 각 층마다 전체의 길이를 용접하면서 쌓아올리는 방법이다.

24 다음 중 예열에 관한 설명으로 틀린 것은?
① 용접부와 인접한 모재의 수축응력을 감소시키기 위하여 예열을 한다.
② 냉각속도를 지연시켜 열영향부와 용착금속의 경화를 방지하기 위하여 예열을 한다.
③ 냉각속도를 지연시켜 용접금속 내에 수소성분을 배출함으로써 비드밑균열을 방지한다.
④ 탄소성분이 높을수록 임계점에서의 냉각속도가 느리므로 예열을 할 필요가 없다.

해설 임계점에서 예열을 통하여 냉각속도를 느리게 한다.

25 피복아크용접에서 언더컷(under cut)의 발생원인으로 가장 거리가 먼 것은?
① 용착부가 급냉될 때
② 아크길이가 너무 길 때
③ 용접전류가 너무 높을 때
④ 용접봉의 운봉속도가 부적당할 때

해설 용착부가 급냉되면 선상조직이 발생된다.

26 다음 그림과 같은 형상의 용접이음종류는?

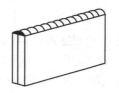

① 십자이음　② 모서리이음　③ 겹치기이음　④ 변두리이음

해설 변두리이음은 2개 이상이 거의 평행하게 겹친 부재의 끝면이음이다.

27 금속에 열을 가했을 경우 변화에 대한 설명으로 틀린 것은?
① 팽창과 수축의 정도는 가열된 면적의 크기에 반비례한다.
② 구속된 상태의 팽창과 수축은 금속의 변형과 잔류응력을 생기게 한다.
③ 구속된 상태의 수축은 금속이 그 장력에 견딜만한 연성이 없으면 파단한다.
④ 금속은 고온에서 압축응력을 받으면 잘 파단되지 않으며, 인장력에 대해서는 파단되기 쉽다.

28 용접구조물의 피로강도를 향상시키기 위한 주의사항으로 틀린 것은?
① 가능한 응력집중부에 용접부가 집중되도록 할 것
② 냉간가공 또는 야금적변태 등에 의하여 기계적인 강도를 높일 것
③ 열처리 또는 기계적인 방법으로 용접부 잔류응력을 완화시킬 것
④ 표면가공 또는 다듬질 등을 이용하여 단면이 급변하는 부분을 최소화할 것

해설 피로강도를 향상시키기 위해서는 응력집중부에 용접부가 없도록 해야 한다.

29 가늘고 긴 망치로 용접부위를 계속적으로 두들겨 줌으로써 비드표면층에 성질변화를 주어 용접부의 인장잔류응력을 완화시키는 방법은?

① 피닝법   ② 역변형법
③ 취성경감법   ④ 저온응력완화법

30 그림과 같은 용접부에 발생하는 인장응력(σ_1)은 약 몇 MPa인가?(단, 용접길이, 두께의 단위는 mm이다)

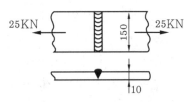

① 14.6   ② 16.7
③ 21.6   ④ 26.6

해설 1kN = 100kgf, 1MP은 약 10kgf/cm²이므로 인장응력 = 25×100/15×1 = 1.67kgf/cm² = 1.67×10 = 16.7MPa

31 일반적인 자분탐상검사를 나타내는 기호는?

① UT   ② PT
③ MT   ④ RT

해설 UT : 초음파검사, PT : 침투탐상검사, RT : 방사선검사

32 인장강도 P, 사용응력 σ, 허용응력 σa라 할 때, 안전율을 구하는 공식으로 옳은 것은?

① 안전율=P/($\sigma \times \sigma a$)
② 안전율=P/σa

③ 안전율=P/($2 \times \sigma$)
④ 안전율=P/σ

해설 안전율=허용응력/사용응력=인장강도/허용응력

33 일반적인 침투탐상검사의 특징으로 틀린 것은?

① 제품의 크기, 형상 등에 크게 구애를 받지 않는다.
② 주변 환경의 오염도, 습도, 온도와 무관하게 항상 검사가 가능하다.
③ 철, 비철, 플라스틱, 세라믹 등 거의 모든 제품에 적용이 용이하다.
④ 시험표면이 침투제 등과 반응하여 손상을 입는 제품은 검사할 수 없다.

해설 침투탐상검사는 온도에 민감하다.

34 다음 중 용접사의 기량과 무관한 결함은?

① 용입불량   ② 슬래그섞임
③ 크레이터균열   ④ 라미네이션균열

해설 라미네이션균열은 내부결함, 비금속개재물, 기포 또는 분순물 등이 압연방향을 따라 평행하게 늘어나 층 모양으로 분리되는 결함으로 용접사의 기량과는 무관하다.

35 처음 길이가 340mm인 용접재료를 길이방향으로 인장시험을 한 결과 390mm가 되었다. 이 재료의 연신율은 약 몇 %인가?

① 12.8   ② 14.7
③ 17.8   ④ 87.2

해설 연신율 = 390-340/340×100 = 14.7

36 본용접을 시행하기 전에 좌우의 이음부분을 일시적으로 고정하기 위한 짧은 용접은?

① 후용접   ② 점용접

③ 가용접   ④ 선용접

해설 가용접은 본용접을 실시하기 전에 좌우의 홈 또는 이음 부분을 고정하기 위한 짧은 용접을 말한다.

37 맞대기용접 시 부등형 용접홈을 사용하는 이유로 가장 거리가 먼 것은?

① 수축변형을 적게 하기 위할 때

② 홈의 용적을 가능한 크게 하기 위할 때

③ 루트 주위를 가우징해야 할 경우 가우징을 쉽게 하기 위할 때

④ 위보기용접을 할 경우 용착량을 적게 하여 용접시공을 쉽게 해야 할 때

해설 홈의 용적을 작게 하기 위해 부등형 용접홈을 사용한다.

38 판두께가 25mm 이상인 연강에서는 주위의 기온이 0℃ 이하로 내려가면 저온균열이 발생할 우려가 있다. 이것을 방지하기 위한 예열온도는 얼마 정도로 하는 것이 좋은가?

① 50~70℃   ② 100~150℃

③ 200~250℃   ④ 300~350℃

해설 연강을 0℃ 이하에서 용접할 경우 이음의 양쪽 폭 100mm 정도를 40~75℃ 예열하고, 고장력강, 저합금강, 주철의 경우 용접홈을 50~350℃로 예열한다.

39 용접을 실시하면 일부변형과 내부에 응력이 남는 경우가 있는데 이것을 무엇이라고 하는가?

① 인장응력   ② 공칭응력

③ 잔류응력   ④ 전단응력

해설 용접을 실시한 후 내부에 남아 있는 응력을 잔류응력이라 한다.

40 용접구조물을 설계할 때 주의해야 할 사항으로 틀린 것은?

① 용접구조물은 가능한 균형을 고려한다.

② 용접성, 노치인성이 우수한 재료를 선택하여 시공하기 쉽게 설계한다.

③ 중요한 부분에서 용접이음의 집중, 접근, 교차가 되도록 설계한다.

④ 후판을 용접할 경우는 용입이 깊은 용접법을 이용하여 층수를 줄이도록 한다.

해설 중요한 부분에서 용접이음의 집중이나, 교차를 피해서 설계해야 한다.

3과목 ▶ **용접일반 및 안전관리**

41 상온에서 강하게 압축함으로써 경계면을 국부적으로 소성변형시켜 압접하는 방법은?

① 냉간압접   ② 가스압접

③ 테르밋용접   ④ 초음파용접

해설 냉간압접은 상온에서 2개의 금속을 밀착시켜 결합시키는 방법이다.

42 피복아크용접에서 감전으로부터 용접사를 보호하는 장치는?

① 원격제어장치

② 핫스타트장치

③ 전격방지장치

④ 고주파발생장치

해설 전격방지장치는 무부하전압을 30~40V 정도로 낮추어 용접 시 용접사를 보호한다.

정답 36 ③ 37 ② 38 ① 39 ③ 40 ③ 41 ① 42 ③

43 다음 중 T형 필릿용접을 나타낸 것은?

 ① ②
 ③ ④

44 납땜에 쓰이는 용제(flux)가 갖추어야 할 조건으로 가장 적합한 것은?

① 납땜 후 슬래그제거가 어려울 것
② 청정한 금속면의 산화를 촉진시킬 것
③ 침지땜에 사용되는 것은 수분을 함유할 것
④ 모재와 친화력을 높일 수 있으며 유동성이 좋을 것

해설 모재의 산화피막과 같은 불순물을 제거하고 유동성이 좋아야 한다.

45 다전극 서브머지드 아크용접 중 두 개의 전극와이어를 독립된 전원에 접속하여 용접선에 따라 전극의 간격을 10~30mm 정도로 하여 2개의 전극와이어를 동시에 녹게 함으로써 한꺼번에 많은 양의 용착금속을 얻을 수 있는 것은?

① 다전식   ② 탠덤식
③ 횡직렬식   ④ 횡병렬식

해설 탠덤식은 2개의 전극와이어를 동시에 녹게 함으로써 한꺼번에 많은 양의 용착금속을 얻는다.

46 가스용접 시 전진법에 비교한 후진법의 장점으로 가장 거리가 먼 것은?

① 열이용율이 좋다.
② 용접변형이 작다.

③ 용접속도가 빠르다.
④ 판두께가 얇은 것(3~4mm)에 적당하다.

해설 후진법은 두꺼운 판에 적당하다.

47 ø3.2mm인 용접봉으로 연강판을 가스용접하려 할 때 선택하여야 할 가장 적합한 판재의 두께는 몇 mm인가?

① 4.4   ② 6.6
③ 7.5   ④ 8.8

해설 D(용접봉의 지름)=T(판의 두께)/2+1 판두께=2×(D−1)=2×(3.2−1)=4.4

48 가스용접용 용제에 관한 설명 중 틀린 것은?

① 용제는 건조한 분말, 페이스트 또는 용접봉표면에 피복한 것도 있다.
② 용제의 융점은 모재의 융점보다 낮은 것이 좋다.
③ 연강재료를 가스용접할 때에는 용제를 사용하지 않는다.
④ 용제는 용접 중에 발생하는 금속의 산화물을 용해하지 않는다.

해설 용제는 용접 중에 생기는 금속의 산화물 또는 비금속개재물을 용해하여 용융온도가 낮은 슬래그를 만들고, 용융금속의 표면에 떠올라 용착금속의 성질을 양호하게 한다.

49 다음 중 압접에 속하는 용접법은?

① 단접   ② 가스용접
③ 전자빔용접   ④ 피복아크용접

해설 압접에는 단접, 냉간압접, 저항용접, 유도가열용접, 초음파용접, 가압테르밋용접, 가스압접 등이 있다.

50 MIG용접에 관한 설명으로 틀린 것은?

① CO_2가스아크용접에 비해 스패터의 발생이 많아 깨끗한 비드를 얻기 힘들다.

② 수동피복아크용접에 비해 용접속도가 빠르다.

③ 정전압특성 또는 상승특성이 있는 직류용접기가 사용된다.

④ 전류밀도가 높아 3mm 이상의 두꺼운 판의 용접에 능률적이다.

해설 MIG용접은 표면이 깨끗한 비드를 얻을 수 있다.

51 판두께가 12.7mm인 강판을 가스, 절단하려 할 때 표준드래그의 길이는 2.4mm이다. 이 때 드래그는 약 몇 %인가?

① 18.9 ② 32.1
③ 42.9 ④ 52.4

해설 드래그=드래그길이/판두께×100=2.4/12.7×100=18.89

52 피복아크용접봉에서 피복배합체의 성분 중 슬래그생성제의 역할이 아닌 것은?

① 급냉방지
② 균일한 전류유지
③ 산화와 질화방지
④ 기공, 내부결함방지

해설 슬래그생성제는 용융금속을 서서히 냉각시키므로 가공, 내부결함을 방지하고 용융점이 낮은 가벼운 슬래그를 만들어 용융금속의 표면을 덮어서 산화나 질화를 방지한다.

53 다음 중 아크에어가우징에 관한 설명으로 가장 적합한 것은?

① 비철금속에는 적용되지 않는다.
② 압축공기의 압력은 $1{\sim}2kg/cm^2$ 정도가 가장 좋다.
③ 용접균열부분이나 용접결함부를 제거하는데 사용한다.
④ 그라인딩이나 가스가우징보다 작업능률이 낮다.

해설 아크에어가우징은 탄소아크절단에 전극홀더의 구멍에서 탄소전극봉에 나란히 분출하는 고속의 공기를 분출시켜 용융금속을 불어내어 홈을 파는 방법으로 비철금속에도 적용되며 압축공기압력은 0.5~0.7MPa 정도가 좋다.

54 일반적인 서브머지드 아크용접에 대한 설명으로 틀린 것은?

① 용접전류를 증가시키면 용입이 증가한다.
② 용접전압이 증가하면 비드폭이 넓어진다.
③ 용접속도가 증가하면 비드폭과 용입이 감소한다.
④ 용접와이어지름이 증가하면 용입이 깊어진다.

55 피복아크용접기의 구비조건으로 틀린 것은?

① 역률 및 효율이 좋아야 한다.
② 구조 및 취급이 간단해야 한다.
③ 사용 중에 온도상승이 커야 한다.
④ 용접전류조정이 용이하여야 한다.

해설 사용 중에는 온도상승이 적어야 한다.

56 다음 중 폭발위험이 가장 큰 산소 : 아세틸렌가스의 혼합비율은?

① 85 : 15
② 75 : 25
③ 25 : 75
④ 15 : 85

해설 산소 : 아세틸렌가스의 혼합비율 85 : 15가 폭발의 위험이 크다.

57 절단산소의 순도가 낮은 경우 발생하는 현상이 아닌 것은?

① 절단속도가 늦어진다.
② 절단홈의 폭이 좁아진다.
③ 산소의 소비량이 증가된다.
④ 절단개시시간이 길어진다.

해설 산소의 순도가 낮을 경우 절단면이 거칠고 절단속도가 늦어지며, 산소소비량이 증가하고 절단개시시간이 증가하고, 슬래그이탈성이 나빠지며 절단홈 폭이 넓어진다.

58 아크용접작업 중 전격에 관련된 설명으로 옳지 않은 것은?

① 용접홀더를 맨손으로 취급하지 않는다.
② 습기 찬 작업복, 장갑 등을 착용하지 않는다.
③ 전격 받은 사람을 발견하였을 때에는 즉시 맨손으로 잡아당긴다.
④ 오랜 시간 작업을 중단할 때에는 용접기의 스위치를 끄도록 한다.

해설 감전된 사람을 맨손으로 잡지 않는다.

59 다음 교류아크용접기 중 가변저항의 변화로 용접전류를 조정하며, 조작이 간단하고 원격제어가 가능한 것은?

① 탭전환형
② 가동코일형
③ 가동철심형
④ 가포화리액터형

해설 가포화리액터형은 가변저항의 변화로 용접전류를 조정하며 조작이 간단하고 원격제어가 가능하다.

60 구리(순동)를 불활성가스 텅스텐아크용접으로 용접하려 할 때의 설명으로 틀린 것은?

① 보호가스는 아르곤가스를 사용한다.
② 전류는 직류정극성을 사용한다.
③ 전극봉은 순수텅스텐봉을 사용하는 것이 가장 효과적이다.
④ 박판을 용접할 때에는 아크열로 시작점에서 가열한 후 용융지가 형성될 때 용접한다.

해설 전극봉은 토륨 2%를 함유한 텅스텐봉을 사용한다.

1과목 **용접야금 및 용접설비제도**

01 금속의 일반적인 특성으로 틀린 것은?

① 전성 및 연성이 좋다.
② 전기 및 열의 양도체이다.
③ 금속고유의 광택을 가진다.
④ 액체상태에서 결정구조를 가진다.

해설 금속은 고체상태에서 결정구조를 가진다.

02 용접작업에서 예열을 하는 목적으로 가장 거리가 먼 것은?

① 열영향부와 용착금속의 경도를 증가시키기 위해
② 수소의 방출을 용이하게 하여 저온균열을 방지하기 위해
③ 용접부의 기계적 성질을 향상시키고 경화조직의 석출을 방지하기 위해
④ 온도분포가 완만하게 되어 열응력의 감소로 용접변형을 줄이기 위해

해설 예열은 열영향부와 용착금속의 경도를 증가시키지는 않는다.

03 Fe-C계 평형상태도에서 체심입방격자인 α철이 A3점에서 γ철인 면심입방격자로, A4점에서 다시 δ철인 체심입방격자로 구조가 바뀌는 것을 무엇이라고 하는가?

① 편석   ② 자기변태
③ 동소변태   ④ 금속간화합물

해설 동소변태는 고체 내에서 결정구조의 변화가 있는 변태이다.

04 한국산업표준에서 정한 일반구조용 탄소강관을 표시하는 것은?

① SS275   ② SM275A
③ SGT275   ④ STWW290

해설 일반구조용 탄소강관(KS D3566)의 종류 : SGT275, SGT355, SGT140, SGT450, SGT550

05 다음 원소 중 적열취성의 원인이 되는 것은?

① C   ② H
③ P   ④ S

해설 적열취성은 황(S)이 원인이다.

06 연강류 제품을 용접한 후 노내풀림법을 이용하여 용접 후 처리를 하려고 한다. 이때 제품을 노내에서 출입시키는 온도로 가장 적당한 것은?

① 300℃ 이하   ② 400℃ 이하
③ 500℃ 이하   ④ 600℃ 이하

해설 노내풀림법은 300℃에서 노내 출입을 시킨다.

07 황동에서 일어나는 화학적 변화가 아닌 것은?

① 자연균열   ② 시효경화
③ 탈아연부식   ④ 고온탈아연

해설 황동에서 일어나는 화학적 변화는 자연균열, 탈아연부식, 경년변화, 저온풀림경화 등이 있다.

정답 01 ④ 02 ① 03 ③ 04 ③ 05 ④ 06 ① 07 ②

08 일반적으로 강재의 탄소당량이 몇 % 이하일 때 용접성이 양호한 것으로 판단하는가?

① 0.4 　　② 0.6

③ 0.8 　　④ 1.0

해설 탄소당량 0.4% 이하이면 양호하다.

09 다음 중 경도가 가장 낮은 조직은?

① 펄라이트 　　② 페라이트

③ 시멘타이트 　　④ 마르텐사이트

해설 페라이트의 경도는 HB90~100 정도로 보기 중 가장 낮다.

10 용접한 오스테나이트계 스테인리스강의 입간부식을 방지하기 위해 사용하는 탄화물 안정화원소에 속하지 않는 것은?

① Ti 　　② Nb

③ Ta 　　④ Al

해설 스레인리스강의 입계부식방지에 사용되는 원소는 Ti, Nb, Ta 등이다.

11 다음 재료기호 중 기계구조용 탄소강재를 나타낸 것은?

① SM38C 　　② SF340A

③ SMA460 　　④ SM375A

해설 기계구조용 탄소강재는 SM35C와 SM45C를 사용한다.

12 도면에서 척도를 표시할 때 NS의 의미는?

① 배척을 나타낸다.

② 현척이 아님을 나타낸다.

③ 비례척이 아님을 나타낸다.

④ 척도가 생략됨을 나타낸다.

해설 Non-Scale로 비례척이 아님을 뜻한다.

13 다음 그림과 같은 제3각법 투상도에서 A가 정면도일 때 배면도는?

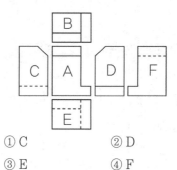

① C 　　② D

③ E 　　④ F

14 다음 용접기호 중 '2a'가 의미하는 것은?

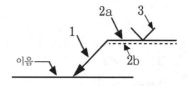

① 홈형상 　　② 루트간격

③ 기준선(실선) 　　④ 식별선(점선)

해설 1 : 지시선, 2a : 기준선, 2b : 동일선(파선), 3 : 용접기호

15 용접기호에 참고표시로 끝(꼬리) 부분에 표시하는 내용이 아닌 것은?

① 용접방법 　　② 허용수준

③ 작업자세 　　④ 재료인장강도

16 다음 그림 중 모서리이음을 나타낸 것은?

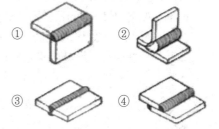

해설 ① : 모서리이음, ② : T이음, ③ : 맞대기이음, ④ : 겹치기이음

정답 08 ① 09 ② 10 ④ 11 ① 12 ③ 13 ④ 14 ③ 15 ④ 16 ①

17 부품의 면이 평면으로 가공되어 있고, 복잡한 윤곽을 갖는 부품인 경우에 그 면에 광명단 등을 발라 스케치용지에 찍어 그 면의 실형을 얻는 스케치방법은?

① 본뜨기법　　② 프린트법

③ 사진촬영법　　④ 프리핸드법

해설 부품의 복잡한 윤곽을 갖는 부품의 면에 광명단을 바른 후 용지에 찍는 방법은 프린트법이다.

18 다음 중 가는 이점쇄선의 용도로 가장 적합한 것은?

① 치수선　　　② 수준면선

③ 회전단면선　　④ 무게중심선

해설 가는 이점쇄선은 가상선 및 무게중심선을 나타낸다.

19 핸들이나 바퀴 등의 암 및 리브, 훅, 축, 구조물의 부재 등의 절단면을 표시하는데 가장 적합한 단면도는?

① 부분단면도

② 한쪽단면도

③ 회전도시단면도

④ 조합에 의한 단면도

해설
- 부분단면도 : 일부분을 잘라내고 필요한 내부 모양을 그리기 위한 방법
- 한쪽단면도 : 대칭형의 대상물은 외형도의 절반과 온단면도의 절반을 조합하여 표시

20 다음 용접도시기호의 설명으로 옳은 것은?

$$a6 \diagdown 300$$

① 필릿용접부의 목길이는 6mm이다.

② 필릿용접부의 목두께는 6mm이다.

③ 맞대기용접부의 길이는 300mm이다.

④ 필릿용접을 화살표 반대쪽에서 실시한다.

해설 목두께는 6mm, 필릿용접부의 길이는 300mm이다.

2과목 ▶ **용접구조설계**

21 연강의 맞대기용접이음에서 용착금속의 인장강도가 100kgf/mm²이고 안전률이 5일 때 용접이음의 허용응력은 몇 kgf/mm² 인가?

① 10　　　　② 20

③ 40　　　　④ 80

해설 안전율=인장강도/허용응력=100/5=20

22 다음 용접시공조건 중 수축과 관련된 내용으로 틀린 것은?

① 루트간격이 클수록 수축이 작다.

② 피닝을 하면 수축이 감소한다.

③ 구속도가 크면 수축이 작아진다.

④ V형이음은 X형이음보다 수축이 크다.

해설 루트간격이 크면 수축도 크다.

23 용접구조물조립 시 일반적인 고려사항이 아닌 것은?

① 변형제거가 쉽게 되도록 하여야 한다.

② 구조물의 형상을 유지할 수 있어야 한다.

③ 경제적이고 고품질을 얻을 수 있는 조건을 설정한다.

④ 용접변형 및 잔류응력을 증가시킬 수 있어야 한다.

해설 구조물조립 시 용접변형 및 잔류응력을 감소시킬 수 있는 구조여야 한다.

---

24 용접부의 후열처리로 나타나는 효과가 아닌 것은?

① 조직을 경화시킨다.
② 잔류응력을 제거한다.
③ 확산성수소를 방출한다.
④ 급냉에 따른 균열을 방지한다.

해설 후열처리는 조직을 연화시킨다.

25 표점거리가 50mm인 인장시험편을 인장시험한 결과 62mm로 늘어났다면 연신율(%)은 얼마인가?

① 12   ② 18
③ 24   ④ 30

해설 연신율(ε)=늘어난 길이−표점(본래)길이/표점길이×100=62−50/50×100=24%

26 120A의 용접전류로 피복아크용접을 하고자 한다. 적정한 차광유리의 차광도번호는?

① 4번   ② 6번
③ 8번   ④ 10번

해설 용접전류가 100~200A는 차광도번호 10번을 사용한다.

27 다음 그림의 필릿용접부에서 이론목두께 ht는?

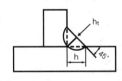

① 0.303h   ② 0.505h
③ 0.707h   ④ 1.414h

해설 ht=0.707h(단, h는 필릿용접의 크기, 즉 각장)

28 용접이음을 설계할 때 정하중을 받는 강(steel)의 안전율로 가장 적합한 것은?

① 3   ② 6
③ 9   ④ 12

해설 정하중을 받는 강의 안전율은 3이다.

29 다음 중 침투탐상검사의 특징으로 틀린 것은?

① 침투제가 오염되기 쉽다.
② 국부적시험이 불가능하다.
③ 미세한 균열도 탐상이 가능하다.
④ 시험표면이 너무 거칠거나 기공이 많으면 허위지시모양을 만든다.

해설 침투탐상검사는 국부적시험이 가능하다.

30 잔류응력을 경감시키는 방법이 아닌 것은?

① 피닝법
② 담금질열처리법
③ 저온응력완화법
④ 기계적응력완화법

해설 잔류응력제거방법에는 노내풀림법, 국부풀림법, 저온응력완화법, 기계적 응력완화법, 피닝법 등이 있다.

31 용접구조물설계 시 주의사항에 대한 설명으로 틀린 것은?

① 용접이음의 집중, 교차를 피한다.
② 용접치수는 강도상 필요 이상 크게 하지 않는다.
③ 후판을 용접할 경우 용입이 낮은 용접법을 이용하여 층수를 늘린다.
④ 판면에 직각방향으로 인장하중이 작용할 경우 판의 압연방향에 주의한다.

정답 24 ① 25 ③ 26 ④ 27 ③ 28 ① 29 ② 30 ② 31 ③

해설 용접층수가 많아질수록 결함발생확률은 증가한다.

해설 오버랩은 전류가 낮거나 용접속도가 느릴 경우 용융금속이 덮이는 현상이다.

32 용접잔류응력 등 인장응력이 걸리거나, 특정의 부식환경으로 될 때 발생하는 용접이음의 부식은?

① 입계부식 ② 틈새부식
③ 응력부식 ④ 접촉부식

해설 응력부식은 재료에 응력이 걸린 부분에서만 나타나는 것과 냉간가공이나 용접 등에 의해서 재료 내에 잔류응력이 원인이 되는 화학적 부식이 있다.

33 일반적인 용접구조물의 조립순서를 결정할 때 고려해야 할 사항으로 틀린 것은?

① 변형발생 시 변형제거가 용이해야 한다.
② 수축이 큰 이음보다 적은 이음을 먼저 용접한다.
③ 구조물의 형상을 고정하고 지지할 수 있어야 한다.
④ 변형 및 잔류응력을 경감할 수 있는 방법을 채택한다.

해설 수축이 큰 이음을 먼저 용접한다.

34 다음 용접결함 중 치수상의 결함이 아닌 것은?

① 변형 ② 치수불량
③ 형상불량 ④ 슬래그섞임

해설 슬래그섞임(슬래그혼입)은 구조상 결함에 속한다.

35 용융된 금속이 모재와 잘못 녹아 어울리지 못하고 모재에 덮인 상태의 결함은?

① 스패터 ② 언더컷
③ 오버랩 ④ 기공

36 용접이음부의 홈 형상을 선택할 때 고려해야 할 사항이 아닌 것은?

① 용착금속의 양이 많을 것
② 경제적인 시공이 가능할 것
③ 완전한 용접부가 얻어질 수 있을 것
④ 홈 가공이 쉽고 용접하기가 편할 것

해설 용착금속의 양은 되도록 적게 한다.

37 용접준비사항 중 용접변형방지를 위해 사용하는 것은?

① 앤빌(anvil)
② 스트롱백(strong back)
③ 터닝롤러(turing roller)
④ 용접매니퓰레이터(welding manipulator)

해설 스트롱백은 변형을 막기 위해 피용접물을 구속시키는 지그의 일종이다.

38 용접구조물 시공 시 비틀림변형을 경감하기 위한 방법으로 틀린 것은?

① 용접지그를 활용한다.
② 집중용접을 피하여 작업한다.
③ 이음부의 맞춤을 정확하게 한다.
④ 용접순서는 구속이 없는 자유단에서부터 구속이 큰 부분으로 진행한다.

해설 용접순서는 구속이 큰 부분부터 진행한다.

39 허용응력을 계산하는 식으로 옳은 것은?

① 허용응력=하중/단면적
② 허용응력=단면적/하중

③ 허용응력=변형량/단면적

④ 허용응력=단면적/변형량

40 다음 중 위보기자세를 의미하는 기호는?

① F ② H

③ V ④ O

해설 F : 아래보기, H : 수평, V : 수직, O(OH) : 위보기

3과목 ▶ **용접일반 및 안전관리**

41 피복아크용접작업 중 스패터가 발생하는 원인으로 가장 거리가 먼 것은?

① 운봉이 불량할 때

② 전류가 너무 높을 때

③ 아크길이가 너무 짧을 때

④ 건조되지 않은 용접봉을 사용했을 때

해설 스패터는 아크길이가 너무 길 때 발생한다

42 46.7리터의 산소용기에 150kgf/cm²이 되게 산소를 충전하였고, 이것을 대기 중에서 환산하면 산소는 약 몇 리터인가?

① 4090 ② 5030

③ 6100 ④ 7005

해설 환산용량 =용기 내 용량×압력=46.7×150=7,005리터

43 피복아크용접 중 용접보에서 모재로 용융금속이 이행하는 방식이 아닌 것은?

① 단락형 ② 용단형

③ 스프레이형 ④ 글로뷸러형

44 TIG용접 시 안전사항에 대한 설명으로 틀린 것은?

① 용접기덮개를 벗기는 경우 반드시 전원스위치를 켜고 작업한다.

② 제어장치 및 토치 등 전기계통의 절연상태를 항상 점검해야 한다.

③ 전원과 제어장치의 접지단자는 반드시 지면과 접지되도록 한다.

④ 케이블연결부와 단자의 연결상태가 느슨해졌는지 확인하여 조치한다.

해설 용접기를 점검할 경우는 반드시 전원을 차단한다.

45 연납땜에 가장 많이 사용하는 용가재는?

① 구리납 ② 망간납

③ 주석납 ④ 황동납

해설 연납땜에 가장 많이 사용되는 용가재는 주석납이다

46 가스용접에서 수소가스충전용기의 도색표시로 옳은 것은?

① 회색 ② 백색

③ 청색 ④ 주황색

해설 수소 : 주황색, 탄산가스 : 청색, 의료용산소 : 백색, 아르곤 : 회색

47 산소-아세틸렌용접에서 후진법과 비교한 전진법의 특징으로 틀린 것은?

① 용접변형이 크다.

② 용접속도가 느리다.

③ 열이용률이 나쁘다.

해설 이행방식은 단락형, 스프레이형, 글로뷸러형이 있다.

④ 산화의 정도가 약하다.

해설 전진법은 용접변형이 크고, 용접속도가 느리며, 열효율이 나쁘고, 산화가 심하다.

48 아크용접기의 보수 및 점검 시 유의해야할 사항으로 틀린 것은?

① 회전부와 가동부분에 윤활유가 없도록 한다.
② 용접기는 습기나 먼지 많은 곳에 설치하지 않도록 한다.
③ 2차측단자의 한쪽과 용접기케이스는 접지를 확실히 해둔다.
④ 탭전환의 전기적접속부는 샌드페이퍼(sand paper)등으로 잘 닦아 준다.

해설 가동부분 및 냉각팬은 점검하고 주유(그리스 도포)해야 한다.

49 일반적인 가스압접의 특징으로 틀린 것은?

① 전력이 불필요하다.
② 용가재 및 용제가 불필요하다.
③ 이음부의 탈탄층이 전혀 없다.
④ 장치가 복잡하고 설비비가 비싸다.

해설 가스압접은 장치가 간단하며, 설비비·보수비가 저렴하다.

50 다음 중 땜납의 구비조건으로 틀린 것은?

① 접합강도가 우수해야 한다.
② 모재보다 용융점이 높아야 한다.
③ 표면장력이 적어 모재의 표면에 잘 퍼져야 한다.
④ 유동성이 좋고 금속과의 친화력이 있어야 한다.

해설 땜납은 모재보다 용융점이 낮아야 한다.

51 가스절단 시 예열불꽃의 세기가 강할 때 나타나는 현상으로 틀린 것은?

① 절단면이 거칠어진다.
② 역화를 일으키기 쉽다.
③ 모서리가 용융되어 둥글게 된다.
④ 슬래그 중 철성분의 박리가 어려워진다.

해설 역화는 불꽃이 약할 때 발생한다.

52 탄산가스아크용접에 대한 설명으로 틀린 것은?

① 가시아크이므로 시공이 편리하다.
② 바람의 영향으로 받지 않으므로 방풍장치가 필요 없다.
③ 전류밀도가 높아 용입이 깊고, 용접속도를 빠르게 할 수 있다.
④ 단락이행에 의하여 박판도 용접이 가능하며, 전자세용접이 가능하다.

해설 탄산가스 아크용접은 바람의 영향을 받으므로 풍속 2m/s 이상에서는 방풍장치가 필요하다.

53 논가스 아크용접의 특징으로 옳은 것은?

① 보호가스나 용제를 필요로 한다.
② 용접장치가 복잡하고 운반이 불편하다.
③ 보호가스의 발생이 적어 용접선이 잘 보인다.
④ 용접길이가 긴 용접물에 아크를 중단하지 않고 연속용접을 할 수 있다.

해설 논가스 아크용접은 용접길이가 긴 용접물에는 적합하지 않다.

54 초음파용접으로 금속을 용접하고자 할 때 모재의 두께로 가장 적당한 것은?

① 0.01~2mm　　② 3~5mm

③ 6~9mm　　④ 10~15mm

> **해설** 초음파용접이 적당한 두께는 금속은 0.01~2mm, 플라스틱은 1~5mm가 적당하다.

55 AW300의 교류아크용접기로 조정할 수 있는 2차전류(A)값의 범위는?

① 30~220A　　② 40~330A

③ 60~330A　　④ 120~480A

> **해설** AW 300에서는 2차전류는 정격전류의 20~110% 이므로 60~330A이다.

56 가스절단에 사용하는 연료용가스 중 발열량(kcal/m³)이 가장 낮은 것은?

① 수소　　② 메탄

③ 프로판　　④ 아세틸렌

> **해설** 수소 : 2420, 메탄 : 8080, 프로판 : 20780, 아세틸렌 : 12690

57 다음 용접기호 중 수평자세를 의미하는 것은?

① F　　② H

③ V　　④ O

> **해설** F : 아래보기자세, H : 수평자세, V : 수직자세, O : 위보기자세

58 카바이드(CaC₂)의 취급 시 주의사항으로 틀린 것은?

① 카바이드는 인화성물질과 같이 보관한다.

② 카바이드통을 개봉할 때 절단가위를 사용한다.

③ 카바이드 운반 시 타격, 충격, 마찰을 주지 말아야 한다.

④ 카바이드 개봉 후 뚜껑을 잘 닫아 습기가 침투되지 않도록 보관한다.

> **해설** 카바이드는 폭발의 위험으로 인해 인화성 물질과 함께 보관을 금한다.

59 토치를 사용하여 용접부분의 뒷면을 따내거나 U형, H형의 용접 홈으로 가공하기 위한 방법으로 가장 적당한 것은?

① 스카핑　　② 분말절단

③ 가스가우징　　④ 산소창절단

> **해설** 가스가우징은 용접부 결함제거, 뒤따내기, 압연강재, 단조, 주강의 표면결함의 제거 등에 사용된다.

60 접합할 모재를 고정시킨 후, 비소모식틀을 이음부에 삽입시킨 후 회전하여 마찰열을 발생시켜 접합하는 것으로, 알루미늄 및 마그네슘 합금의 접합에 주로 활용되는 용접은?

① 오토콘용접　　② 레이저빔용접

③ 마찰교반용접　　④ 고주파업셋용접

> **해설** 마찰용접은 모재에 스핀들이라는 기구를 이용하여 압력을 가해 접촉시킨 후 회전운동을 시킬 때 발생하는 마찰열로 접합하는 방식이다.

1과목 > **용접야금 및 용접설비제도**

01 제련공정 및 용접공정에서 용융금속과 슬래그와의 반응에 의해 P를 제거하여 금속 중의 P의 함량을 제거시키는 것을 무엇이라 하는가?

① 탈산　　　　② 탈황
③ 탈인　　　　④ 탈탄

해설 인의 함량을 제거하는 공정은 탈인이다.

02 다음 스테인리스강 중 내식성, 가공성 및 용접성이 가장 우수한 것은?

① 페라이트계 스테인리스강
② 펄라이트계 스테인리스강
③ 마르텐사이트계 스테인리스강
④ 오스테나이트계 스테인리스강

해설 스테인리스강 조직 중 오스테나이트계가 용접성과 내식성이 가장 우수하다.

03 내부응력의 제거, 경도저하, 연화를 목적으로 적당한 온도까지 가열한 다음 그 온도에서 유지하고 나서 서냉하는 열처리는?

① 뜨임　　　　② 풀림
③ 담금질　　　④ 심랭처리

해설 풀림은 내부응력을 제거하고, 연화를 목적으로 한다.

04 한국산업규격에서 용접구조용 압연강재를 나타내는 종류의 기호는?

① SM35C　　　② SM420A
③ HSM 500　　④ STS 430TKA

해설 ① SM 35C : 기계구조용 탄소강재
② SM 420A : 용접구조용 압연강재
④ STS 430TKA : 기계구조용 스테인리스강관

05 Fe−C 평형상태도에서 아공석강의 탄소함량은 약 몇 %인가?

① 0.0025~0.80　　② 0.80~2.0
③ 2.0~4.3　　　　④ 0.3~6.67

해설 0.8%C 이하 아공석강, 0.8%C 공석강, 0.8%C 이상 과공석강

06 용접부의 노내 응력제거방법에서 가열부를 노에 넣을 때와 꺼낼 때의 노내 온도는 몇 ℃ 이하로 하는가?

① 300℃　　　　② 400℃
③ 500℃　　　　④ 600℃

해설 노내풀림법은 300℃에서 노내출입을 시킨다.

07 Fe−C 평형상태도에서 탄소함유량 4.3%, 온도 1130℃에서 공정반응이 일어날 때 생성되는 금속조직은?

① 페라이트　　　② 펄라이트
③ 베이나이트　　④ 레데뷰라이트

해설 Fe−C 평형상태도에서 탄소함유량 4.3%, 온도 1130℃의 공정반응 시 레데뷰라이트가 생성된다.

정답 01 ③ 02 ④ 03 ② 04 ② 05 ① 06 ① 07 ④

08 용착금속이 응고할 때 불순물은 주로 어디에 모이는가?

① 결정입계
② 결정입내
③ 금속의 표면
④ 금속의 모서리

해설 금속응고 시 불순물은 주로 결정입계에서 형성된다.

09 다음 조직 중 브리넬경도가 가장 높은 것은?

① 페라이트
② 펄라이트
③ 마르텐사이트
④ 오스테나이트

해설 주조직의 경도 순서 : C(시멘타이트) 〉 M(마르텐사이트) 〉 P(펄라이트) 〉 A(오스테나이트) 〉 F(페라이트)

10 오스테나이트계 스테인리스강의 용접 시 유의해야 할 사항이 아닌 것은?

① 예열을 실시한다.
② 짧은 아크길이를 유지한다.
③ 층간온도가 320℃ 이상을 넘어서는 안 된다.
④ 아크를 중단하기 전에 크레이터처리를 한다.

해설 오스테나이트계 스테인리스강은 열간균열이 발생하기 쉬우므로 예열을 하지 않는다.

11 불규칙한 곡선부분이 있는 부품을 직접 용지 위에 놓고 납선 또는 구리선 등의 연납선을 부품의 윤곽에 때고 스케치하는 방법은?

① 사진법
② 프린트법
③ 본뜨기법
④ 프리핸드법

해설 본뜨기법은 부품에 연성이 큰 납선이나 구리선을 대고 본을 뜨는 방법이다.

12 정투상도법의 제3각법에서 투상순서로 가장 적합한 것은?

① 눈 → 투상면 → 물체
② 눈 → 물체 → 투상면
③ 물체 → 투상면 → 눈
④ 물체 → 눈 → 투상면

해설 • 제3각법 : 눈 → 투상면 → 물체
• 제1각법 : 눈 → 물체 → 투상면

13 도면에서 2종류 이상의 선이 같은 장소에서 중복될 경우 우선되는 선의 순서는?

① 외형선 → 숨은선 → 중심선 → 절단선
② 외형선 → 숨은선 → 절단선 → 중심선
③ 외형선 → 중심선 → 절단선 → 숨은선
④ 외형선 → 중심선 → 숨은선 → 절단선

해설 겹치는 선의 우선순위 : 외형선 → 숨은선 → 절단선 → 중심선 → 무게중심선 → 치수보조선

14 정면, 평면, 측면을 하나의 투상면 위에 동시에 볼 수 있도록 두 개의 옆면 모서리가 수평선과 30°가 되게 하여 세 축이 120° 등각이 되도록 입체도로 투상한 것은?

① 투시도
② 정투상도
③ 등각투상도
④ 부등각투상도

해설 등각투상도는 투상면 위에 동시에 볼 수 있도록 두 개의 옆면 모서리가 수평선과 30°가 되게 하여 세 축이 120°가 되도록 그린다.

15 특수한 용도의 선으로 얇은 부분의 단면도시를 명시하는데 사용하는 선은?

① 파단선
② 가는 1점쇄선
③ 가는 2점쇄선
④ 아주 굵은 실선

해설 아주 굵은 실선은 얇은 부분의 단선도시에 사용한다.

16 도면의 크기에서 A4제도용지의 크기는?(단, 단위는 mm이다)

① 594×841　　② 420×594
③ 297×420　　④ 210×297

해설 A4 : 210×297mm

17 1개의 원이 직선 또는 원주 위를 굴러갈 때 그 구르는 원의 원주 위의 1점이 움직이며 그려 나가는 선은?

① 타원
② 포물선
③ 쌍곡선
④ 사이클로이드 곡선

해설 1개의 원이 직선 또는 원주 위를 굴러갈 때 그 구르는 원의 원주 위 1점이 움직이며 그려 나가는 선을 사이클로이드 곡선이라 한다.

18 KS용접도시기호에서 현장용접을 표시한 것은?

① ② ③ ④

해설 현장용접은 검정 깃발이 있는 기호이다.

19 다음 그림이 나타내는 용접명칭으로 옳은 것은?

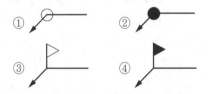

① 점용접　　　② 심용접
③ 플러그용접　　④ 단속필릿용접

해설 심용접 : ⊖　점용접 : ○
　　단속필릿용접 :

20 치수보조기호에 대한 용어의 연결이 틀린 것은?

① Φ－지름
② C－치핑
③ R－반지름
④ SR－구의 반지름

해설 C : 45° 모따기

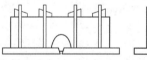

2과목 ▶ 용접구조설계

21 다음 용접기호 중 가장자리 용접기호로 옳은 것은?

해설 ① 필릿용접, ③ 점용접, ④ 플러그용접

22 그림과 같은 변형방지용 지그의 명칭은?

① 스트롱백
② 바이스지그
③ 탄성역변형지그
④ 맞대기이음 각변형지그

해설 공작물을 고정하여 변형을 방지하는 스트롱백(역변형지그)이다.

23 다음 그림과 같은 용접이음의 종류는?

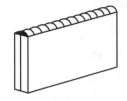

① 변두리이음   ② 모서리이음
③ 겹치기이음   ④ 전면필릿이음

해설 판 두 개의 끝 부분을 겹쳐서 접합시키는 것은 변두리이음이다.

24 용접구조물을 설계할 때 주의사항으로 틀린 것은?

① 용접이음의 집중, 접근 및 교차를 피한다.
② 용접치수는 강도상 필요한 치수 이상으로 크게 하지 않는다.
③ 두꺼운 판을 용접할 때에는 용입이 얕은 용접법을 이용하여 층수를 늘린다.
④ 이음의 역학적 특성을 고려하여 구조상의 불연속부, 단면형상의 급격한 변화를 피한다.

해설 두꺼운 판을 용접할 때에는 용입이 깊은 용접법을 이용한다.

25 용접부의 이음효율을 계산하는 식으로 옳은 것은?

① 이음효율=모재의 인장강도/용접시편의 인장강도 ×100%
② 이음효율=모재의 충격강도/용접시편의 충격강도 ×100%
③ 이음효율=용접시편의 충격강도/모재의 충격강도 ×100%
④ 이음효율=용접시편의 인장강도/모재의 인장강도 ×100%

26 서브머지드 아크용접에서 와이어 돌출길이는 와이어 지름의 몇 배 전후가 가장 적당한가?

① 2배   ② 5배
③ 8배   ④ 12배

해설 서브머지드 아크용접의 와이어 돌출길이는 와이어 지름의 8배 정도이다.

27 용접시공 시 모재의 열전도를 억제하여 변형을 방지하는 방법으로 가장 적합한 것은?

① 피닝법   ② 도열법
③ 역변형법   ④ 가우징법

해설 도열법은 용접 중간에 열의 분산을 이용하여 용접금속의 변형을 방지한다.

28 다음 용접결함 중 구조상 결함에 속하지 않는 것은?

① 변형   ② 기공
③ 균열   ④ 오버랩

해설 구조상 결함은 기공, 슬래그혼입, 용입부족, 융합불량, 균열, 오버랩 등이 있다.

29 일반적으로 가접(tack welding)시에 수반되는 용접결함이라고 볼 수 없는 것은?

① 기공
② 균열
③ 슬래그섞임
④ 용접 홈 각도 증가

해설 용접 홈 각도는 용접 전에 절단하므로 용접 시에는 수반되지 않는다.

30 레이저용접의 특징으로 틀린 것은?

① 좁고 깊은 용접부를 얻을 수 있다.

② 대입열용접이 가능하고, 열영향부의 범위가 넓다.

③ 고속용접과 용접공정의 융통성을 부여할 수 있다.

④ 접합되어야 할 부품의 조건에 따라서 한 방향의 용접으로 접합이 가능하다.

해설 레이저용접은 모재열변형이 거의 없으며 열영향부의 범위는 좁다.

31 용접봉의 용착효율은 용접봉의 소요량을 산출하거나 용접작업시간을 판단하는데 필요하다. 용착효율(%)을 나타내는 식으로 옳은 것은?

① 용착효율=피복제의 중량/용착금속의 중량 ×100%

② 용착효율=용착금속의 중량/피복제의 중량 ×100%

③ 용착효율=용착금속의 중량/용접봉의 사용중량 ×100%

④ 용착효율=용접봉 사용중량/용착금속의 중량 ×100%

32 용접부에 균열이 발생했을 때 보수방법으로 가장 적합한 것은?

① 가열 후 해머링한다.

② 앤드탭을 사용하여 재용접한다.

③ 국부풀림을 이용하여 열처리한다.

④ 정지구멍을 뚫고 가우징 후 재용접한다.

해설 균열은 끝 부분에 정지구멍을 뚫고 가우징 후 재용접한다.

33 다음 중 크리프(creep)곡선의 영역에 속하지 않는 것은?

① 강도크리프   ② 천이크리프

③ 정상크리프   ④ 가속크리프

해설 시간에 따른 변형률을 구하는 크리프는 천이크리프, 정상크리프, 가속크리프로 구분한다.

34 각 층마다 전체길이를 용접하면서 쌓아 올리는 용착법은?

① 비석법   ② 대칭법

③ 덧살올림법   ④ 캐스케이드법

해설 덧살올림법은 각 층마다 전체길이를 용접하면서 쌓아올리는 용착법이다.

35 다음 용접부 표면결함의 검출법 중 렌즈, 반사경을 이용하여 작은 결함을 확대하여 조사하거나 치수의 적부를 조사하는 것은?

① 육안검사   ② 침투검사

③ 자기검사   ④ 와류검사

해설 육안검사(VT)는 렌즈나 반사경 등을 활용하여 표면의 결함을 검출하는 방법이다.

36 노내풀림법으로 잔류응력을 제거하고자 할 때 연강재 용접부의 최대두께가 25mm인 경우 가열 및 냉각속도 R이 만족시켜야 하는 식은?

① R≤500(deg/h)

② R≤200(deg/h)

③ R≤300(deg/h)

④ R≤400(deg/h)

해설 $R \leq 200 \times 25/t = 200 \times 25/25$(deg/h)

37 일반적인 용접구조물을 제작할 때 용접순서를 결정하는 기준으로 틀린 것은?

① 용접구조물이 조립되면서 용접이 곤란한 경우가 발생하지 않도록 한다.

② 용접물의 중심에서 항상 좌우가 대칭이 되도록 용접해 나간다.

③ 수축이 작은 이음을 먼저하고 수축이 큰 이음은 나중에 용접한다.

④ 구조물의 중립축에 대하여 수축력의 모멘트의 합이 0이 되도록 한다.

> **해설** 수축이 큰 이음부터 먼저 용접을 해야 한다.

38 맞대기용접이음의 덧살은 용접이음의 강도에 어떤 영향을 주는가?

① 덧살은 응력집중과 무관하다.

② 덧살을 작게 하면 응력집중이 커진다.

③ 덧살을 크게 하면 피로강도가 증가한다.

④ 덧살은 보강덧붙임으로서 과대한 경우 피로 강도를 감소시킨다.

> **해설** 덧살은 보강덧붙임으로서 과대한 경우 피로 강도를 감소시킨다.

39 용접비용을 줄이기 위해 고려해야 할 사항으로 틀린 것은?

① 효과적인 재료사용계획을 세운다.

② 조립정반 및 용접지그의 활용한다.

③ 인원배치 및 교대시간 등에 대한 시간계획을 잘 세운다.

④ 개선홈, 가공정밀도가 불량하더라도 우선 용접작업을 수행한다.

> **해설** 개선홈, 가공정밀도는 정확히 해야 한다.

40 두께 10mm, 폭 20mm인 시편을 인장시험한 후 파단부위를 측정하였더니 두께 8mm, 폭 16mm가 되었을 때 단면수축률은 몇 %인가?

① 36 　　　　② 48

③ 64 　　　　④ 82

> **해설** 단면수축률=최초단면적-나중단면적/최초단면적 ×100%=(10×20)-(8×16)/(10×20)× 100=36%

3과목 ▶ 용접일반 및 안전관리

41 가스절단에서 절단용 산소 중에 불순물이 증가되었을 때 나타나는 현상으로 옳은 것은?

① 절단면이 거칠어진다.

② 절단시간이 단축된다.

③ 절단홈의 폭이 좁아진다.

④ 슬래그박리성이 양호하다.

> **해설** 순도가 낮은 산소 사용 시 절단면은 거칠어지고, 절단시간은 증가. 절단홈의 폭이 넓어지고 슬래그박리성이 나빠진다.

42 아크에어가우징에 대한 설명으로 틀린 것은?

① 그라인딩이나 가스가우징보다 작업능률이 높다.

② 용접현장에서 결함부 제거, 용접홈의 준비 및 가공 등에 이용된다.

③ 비철금속(스테인리스강, 알루미늄, 동합금 등)에는 사용할 수 없다.

④ 가우징봉은 탄소와 흑연의 혼합물로 만들어지고 표면은 구리로 도금한다.

> **해설** 아크에어가우징은 활용범위가 넓어 비철금속에도 적용가능하다.

43 침몰선의 해체나 교량의 개조공사 등에 쓰이는 수중절단작업에서 예열가스의 양은 공기 중에서보다 몇 배가 필요한가?

① 1　　　　　　　② 3
③ 4~8　　　　　　④ 10~15

해설 수중작업 시 예열가스의 양은 공기보다 4~8배 정도로 한다.

44 자동으로 용접을 하는 서브머지드 아크용접에서 루트간격과 루트면의 필요한 조건은?(단 받침쇠가 없는 경우이다)

① 루트간격 3mm 이상, 루트면은 ±5mm 허용
② 루트간격 0.8mm 이상, 루트면은 ±1mm 허용
③ 루트간격 0.8mm 이상, 루트면은 ±5mm 허용
④ 루트간격 10mm 이상, 루트면은 ±10mm 허용

해설 서브머지용접의 홈각도는 ±5°, 루트간격은 0.8mm 이하, 루트면은 ±1mm 허용

45 아크용접작업장 안에서 나타나는 상황의 설명으로 옳지 않은 것은?

① 작업 중 해로운 가스가 발생한다.
② 용접 시 발생하는 가스에 일산화탄소가 함유되어 있다.
③ 아크용접 시 저융점금속의 경우도 증기가 발생한다.
④ 아연도금판 용접에는 유독한 금속증기가 발생하나, 납도금판의 경우에는 증기가 발생하지 않아 중독의 위험이 없다.

해설 납에서 발생하는 증기는 중독의 위험이 있다.

46 다음 용접 중 산화철분말과 알루미늄분말의 혼합제에 점화시켜 화학반응을 이용하여 용접하는 것은?

① 테르밋용접　　　② 스터드용접
③ 전자빔용접　　　④ 아크점용접

해설 테르밋용접은 알루미늄분말과 산화철과의 혼합물을 사용하여 철 또는 강재를 접합시키는 융접이다.

47 피복아크용접에서 아크가 용접의 단위길이 1cm당 발생하는 용접입열(H)를 구하는 식은?(단 아크전압 E[V], 아크전류[A], 용접속도V[cm/min]이다)

① $H = EI/60V[J/min]$
② $H = 60V/EI[J/min]$
③ $H = V/60EI[J/min]$
④ $H = 60EI/V[J/min]$

해설 열량 $H = 60EI/V[J/min]$

48 탄산가스 아크용접장치에 해당되지 않는 것은?

① 제어케이블　　　② 세라믹노즐
③ CO_2용접토치　④ 와이어송급장치

해설 세라믹노즐은 TIG용접에 사용한다.

49 피복아크용접봉에서 피복제의 역할이 아닌 것은?

① 아크를 안정시킨다.
② 용착금속의 냉각속도를 빠르게 한다.
③ 용적을 미세화하고 용착효율을 높인다.
④ 용착금속에 필요한 합금원소를 첨가한다.

해설 피복제는 용착금속이 냉각속도를 느리게 하여 급냉을 방지한다.

정답 43 ③　44 ②　45 ④　46 ①　47 ④　48 ②　49 ②

50 탄산가스 아크용접의 특징으로 틀린 것은?

① 용착금속의 기계적 성질 및 금속학적 성질이 좋다.

② 전류밀도가 높으므로 용입이 깊고 용접속도를 빠르게 할 수 있다.

③ 가시아크이므로 용융지의 상태를 보면서 용접할 수 있어 시공이 편리하다.

④ 솔리드와이어를 이용한 용접에서는 용제가 필요하고 슬래그섞임이 발생하여 용접 후의 처리가 필요하다.

해설 솔리드와이어는 슬래그가 발생하지 않는다.

51 일반적인 용접의 특징으로 틀린 것은?

① 재료가 절약된다.

② 변형, 수축이 없다.

③ 기밀성, 수밀성이 우수하다.

④ 기공, 균열 등 결함이 있다.

해설 용접은 용융열에 의한 변형 및 수축이 발생한다.

52 가스용접에서 사용하는 가스의 종류와 용기의 색상이 옳게 짝지어진 것은?

① 산소–황색

② 수소–주황색

③ 탄산가스–녹색

④ 아세틸렌가스–흰색

해설 산소–녹색, 탄산가스–청색, 아세틸렌–황색

53 불활성가스 텅스텐아크용접에서 직류정극성 사용에 관한 내용으로 옳은 것은?

① 비드폭이 넓어진다.

② 전극이 냉각되며 용입이 얕아진다.

③ 양극(+)에 모재를, 음극(–)에 토치를 연결한다.

④ 직류역극성을 사용할 때 청정작용이 우수하다.

해설 직류정극성은 용접기 양극(+)을 모재에 음극(–)을 토치에 연결하는 방식으로 비드폭이 좁고 용입이 크다.

54 일반적인 가스용접에 사용하는 차광유리의 차광도번호로 가장 적합한 것은?

① 0~1번

② 2~3번

③ 4~8번

④ 10~12번

해설 일반적인 가스용접에서는 차광도번호 4~8번의 차광유리를 사용한다.

55 플라스마 아크용접의 특징으로 틀린 것은?

① 전류밀도가 높아 용입이 깊다.

② 아크의 방향성과 집중성이 좋다.

③ 1층으로 용접할 수 있으므로 능률적이다.

④ 용접부에 텅스텐이 혼입될 가능성이 높다.

56 내용적 40리터의 산소용기에 125kg/cm²의 산소가 들어있다. 1시간에 200리터를 사용하는 토치를 쓰고 있을 때 1:1 중성불꽃으로는 약 몇 시간 쓸 수 있는가?

① 2   ② 4

③ 25   ④ 40

해설 $40 \times 125/200 = 25$시간

57 피복아크용접 시 아크쏠림 방지대책이 아닌 것은?

① 직류로 용접한다.

② 짧은 아크를 사용한다.

③ 용접봉 끝을 아크쏠림 반대방향으로 기울인다.

④ 접지점은 될 수 있는 대로 용접부에서 멀리한다.

해설 교류로 용접을 해야 한다.

58 이음형상에 따른 저항용접의 분류 중 맞대기용접에 속하지 않는 것은?

① 점용접　　② 플래시용접

③ 버트심용접　④ 퍼커션용접

해설 맞대기용접은 플래시버트용접, 업셋용접, 퍼커션용접이며, 점용접은 겹치기저항용접이다.

59 교류아크용접 시 비안전형 홀더를 사용할 때 가장 발생하기 쉬운 재해는?

① 낙상재해　　② 협착재해

③ 전도재해　　④ 전격재해

해설 용접봉홀더에서 완전절연되어 있지 않은 홀더를 사용할 경우 전격재해가 발생할 수 있다.

60 다음 피복아크용접봉 중 가스실드계의 대표적인 용접봉으로 셀룰로오스 20~30% 정도 포함하고 있으며 파이프용접에 이용되는 용접봉은?

① E4301　　② E4303

③ E4311　　④ E4316

해설 E4311(고셀룰로오스계)는 용접봉은 피복이 얇고, 슬래그가 적으며 수직 및 위보기용접에서 작업성이 우수하다.

1과목 용접야금 및 용접설비제도

01 피복아크용접 시 수소가 원인이 되어 발생할 수 있는 결함으로 가장 거리가 먼 것은?

① 은점　　　　② 언더컷
③ 헤어크랙　　④ 비드밑균열

해설 언더컷은 전류가 너무 높을 때, 아크길이가 너무 길 때 발생된다.

02 다음 중 입방정계의 결정격자구조에 해당하지 않는 것은?

① SC　　　　　② BCC
③ FCC　　　　④ HCP

해설 HCP는 조밀육방격자이다.

03 Fe−C 평형상태도에서 용융액으로부터 γ(감마)고용체와 시멘타이트가 동시에 정출하는 점은?

① 포정점　　　② 공석점
③ 공정점　　　④ 고용점

해설 공정점은 서로 다른 2가지의 물질이 동시에 정출되는 점이다.

04 연강용 피복아크용접봉에서 피복제의 염기도가 가장 낮은 것은?

① 티탄계　　　　② 저수소계
③ 일미나이트계　④ 고셀룰로오스계

해설 염기도 순서 : 티탄계 < 고셀룰로오스계 < 고산화철계 < 일미나이트계 < 저수소계

05 용접하기 전 예열을 하는 목적으로 틀린 것은?

① 수축변형의 감소를 위하여
② 용접작업성의 개선을 위하여
③ 용접부의 결함을 방지하기 위하여
④ 용접부의 냉각속도를 빠르게 하기 위하여

해설 예열을 통하여 냉각속도를 늦출 수 있다.

06 다음 중 용접구조용 압연강재는?

① STC2　　　　② SS330
③ SM275A　　④ SMn433

해설 용접구조용 압연강재는 용접성이 뛰어나고 특히 균열 등이 생기지 않는다. 강재기호는 SM으로 표시된다.

07 내부응력제거, 경도저하, 절삭성 및 냉간가공성을 향상시키기 위해 실시하는 일반열처리는?

① 뜨임　　　　② 풀림
③ 청화법　　　④ 오소포밍

해설 풀림은 금속재료를 적당한 온도로 가열한 다음 서서히 상온냉각시키는 것으로, 내부응력제거 및 결정입자를 미세화하여 전연성을 높인다.

08 두 가지 이상의 금속원소가 간단한 원자비로 결합되어 있는 물질을 무엇이라고 하는가?

① 층간화합물　　② 합금화합물
③ 치환화합물　　④ 금속간화합물

해설 금속간화합물은 두 가지 이상의 금속원소가 간단한 원자비로 결합된 화합물이다.

정답 01 ②　02 ④　03 ③　04 ①　05 ④　06 ③　07 ②　08 ④

09 일반적인 용접작업 시 각종 금속의 예열에 대한 설명으로 틀린 것은?

① 주철의 경우 용접홈을 600~700℃로 예열한다.

② 알루미늄합금, 구리합금은 200~400℃ 정도로 예열한다.

③ 고장력강, 저합금강의 경우 용접홈을 50~350℃로 예열한다.

④ 연강을 0℃ 이하에서 용접할 경우 이음의 양 쪽 폭 100mm 정도를 40~75℃로 예열한다.

해설 고장력강, 저합금강, 주철의 경우 용접홈을 50~350℃로 예열한다.

10 규소는 선철과 탈산제에서 잔류하게 되며, 보통 0.35~1.0%를 함유한다. 규소가 페라이트 중에 고용되면 생기는 영향으로 틀린 것은?

① 용접성을 저하시킨다.

② 결정립을 조대화한다.

③ 연신율과 충격값을 감소시킨다.

④ 강의 인장강도, 탄성한계, 경도를 낮게 한다.

11 다음 용접보조기호의 설명으로 옳은 것은?

① 오목필릿용접

② 평면마감처리한 필릿용접

③ 매끄럽게 처리한 필릿용접

④ 표면 모두 평면마감처리한 필릿용접

해설 매끄럽게 표면처리한 필릿용접이다.

12 치수선, 치수보조선, 지시선, 회전단면선에 사용되는 선으로 가장 적합한 것은?

① 가는 실선　　② 가는 파선

③ 굵은 파선　　④ 굵은 실선

해설 가는 실선 : 치수선, 치수보조선, 지시선, 회전단면선 등

13 일반구조용 압연강재를 KS기호로 바르게 나타낸 것은?

① SM45C　　② SS235

③ SGT275　　④ SPP

해설 일반구조용 압연강재는 SS를 앞에 붙인다.

14 다음 중 관결합방식의 종류가 아닌 것은?

① 용접식이음　　② 풀리식이음

③ 플랜지식이음　　④ 턱걸이식이음

해설 관결합방식 : 용접식이음, 플랜지식이음, 턱걸이식이음, 나사이음, 소켓이음 등

15 복사한 도면을 접을 때 그 크기는 원칙적으로 어느 사이즈로 하는가?

① A1　　② A2

③ A3　　④ A4

해설 도면보관크기는 A4로 한다.

16 다음 용접부기호에 대한 설명으로 틀린 것은?

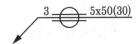

① 심용접부의 폭은 3mm이다.

② 심용접부의 폭은 5mm이다.

③ 심용접부의 폭은 50mm이다.

④ 심용접부의 폭은 30mm이다.

해설 5는 용접 개수(비드 수)를 나타낸다.

17 치수기입 시 구의 반지름을 표시하는 치수 보조시호는?

① t   ② R

③ SR   ④ SΦ

> **해설** t : 두께, R : 반지름, SΦ : 구 지름

18 사투상도에 있어서 경사축의 각도로 가장 적합하지 않은 것은?

① 20°   ② 30°

③ 45°   ④ 60°

> **해설** 사투상도에서 경사축과 수평선이 이루는 각은 30°, 45°, 60° 등이 사용된다.

19 핸들이나 바퀴 등의 암 및 림, 리브, 훅 등의 절단부위를 90° 회전시켜서 그린 단면도는?

① 온단면도   ② 한쪽단면도

③ 부분단면도   ④ 회전도시단면도

> **해설** 핸들이나 바퀴 등의 암 및 림, 리브, 훅 등의 절단부위를 90° 회전시켜서 그린 단면도를 회전단면도라 한다.

20 KS규격에 의한 치수기입의 원칙에 대한 설명으로 틀린 것은?

① 치수는 되도록 주투상도에 집중한다.
② 각 형체의 치수는 하나의 도면에서 한 번만 기입한다.
③ 기능치수는 대응하는 도면에 직접 기입해야 한다.
④ 도면에는 특별히 명시하지 않는 한 그 도면에 도시한 대상물의 다듬질치수를 생략한다.

2과목 ▶ **용접구조설계**

21 연강의 맞대기용접이음에서 용착금속의 인장강도가 45kgf/mm², 안전율이 3일 때 용접이음의 허용응력은 몇 kgf/mm²인가?

① 10   ② 15

③ 20   ④ 25

> **해설** 허용응력=인장강도/안전율=45/3=15

22 용접결함의 분류에서 내부결함에 속하지 않는 것은?

① 기공   ② 바이스지그

③ 언더컷   ④ 선상조직

> **해설** 언더컷이나 오버랩은 표면결함이다.

23 용접부에 발생하는 기공이나 피트의 원인으로 가장 거리가 먼 것은?

① 용접봉 건조 불량
② 용접홈 각도의 과대
③ 이음부에 녹이나 이물질 부착
④ 용접전류가 높고 아크길이가 길 때

24 약 2.5g의 강구를 25cm 높이에서 낙하시켰을 때 20cm 튀어올랐다면 쇼어경도(HS)값은 약 얼마인가?(단, 계측통은 목측형(C형)이다)

① 112.4   ② 192.3

③ 123.1   ④ 154.1

> **해설** 쇼어경도(HS)=10000/65×낙하물체의 높이/낙하물체의 튀어오른 높이=10000/65×25/20=192.3HS

25 강에서 탄소량이 증가할 때 기계적 성질의 변화로 옳은 것은?

① 경도가 증가한다.

② 인성이 증가한다.

③ 전연성이 증가한다.

④ 단면수축율이 증가한다.

해설 탄소량이 증가함에 따라 강도 및 경도는 증가하고 인성 및 가공성이 감소한다.

26 피복아크용접을 이용하여 연강맞대기용접을 실시할 때 용접경비를 줄이기 위한 방법으로 가장 거리가 먼 것은?

① 적절한 용접봉을 선정하여 용접한다.

② 용접용 고정구를 사용하여 용접한다.

③ 재료를 절약할 수 있는 용접방법을 사용하여 용접한다.

④ 용접지그를 사용하여 위보기자세 위주로 용접한다.

해설 용접경비를 줄이기 위해서는 아래보기자세 위주로 용접해야 작업하기가 쉽다.

27 용접재료의 시험 중 경도시험에 포함되지 않는 것은?

① 쇼어경도시험   ② 자분탐상시험

③ 현미경경도시험   ④ 브리넬경도시험

해설 자분탐상시험은 비파괴검사의 한 종류이다.

28 탐촉자를 이용하여 결함의 위치 및 크기를 검사하는 비파괴시험법은?

① 침투탐상시험

② 자분탐상시험

③ 방사선투과시험

④ 초음파탐상시험

해설 초음파탐상시험은 탐촉자를 이용하여 결함의 위치 및 크기를 검사하는 비파괴시험법이다.

29 파이프용접 시 용접능률과 품질과 향상시킬 수 있고 아래보기자세의 유지가 가능한 용접지그는?

① 정반   ② 터닝롤러

③ 스트롱백   ④ 바이스플라이어

해설 터닝롤러를 이용하여 파이프를 돌리면서 용접하면 편리하다.

30 일반적인 주철의 용접 시 주의사항으로 틀린 것은?

① 용접봉은 지름이 굵은 것을 사용한다.

② 비드의 배치는 짧게 여러 번 실시한다.

③ 가열되어 있을 때는 피닝 작업을 하여 변형을 줄이는 것이 좋다.

④ 용접전류는 필요 이상 높이지 않고 지나치게 용입을 깊게 하지 않는다.

해설 주철용접 시 용접봉은 가는 것을 사용한다.

31 다음 이음 홈 형상 중 가장 얇은 판의 용접에 이용되는 것은?

① I형   ② V형

③ U형   ④ K형

해설 I형은 판 두께가 대략 6mm 이하의 박판용접에 사용된다.

32 다음 중 수직자세를 나타내는 기호는?

① O   ② F

③ V   ④ H

---

33 V형 맞대기이음에 완전용입된 경우 용접선에 직각방향으로 5000kgf의 인장하중이 작용하고 모재두께가 5mm, 용접선길이가 5cm일 때 이음부에 발생되는 인장응력은 몇 kgf/mm²인가?

① 10　　　　　② 20
③ 30　　　　　④ 40

해설 인장응력 = 5000/(5×50) = 20

34 연강용 피복아크용접봉 중 내균열성이 가장 우수한 것은?

① E4303　　　② E4311
③ E4313　　　④ E4316

해설 저수소계(E4316)은 내균열성이 우수하다.

35 용접구조물을 설계할 때 일반적인 주의사항으로 틀린 것은?

① 용접에 적합한 설계와 용접하기 편하고 쉽도록 설계할 것
② 용접길이는 짧게 하고 용착량도 강도상 필요한 최소량으로 설계할 것
③ 용접이음이 한 곳에 집중되고 용접선이 한쪽 방향으로 되도록 설계할 것
④ 노치인성이 우수한 재료를 선택하여 시공하기 쉽게 설계할 것

해설 용접이음의 분산을 고려한 설계를 한다.

36 용접부를 연속적으로 타격하여 표면층의 소성변형을 주어 잔류응력을 감속시키는 방법은?

① 피닝법　　　② 변형교정법
③ 응력제거풀림　　④ 저온응력완화법

해설 피닝법은 끝이 둥근 피닝해머로 용접부를 연속적으로 타격하여 용접부의 잔류응력을 완화시키는 방법이다.

37 그림과 같은 V형 맞대기용접이음부에서 각 부의 명칭 중 틀린 것은?

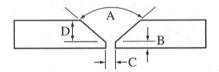

① A : 홈각도
② B : 루트면
③ C : 루트간격
④ D : 비드높이

해설 D : 홈깊이

38 용접부에 응력제거풀림을 실시했을 때 나타나는 효과가 아닌 것은?

① 충격저항의 감소
② 응력부식의 방지
③ 크리프강도의 향상
④ 열영향부의 탬퍼링 열화

39 다음 중 적열취성의 주요원인이 되는 원소는?

① P　　　　　② S
③ Si　　　　　④ Mn

해설 적열취성(고온취성) : 황, 청열취성(저온취성) : 인

40 용접부의 응력집중을 피하는 방법이 아닌 것은?

① 판두께가 다른 경우 라운딩이나 경사를 주어 용접한다.

② 모서리의 응력집중을 피하기 위해 평탄부에 용접부를 설치한다.

③ 용접구조물에서 용접선의 교차하는 곳에는 부채꼴 오목부를 주어 설계한다.

④ 강도상 중요한 용접이음설계 시 맞대기 용접부는 가능한 피하고 필릿용접부를 많이 하도록 한다.

3과목 ▶ 용접일반 및 안전관리

41 300A 이상의 아크용접 및 절단 시 착용하는 차광유리의 차광도번호로 가장 적합한 것은?

① 1~2 ② 5~6
③ 9~10 ④ 13~14

해설 용접전류 300A 이상은 차광도번호 13~14번을 사용한다.

42 이음형상에 따른 저항용접의 분류에서 맞대기용접에 속하는 것은?

① 점용접 ② 심용접
③ 플래시용접 ④ 프로젝션용접

해설 맞대기저항용접은 플래시, 업셋, 퍼커션이 있으며 겹치기용접에는 점(스폿), 심, 프로젝션용접이 있다.

43 용접봉의 용융속도에 대한 설명으로 틀린 것은?

① 용융속도는 아크전압×용접봉 쪽 전압강하이다.

② 용접봉 혹은 용접심선이 1분간에 용융되는 중량(g/min)을 말한다.

③ 용접봉 혹은 용접심선이 1분간에 용융되는 길이(mm/min)를 말한다.

④ 용접봉의 지름(심선의 지름)이 동일할 때는 전압과 전류가 높을수록 커진다.

해설 용융속도=아크전류×용접봉 쪽 전압강하

44 산소용기의 윗부분에 표기된 각인 중 용기중량을 나타내는 기호는?

① V ② W
③ FP ④ TP

해설 V : 내용적, W : 용기중량, TP : 내압시험악력, FP : 최고충전압력

45 아크용접기의 보수 및 점검 시 지켜야 할 사항으로 틀린 것은?

① 가동 부분, 냉각팬을 점검하고 회전부 등에는 주유를 해야 한다.

② 2차측단자의 한쪽과 용접기 케이스는 접지해서는 안 된다.

③ 탭전환의 전기적 접속부는 샌드페이퍼 등으로 잘 닦아준다.

④ 용접케이블 등의 파손된 부분은 절연테이프로 감아야 한다.

해설 2차측단자의 한쪽과 용접기케이스는 접지한다.

46 산소-아세틸렌용접에서 전진법과 비교한 후진법의 특징으로 옳은 것은?

① 용접변형이 크다
② 열이용률이 나쁘다.
③ 용접속도가 빠르다.
④ 용접가능한 판두께가 얇다.

해설 가스용접 시 후진법은 열효율이 좋고, 용접변형이 적으며 용접속도가 빠르고 두꺼운 판용접이 가능하다.

47 가용접 시 주의사항으로 가장 거리가 먼 것은?

① 강도상 중요한 부분에는 가용접은 피한다.
② 용접의 시점 및 종점이 되는 끝 부분은 가용접을 피한다.
③ 본용접보다 지름이 굵은 용접봉을 사용하는 것이 좋다.
④ 본용접과 비슷한 기량을 가진 용접사에 의해 실시하는 것이 좋다.

해설 본용접보다 지름이 가는 용접봉을 사용한다.

48 정격2차전류 300A인 아크용접기에서 200A로 용접 시 허용사용률 몇 %인가?(단, 정격사용률은 40%이다)

① 75
② 90
③ 100
④ 120

해설 허용사용률=정격2차전류^2/실제용접전류^2×정격사용률(%)=$300^2/200^2 \times 40 = 90(\%)$

49 전기저항용접에 의한 압접에서 전류 25A, 저항 20Ω, 통전시간 10s일 때 발열량은 약 몇 cal인가?

① 300
② 1200
③ 6000
④ 30000

해설 $H = 0.24I^2Rt = 0.24 \times 25^2 \times 20 \times 10 = 30000[cal]$

50 탄소전극과 모재와의 사이에 아크를 발생시켜 고압의 공기로 용융금속을 불어내어 홈을 파는 방법은?

① 스카핑
② 용제절단
③ 워터젯가우징
④ 아크에어가우징

해설 아크에어가우징은 전극홀더의 구멍에서 탄소전극봉에서 아크가 발생될 때 고속의 공기를 분출하여 용융금속을 불어 내어 홈을 파는 방법이다.

51 용접봉홀더 200호로 접속할 수 있는 최대홀더용 케이블의 도체공칭단면적은 몇 mm²인가?

① 22
② 30
③ 38
④ 50

해설 용접봉홀더 200호로 접속할 수 있는 최대홀더용 케이블의 도체공칭단면적은 38mm²이다.

52 피복아크용접봉에서 피복배합제 성분인 슬래그생성제에 속하지 않는 원료는?

① 구리
② 규사
③ 산화티탄
④ 이산화망간

해설 슬래그생성제에는 산화철, 일미나이트, 산화티탄, 이산화망간, 석회석, 규사, 장석, 형석 등이 있다.

53 산소 및 아세틸렌용기 취급에 대한 설명으로 옳은 것은?

① 아세틸렌용기는 눕혀서 운반하되 운반 중 충격을 주어서는 안 된다.

② 용기를 이동할 때에는 밸브를 닫고 캡을 반드시 제거하고 이동시킨다.

③ 산소용기는 60℃ 이하, 아세틸렌용기는 30℃ 이하의 온도에서 보관한다.

④ 산소용기 보관장소에 가연성 가스용기를 혼합하여 보관해서는 안 되며 누설시험 시는 비눗물을 사용한다.

54 용접제를 강하게 맞대어 놓고 대전류를 통하여 이음부 부근에 발생하는 접촉저항열에 의해 용접부가 적당한 온도에 도달하였을 때 축 방향으로 큰 압력을 주어 용접하는 방법은?

① 업셋용접　　② 가스압접
③ 초음파용접　④ 테르밋용접

해설 업셋용접은 저항용접으로 버트(Butt)용접이라고도 한다.

55 일반적인 일렉트로 슬래그용접의 특징으로 틀린 것은?

① 용접속도가 빠르다

② 박판용접에 주로 이용된다.

③ 아크가 눈에 보이지 않는다.

④ 용접구조가 복잡한 형상은 적용하기 어렵다.

해설 일렉트로 슬래그용접은 용융된 슬래그풀에 용접봉을 연속적으로 공급하는 방식으로 용융슬래그의 저항열에 의하여 용접봉과 모재를 용융시켜 용접을 진행하는 방법으로 후판용접에 적용한다.

56 피복아크용접기의 구비조건으로 틀린 것은?

① 역률 및 효율이 좋아야 한다.

② 구조 및 취급이 간단해야 한다.

③ 사용 중 내부온도상승이 커야 한다.

④ 전류조정이 용이하고 일정한 전류가 흘러야 한다.

해설 사용 중에 온도상승이 적어야 한다.

57 점용접의 특징으로 틀린 것은?

① 가압력에 의하여 조직이 치밀해진다.

② 용접부 표면에 돌기가 발생하지 않는다.

③ 재료가 절약되고 작업의 공정수가 감소한다.

④ 작업속도가 느리고 용접변형이 비교적 크다.

해설 점용접은 두 장을 겹쳐놓고 전극에 압력을 가해 점 모양으로 가입시키는 용접법으로 작업속도는 빠르고 용접변형이 비교적 적다.

58 피부가 붉게 되고 따끔거리는 통증을 수반하며 피부층의 가장 바깥쪽 표피의 손상만을 가져오는 화상으로 며칠 안에 증세는 없어지며 냉찜질만으로도 효과를 볼 수 있는 화상은?

① 제1도화상　　② 제2도화상
③ 제3도화상　　④ 제4도화상

59 금속산화물이 알루미늄에 의하여 산소를 빼앗기는 반응을 이용하여 주로 레일의 접합, 차축, 선박의 프레임 등 비교적 큰 단면을 가진 주조나 단조품의 맞대기용접과 보수용접에 사용되는 용접은?

① 테르밋용접　　② 레이저용접
③ 플라스마용접　　④ 논실드아크용접

해설 테르밋용접은 산화철과 알루미늄분말을 1:3 ~4 비율로 배합하여 화학반응 때 발생된 열을 이용한 용접방식으로 철도레일, 차축 등의 용접에 사용한다.

60 가스용접 시 역화의 원인에 대한 설명으로 틀린 것은?

① 팁이 과열되었을 때
② 역화방지기를 사용하였을 때
③ 순간적으로 팁 끝이 막혔을 때
④ 사용가스의 압력이 부적당할 때

해설 역화방지기를 사용하여 역화를 방지한다.

용접산업기사
필기시험 7년간 기출문제

발 행 일 2020년 8월 5일 초판 1쇄 인쇄
           2020년 8월 10일 초판 1쇄 발행

저   자 용접기능장 선치웅

발 행 처  크라운출판사
           http://www.crownbook.com

발 행 인 이상원

신고번호 제 300-2007-143호

주   소 서울시 종로구 율곡로13길 21

대표전화 02) 745-0311~3

팩   스 02) 766-3000

홈페이지 www.crownbook.com

I S B N 978-89-406-4273-3 / 13550

특별판매정가 16,000원